青海省应用基础研究计划项目资助(项目编号:2019-ZJ-7022)

柴北缘地区关键金属矿产成矿地质条件约束及典型矿床分析

王建国　张世珍　俞军真　著

U0380328

东南大学出版社
SOUTHEAST UNIVERSITY PRESS
·南京·

内容提要

柴达木盆地北缘区域（简称：柴北缘）位于青藏高原北部秦岭－祁连山－昆仑山三大山系的结合处，本书选取典型矿集区关键金属矿床为研究对象，进行成矿地质条件约束和找矿方向的研究，以野外地质调查为基础，分别研究不同组构和同一组构不同剖面/位置等主量、微量元素组成及其变化，查明物化探异常，揭示关键金属矿床形成地质约束条件，判断成矿类型，建立成矿模式和找矿标志，优选找矿靶区，确定关键金属矿床的找矿方向，为柴北缘及柴周缘进一步找矿工作提供理论依据。

本书适合资源勘查、地质工程等相关专业学生及工程技术人员参阅。

图书在版编目（CIP）数据

柴北缘地区关键金属矿产成矿地质条件约束及典型矿
床分析 / 王建国，张世珍，俞军真著. — 南京：东南
大学出版社，2022.10

ISBN 978-7-5766-0211-1

Ⅰ.①柴…　Ⅱ.①王…②张…③俞…　Ⅲ.①金属矿
床－成矿规律－研究－青海Ⅳ.①P618.201

中国版本图书馆 CIP 数据核字（2022）第 147830 号

责任编辑：魏晓平　责任校对：咸玉芳　封面设计：顾晓阳　责任印制：周荣虎

柴北缘地区关键金属矿产成矿地质条件约束及典型矿床分析

著　　者：王建国　张世珍　俞军真
出版发行：东南大学出版社
社　　址：南京市四牌楼 2 号　邮编：210096　电话：025-83793330
网　　址：http://www.seupress.com
电子邮箱：press@seupress.com
经　　销：全国各地新华书店
印　　刷：广东虎彩云印刷有限公司
开　　本：700 mm×1000 mm　1/16
印　　张：13.75
字　　数：285 千字
版　　次：2022 年 10 月第 1 版
印　　次：2022 年 10 月第 1 次印刷
书　　号：ISBN 978-7-5766-0211-1
定　　价：52.00 元

本社图书若有印装质量问题，请直接与营销部联系。电话（传真）：025-83791830

前　言

  关键金属是世界各国行业发展非常重要的原材料,在军事、科学技术和民用等方面用途广泛,在国民经济建设中发挥着非常重要的作用。稀贵金属都是地球上丰度很小的元素,具有一系列优良特性,比如高熔点、高硬度、耐腐蚀、导电性能好、热稳定性高等,在电子、特殊合金、化工、原子能和宇航等各个方面都有着极为广泛的应用,属国家紧缺战略资源。稀贵金属在手机、导弹、雷达、超音速飞机和自动控制装置等电子线路中起着非常重要的作用。

  金、银、锂、铍、铌和钽等关键金属是工业的重要材料,在未来经济结构调整与产业发展升级中具有关键性的作用。铍是一种轻质的金属元素,具有耐极端温度、高刚度、高导热性和稳定的机械性能等独特的物理化学性能,在核工业、航空电子信息系统、航天工业、汽车行业和家用电器等领域有着广泛的应用。锂、铍既有金属性,也有非金属性,是碱金属和碱土金属元素中密度最小的。锂、铍的氧化物具有高熔点、耐高温、化学惰性强、高电导率和热导性能高等优良特性,是一种优良的结构材料。只需把少量的铍加入不同金属中,就可以改良金属的物理和化学性质。

  柴北缘位于青藏高原北部秦—祁—昆三大山系的结合处,从阿尔金山向东逐渐延伸到鄂拉山。在漫长而复杂的地史演化过程中,柴北缘经历了超大陆的裂解、洋盆的形成及俯冲增生、碰撞造山以及大规模的岩浆作用,其大地构造位置处于多旋回弧盆造山系,断裂构造发育,矿产资源较为丰富,达肯大坂群、滩间山群等地层与稀贵金属成矿关系密切,矿床成矿条件优越。都兰—乌兰关键金属矿集区位于青海省柴达木盆地周缘,该矿集区位于欧龙布鲁克—乌兰成矿亚带,该地区具有国家战略资源意义的稀贵金属资源(Au、Ag、Li、Be、Nb、Ta、U、Th、Rb、Cs)尤为突出,成为地学研究的重点区域之一。

  矿集区内岩浆岩活动也比较剧烈,岩脉分布范围较广泛,关键金属矿产成矿地质条件优越,在时空上严格受构造和岩浆活动约束。选取典型矿集区开展关键金属矿产成矿地质条件研究,并通过柴北缘部分典型关键金属矿床研究,辅以对区内其他典型金属矿床进行综合对比研究,运用地质学的基础理论,查明成矿约束条件,分析典型矿床成矿规律及其控制因素,是提高成矿地质理论水平及分析找矿方向的重要环节。研究和总结区域内关键金属矿床时空及组合分布规律、控矿因素、找矿标志,建立找矿模型,圈定成矿远景区,为柴北缘进一步找矿工作提供理论依据。

全书共九章,前言、第三章、第八章、第九章由王建国撰写;第四章、第五章由张世珍撰写;第六章由俞军真撰写;第一章、第二章、第七章由所有作者共同撰写。全书由王建国筹划、统排、定稿。全书共分为两部分,其一为与关键金属矿产密切联系的成矿地质基础理论和典型矿床成矿规律研究和认识,内容主要包括:研究背景及研究意义、区域地质概况、构造动力学背景、演化及其对关键金属矿床形成的地质条件约束、地层分布及岩石性质、研究区构造单元划分、地质特征与矿床围岩蚀变、矿床地球化学特征、矿床地球物理特征、伟晶岩特征、岩相学标志、矿体特征、矿石质量、岩石结构构造、岩矿石主微量元素、稀土元素、成矿物质来源、成矿性分析、矿床控制因素、典型铍矿床成因分析、典型金矿床成因分析、成矿模式、找矿标志与找矿方向等;其二为与成矿模式、成矿类型及资源勘探与开发相关的研究与认识,内容主要包括:在典型矿床研究的基础上,通过总结矿床的成矿地质背景、矿床地质特征、成矿流体-物质源区、成因类型、形成过程、时空演化、控矿因素及标志、后期变化特征、矿床类型及资源综合利用等,指导关键金属矿床的勘查和研究工作。本书内容简明扼要,广泛通俗,注重关键金属矿产地质条件、矿产特征、矿床成因及资源综合利用等领域发展的新理论以及新时代矿产资源勘探与开发的新技术和新方向。本专著研究主要内容反映了关键金属矿产和地质相关领域的新成果和新要求,不同专业技术人员可以根据实际工程技术和基本理论要求适当取舍。

本书在撰写过程中得到了青海大学及相关地质院校有关领导、专家及学者的支持,在此表达感谢。

由于作者水平有限,书中难免有遗漏和不足之处,敬请读者和同行提出批评意见或建议,在此一并感谢。

王建国

2021 年 1 月于青海大学

目　　录

第一章　绪论 ………………………………………………………………… 1

1.1　研究背景及研究意义 …………………………………………………… 1

   1.1.1　研究背景 …………………………………………………………… 1

   1.1.2　研究意义 …………………………………………………………… 2

1.2　自然地理概况 …………………………………………………………… 5

   1.2.1　研究区位置 ………………………………………………………… 5

   1.2.2　研究区自然地理 …………………………………………………… 6

1.3　国内外研究现状 ………………………………………………………… 7

   1.3.1　以往工作概述 ……………………………………………………… 7

   1.3.2　关键金属矿床研究现状 …………………………………………… 10

   1.3.3　年代学研究 ………………………………………………………… 29

   1.3.4　黄铁矿原位微量及 S、Pb 同位素 ……………………………… 30

1.4　存在的主要问题 ………………………………………………………… 30

1.5　研究内容、研究方法和技术路线 ……………………………………… 31

   1.5.1　研究内容 …………………………………………………………… 31

   1.5.2　研究方法 …………………………………………………………… 32

   1.5.3　技术路线 …………………………………………………………… 33

1.6　完成工作量 ……………………………………………………………… 34

1.7　本章小结 ………………………………………………………………… 34

第二章　区域地质概况 …………………………………………………… 36

2.1　构造动力学背景 ………………………………………………………… 36

   2.1.1　构造演化简史 ……………………………………………………… 37

    2.1.2　褶皱产状与应力场 ⋯⋯⋯⋯⋯⋯⋯⋯⋯⋯⋯⋯ 40

    2.1.3　构造演化对关键金属成矿的约束⋯⋯⋯⋯⋯⋯ 41

  2.2　区域地层 ⋯⋯⋯⋯⋯⋯⋯⋯⋯⋯⋯⋯⋯⋯⋯⋯⋯ 42

    2.2.1　古元古界 ⋯⋯⋯⋯⋯⋯⋯⋯⋯⋯⋯⋯⋯⋯⋯ 46

    2.2.2　中元古界 ⋯⋯⋯⋯⋯⋯⋯⋯⋯⋯⋯⋯⋯⋯⋯ 47

    2.2.3　新元古界 ⋯⋯⋯⋯⋯⋯⋯⋯⋯⋯⋯⋯⋯⋯⋯ 48

    2.2.4　早古生界 ⋯⋯⋯⋯⋯⋯⋯⋯⋯⋯⋯⋯⋯⋯⋯ 48

    2.2.5　晚古生界 ⋯⋯⋯⋯⋯⋯⋯⋯⋯⋯⋯⋯⋯⋯⋯ 49

    2.2.6　中生界 ⋯⋯⋯⋯⋯⋯⋯⋯⋯⋯⋯⋯⋯⋯⋯⋯ 50

    2.2.7　新生界 ⋯⋯⋯⋯⋯⋯⋯⋯⋯⋯⋯⋯⋯⋯⋯⋯ 51

  2.3　区域构造 ⋯⋯⋯⋯⋯⋯⋯⋯⋯⋯⋯⋯⋯⋯⋯⋯⋯ 52

    2.3.1　构造单元特征 ⋯⋯⋯⋯⋯⋯⋯⋯⋯⋯⋯⋯⋯ 54

    2.3.2　断裂构造 ⋯⋯⋯⋯⋯⋯⋯⋯⋯⋯⋯⋯⋯⋯⋯ 54

    2.3.3　褶皱 ⋯⋯⋯⋯⋯⋯⋯⋯⋯⋯⋯⋯⋯⋯⋯⋯⋯ 57

  2.4　区域岩浆岩 ⋯⋯⋯⋯⋯⋯⋯⋯⋯⋯⋯⋯⋯⋯⋯⋯ 57

  2.5　区域变质岩 ⋯⋯⋯⋯⋯⋯⋯⋯⋯⋯⋯⋯⋯⋯⋯⋯ 59

  2.6　区域矿产 ⋯⋯⋯⋯⋯⋯⋯⋯⋯⋯⋯⋯⋯⋯⋯⋯⋯ 61

  2.7　本章小结 ⋯⋯⋯⋯⋯⋯⋯⋯⋯⋯⋯⋯⋯⋯⋯⋯⋯ 65

第三章　研究区地质与矿床地质 ⋯⋯⋯⋯⋯⋯⋯⋯⋯⋯⋯ 66

  3.1　研究区地质特征 ⋯⋯⋯⋯⋯⋯⋯⋯⋯⋯⋯⋯⋯⋯ 66

    3.1.1　地层 ⋯⋯⋯⋯⋯⋯⋯⋯⋯⋯⋯⋯⋯⋯⋯⋯⋯ 67

    3.1.2　构造 ⋯⋯⋯⋯⋯⋯⋯⋯⋯⋯⋯⋯⋯⋯⋯⋯⋯ 70

    3.1.3　岩浆岩 ⋯⋯⋯⋯⋯⋯⋯⋯⋯⋯⋯⋯⋯⋯⋯⋯ 74

    3.1.4　地球物理特征 ⋯⋯⋯⋯⋯⋯⋯⋯⋯⋯⋯⋯⋯ 76

    3.1.5　地球化学特征 ⋯⋯⋯⋯⋯⋯⋯⋯⋯⋯⋯⋯⋯ 78

  3.2　伟晶岩特征 ⋯⋯⋯⋯⋯⋯⋯⋯⋯⋯⋯⋯⋯⋯⋯⋯ 80

    3.2.1　产出形态 ⋯⋯⋯⋯⋯⋯⋯⋯⋯⋯⋯⋯⋯⋯⋯ 81

    3.2.2　矿物学特征 ⋯⋯⋯⋯⋯⋯⋯⋯⋯⋯⋯⋯⋯⋯ 82

    3.2.3　岩相学特征 ⋯⋯⋯⋯⋯⋯⋯⋯⋯⋯⋯⋯⋯⋯ 85

    3.2.4　岩石化学组成 ⋯⋯⋯⋯⋯⋯⋯⋯⋯⋯⋯⋯⋯ 87

3.3　矿床地质特征 ·· 92

　　3.3.1　矿体特征 ··· 92

　　3.3.2　矿石质量 ··· 94

　　3.3.3　矿石构造 ··· 95

　　3.3.4　围岩蚀变 ··· 96

3.4　本章小结 ·· 96

第四章　矿床地球化学特征 ·· 98

4.1　测试方法 ·· 98

4.2　主量元素地球化学特征 ·· 99

　　4.2.1　近矿围岩的主量元素特征 ······························ 99

　　4.2.2　矿石的主量元素特征 ·································· 101

4.3　稀土元素地球化学特征 ······································ 102

　　4.3.1　近矿围岩的稀土元素特征 ····························· 102

　　4.3.2　矿石的稀土元素特征 ·································· 104

4.4　微量元素地球化学特征 ······································ 105

　　4.4.1　近矿围岩的微量元素特征 ····························· 105

　　4.4.2　矿石的微量元素特征 ·································· 107

4.5　成矿性分析 ·· 107

4.6　本章小结 ·· 110

第五章　典型铍矿床成因分析 ····································· 112

5.1　地层条件 ·· 112

5.2　构造条件 ·· 113

　　5.2.1　深大断裂与成矿 ······································ 114

　　5.2.2　构造与控矿、容矿 ···································· 114

5.3　岩浆岩条件 ·· 115

5.4　成矿物质来源 ·· 116

5.5　成岩成矿时代 ·· 117

5.6　构造环境 ·· 117

5.7　成岩成矿动力学条件 ·· 119

5.8　本章小结 ⋯⋯⋯⋯⋯⋯⋯⋯⋯⋯⋯⋯⋯⋯⋯⋯⋯⋯⋯ 120

第六章　典型金矿床成因分析 ⋯⋯⋯⋯⋯⋯⋯⋯⋯⋯⋯⋯ 122

6.1　瓦勒尕金矿床 ⋯⋯⋯⋯⋯⋯⋯⋯⋯⋯⋯⋯⋯⋯⋯⋯ 123

6.1.1　矿区地质 ⋯⋯⋯⋯⋯⋯⋯⋯⋯⋯⋯⋯⋯⋯⋯⋯ 123

6.1.2　矿体地质 ⋯⋯⋯⋯⋯⋯⋯⋯⋯⋯⋯⋯⋯⋯⋯⋯ 125

6.1.3　成因类型 ⋯⋯⋯⋯⋯⋯⋯⋯⋯⋯⋯⋯⋯⋯⋯⋯ 127

6.1.4　控矿因素 ⋯⋯⋯⋯⋯⋯⋯⋯⋯⋯⋯⋯⋯⋯⋯⋯ 128

6.2　阿斯哈金矿床 ⋯⋯⋯⋯⋯⋯⋯⋯⋯⋯⋯⋯⋯⋯⋯⋯ 129

6.2.1　矿区地质特征 ⋯⋯⋯⋯⋯⋯⋯⋯⋯⋯⋯⋯⋯⋯ 129

6.2.2　构造 ⋯⋯⋯⋯⋯⋯⋯⋯⋯⋯⋯⋯⋯⋯⋯⋯⋯⋯ 129

6.2.3　岩浆活动 ⋯⋯⋯⋯⋯⋯⋯⋯⋯⋯⋯⋯⋯⋯⋯⋯ 130

6.2.4　矿体特征 ⋯⋯⋯⋯⋯⋯⋯⋯⋯⋯⋯⋯⋯⋯⋯⋯ 130

6.2.5　矿石类型 ⋯⋯⋯⋯⋯⋯⋯⋯⋯⋯⋯⋯⋯⋯⋯⋯ 131

6.2.6　蚀变类型 ⋯⋯⋯⋯⋯⋯⋯⋯⋯⋯⋯⋯⋯⋯⋯⋯ 132

6.2.7　成因类型 ⋯⋯⋯⋯⋯⋯⋯⋯⋯⋯⋯⋯⋯⋯⋯⋯ 132

6.2.8　控矿因素 ⋯⋯⋯⋯⋯⋯⋯⋯⋯⋯⋯⋯⋯⋯⋯⋯ 132

6.3　果洛龙洼金矿床 ⋯⋯⋯⋯⋯⋯⋯⋯⋯⋯⋯⋯⋯⋯⋯ 134

6.3.1　矿区地质 ⋯⋯⋯⋯⋯⋯⋯⋯⋯⋯⋯⋯⋯⋯⋯⋯ 134

6.3.2　矿体地质 ⋯⋯⋯⋯⋯⋯⋯⋯⋯⋯⋯⋯⋯⋯⋯⋯ 135

6.3.3　矿石类型 ⋯⋯⋯⋯⋯⋯⋯⋯⋯⋯⋯⋯⋯⋯⋯⋯ 137

6.3.4　矿床成因 ⋯⋯⋯⋯⋯⋯⋯⋯⋯⋯⋯⋯⋯⋯⋯⋯ 138

6.3.5　控矿因素 ⋯⋯⋯⋯⋯⋯⋯⋯⋯⋯⋯⋯⋯⋯⋯⋯ 138

6.4　红旗沟—深水潭金矿床 ⋯⋯⋯⋯⋯⋯⋯⋯⋯⋯⋯⋯ 139

6.4.1　地层 ⋯⋯⋯⋯⋯⋯⋯⋯⋯⋯⋯⋯⋯⋯⋯⋯⋯⋯ 140

6.4.2　构造 ⋯⋯⋯⋯⋯⋯⋯⋯⋯⋯⋯⋯⋯⋯⋯⋯⋯⋯ 141

6.4.3　岩浆岩 ⋯⋯⋯⋯⋯⋯⋯⋯⋯⋯⋯⋯⋯⋯⋯⋯⋯ 141

6.4.4　矿体特征 ⋯⋯⋯⋯⋯⋯⋯⋯⋯⋯⋯⋯⋯⋯⋯⋯ 141

6.4.5　矿石组构 ⋯⋯⋯⋯⋯⋯⋯⋯⋯⋯⋯⋯⋯⋯⋯⋯ 143

6.4.6　金的赋存状态 ⋯⋯⋯⋯⋯⋯⋯⋯⋯⋯⋯⋯⋯⋯ 143

6.4.7　围岩蚀变 ⋯⋯⋯⋯⋯⋯⋯⋯⋯⋯⋯⋯⋯⋯⋯⋯ 144

6.4.8　矿石类型 ……………………………………………… 144

6.4.9　矿床类型 ……………………………………………… 144

6.4.10　控矿因素 ……………………………………………… 144

6.5　本章小结 ………………………………………………… 144

第七章　找矿标志与找矿方向 ……………………………… 147

7.1　锂铍矿床找矿标志 ……………………………………… 147

7.2　金矿床找矿标志 ………………………………………… 148

7.2.1　瓦勒尕金矿床 …………………………………… 148

7.2.2　阿斯哈金矿床 …………………………………… 149

7.2.3　果洛龙洼金矿床 ………………………………… 149

7.2.4　红旗沟—深水潭金矿床 ………………………… 150

7.3　找矿前景分析 …………………………………………… 151

7.4　锂铍等稀有金属找矿预测区 …………………………… 151

7.4.1　圈定依据 ………………………………………… 151

7.4.2　预测区特征 ……………………………………… 152

7.5　本章小结 ………………………………………………… 155

第八章　典型锂矿床类型、分布特征及资源利用 ………… 158

8.1　典型锂矿床类型 ………………………………………… 158

8.1.1　花岗伟晶岩型矿床 ……………………………… 158

8.1.2　(沉积)盐湖型矿床 ……………………………… 159

8.2　典型锂矿床岩性组合 …………………………………… 160

8.3　典型锂矿床分布特征 …………………………………… 161

8.4　锂金属资源利用探讨 …………………………………… 162

8.5　本章小结 ………………………………………………… 163

第九章　讨论与认识 ………………………………………… 165

9.1　讨论 ……………………………………………………… 165

9.2　认识 ……………………………………………………… 170

参考文献 …………………………………………………… 173

第一章

绪　　论

1.1　研究背景及研究意义

1.1.1　研究背景

本书主要内容是青海省应用基础研究计划项目《柴北缘地区铍矿床成矿约束条件、地质意义及靶区优选》(No.2019-ZJ-7022)的相关成果与研究认识。

本项研究是以金、银、锂、铍、铌、钽等稀贵元素为主要目标矿种,主攻伟晶岩型和岩浆岩型的矿床成因类型,开展柴周缘关键金属矿床野外调查、样品采集、地质条件分析、实验室化验分析、数据处理、图件制作和相关综合研究工作。通过初步研究和分析区域地层、构造、区域动力学背景、矿床地质条件、矿床地质特征及构造环境判别,大致查明柴北缘地区都兰—乌兰关键金属矿集区地球化学丰度、控矿地质条件,圈定异常,探索铍元素运移、赋存状态和积聚过程,解释都兰—乌兰关键金属矿集区战略性金属矿产分布特征及其成矿有利元素迁移规律和累积模式,解释该地区关键金属矿床成矿约束条件、地质意义及成矿机制,构建成矿模式,明确找矿方向,为该地区关键金属矿产资源的进一步勘查提供理论依据。

关键金属矿集区岩石类型复杂多样,主要以中酸性侵入岩—基性岩为主。伟晶岩脉、细晶岩脉、闪长岩脉及辉长岩脉等较发育,与围岩接触界线明显。花岗伟晶岩岩脉的主要矿物成分为锂辉石、绿柱石、锂云母、电气石、石榴石、石英、钾长石、钠长石、白云母及少量不透明矿物等。分析认为稀有关键金属矿(化)体主要赋存于钠长石化白云母花岗伟晶岩脉和中酸性岩体中,形成伟晶岩型稀有金属矿床;稀土金属及放射性元素成矿主要与角闪正长岩、石英正长岩岩体密切有关,稀有金属矿体中钽含量远低于铌含量,稀土金属元素仅在角闪正长岩岩体局部地段富集。伟晶岩脉多为稀有金属矿的主要赋矿层位,铌、钽、铷、锂、铍等稀有金属主要赋存于白云母花岗伟晶岩体中,同时成矿作用与岩浆作用也有较密切的联系,岩浆和热液交代作用两个阶段部分熔融与岩浆分异成矿元素再富集导致矿床形成,所以,初步判断"三稀"矿床经历岩浆分异结晶、热液交代主成矿和成矿后蚀变3个阶段。

在关键金属矿集区采集部分岩矿样品,于显微镜下观察,结果发现花岗岩类岩石主要由钾长石、斜长石、石英及少量黑云母组成。钾长石具格子双晶及条纹结构,斜长石局部可见卡纳复合双晶和解理,黑云母后期有脱铁蚀变及少量绿泥石化蚀变现象,石英呈他形-不规则粒状,多以不规则粒状集合体产出,分布于钾长石和斜长石集合体之间,钾长石、斜长石和石英构成岩石的主体。中级变质岩的片岩类岩石主要由石英、斜长石、黑云母及角闪石组成。石英多以他形-不规则粒状彼此镶嵌集合体产出;斜长石呈板粒状、他形-不规则粒状,后期有较为强烈的蚀变现象;黑云母呈鳞片状、片状;角闪石可见角闪石式解理,与黑云母多呈彼此镶嵌集合体与浅色矿物集合体呈定向条带状相间分布,显示岩石的宏观片麻状构造。中性岩闪长玢岩类岩石主要由斑晶和基质两部分组成。斑晶主要由斜长石组成,基质主要由细小鳞片状黑云母、微粒板条状斜长石及隐晶质长英质组成。

关键金属矿集区断裂构造较发育,主要由北西、北东和近东西向三组组成,其中以北西向断裂最为发育,其控制了区内地层、岩浆岩的展布,其次为北东向断裂。从各断裂之间的交切关系确定,不同方向断裂之间生成序次关系是以北西断裂最早,活动时间长的一组多期断裂;其次为北东向断裂及派生的次级断裂的弧形断裂最晚;再次为近东西向小断层和节理,断裂及其次级裂隙构造发育地段为脉岩密集分布地段。都兰—乌兰关键金属矿集区次级断裂或韧性剪切带为稀贵金属矿床的主要找矿标志之一,霍德生沟断裂带、哇洪山—温泉断裂、赛什腾—旺尕秀断裂、丁字口—乌兰断裂、宗隆山南缘断裂等为控矿主断裂。地层、构造、岩浆活动、年代、温度、压力、矿物组合、地球化学等控矿因素为关键金属成矿提供了充足的热源和物源及其他有利条件,从华力西期至印支期最终富集成矿。

1.1.2 研究意义

稀贵金属是半导体、信息产业、特种钢及尖端武器等众多领域所必需的原材料,是关系国家安全的基础战略材料,在我国工业的发展中具有举足轻重、独一无二的特殊地位。柴北缘成矿带内有色金属、铁、铬及锂、铍、铌、钽等稀有金属成矿元素较富集,具有形成内生金属矿产的良好物质基础,找寻锂、铍、金、银等稀贵金属成为主要找矿目标。柴北缘成矿带自发现和勘探以来,一直受到关注,但矿床学研究粗浅不一,这种状况必然将限制该地区关键金属矿产成矿学研究的深入。柴周缘地处青藏高原的北部,是我国重要的造山带之一,这里稀贵金属矿床成矿地质条件优越,因此也是我国重要的稀贵成矿带之一,其中金矿床分布见图1-1。鉴于关键金属矿床的实际成矿地质条件,研究以锂、铍、金、银等稀贵金属为主攻的矿种,通过对锂、铍、金、银等稀贵金属矿床成矿作用的研究,探讨了研究区锂、铍、金、银等稀贵金属成矿系列特点,评价锂、铍、金、银等稀贵金属矿床的成矿潜力,总结此地区锂、铍、金、银等稀贵金属矿床的成矿规律,进一步分析柴北缘地区关键金属矿床的成矿地质条件和找矿方向,论述典型关键金属矿床的岩性组合、分布特征及资源综合利用等,这对于关键金属资源的勘探与开发具有更加重要的战略意义。

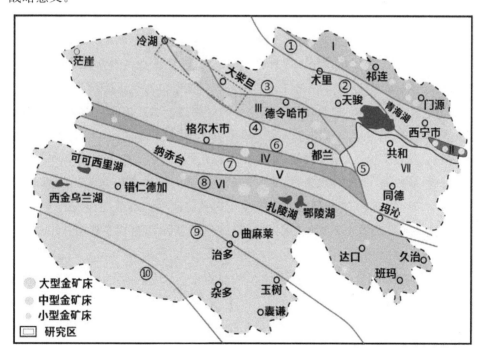

Ⅰ:北祁连金成矿带;Ⅱ:拉脊山金成矿带;Ⅲ:柴北缘金成矿带;Ⅳ:柴南缘金成矿带;
Ⅴ:东昆仑南坡金成矿带;Ⅵ:共和—同德金成矿区;Ⅶ:北巴颜喀拉山金成矿带

图1-1 青海省金成矿(区)带及金矿分布图(据刘增铁,等,2005修改)

在漫长而复杂的地史演化过程中,柴周缘经历了超大陆的裂解、洋盆的形成及俯冲增生、碰撞造山以及大规模的岩浆作用(Song S G et al.,2014;Wu C L et al.,2006,2009),为造山型金矿床及其他关键金属矿床形成提供了有利的成矿条件。柴周缘地区已发现的关键金属矿床/点主要有:沙柳泉锂铍铌钽矿、布赫特山稀有稀土矿、锲墨格山锂铍矿、石乃亥铌钽铷矿床、俄当岗铍矿、夏日达乌铌稀土矿点、阿姆内格铍矿点、察汗诺里锂铍矿点、夏日达乌稀有稀土矿点、五龙沟金矿、红旗沟金矿、深水潭金矿、阿斯哈金矿、白金沟金矿、果洛龙洼金矿、沟里金矿、鱼卡金矿、查查香卡铀-钍-铌-稀土矿、巴隆金矿、哈西哇金多金属矿、岩金沟金矿、打柴沟金矿、赛坝沟金矿、德龙金矿、丘吉东沟金矿、瓦勒尕金矿、无名沟沟口金矿、百吨沟金矿、拓新沟金矿、枪口南金多金属矿、各玛龙银多金属矿、沙柳泉锂铍铌钽矿、赫塔北稀有稀土矿、茶卡锂铍铌钽矿等。该研究内容不仅对揭示研究区关键金属矿床的形成机制具有科学意义,也为锂、铍、金、银等稀贵金属资源的勘查提供了理论依据。

关键金属矿产资源的主要类型与"三稀"(稀有、稀散和稀土)有色金属资源及新型战略性金属矿产资源基本相同,另外,还有其他稀贵金属(Pt 族元素和 W、Sn、Sb、V、Co、Ti、Ni、Mn、Cr 和 U 等)。目前,我国在关键金属矿产资源找矿,如 Li、Be、Rb、Ta、Nb、Co、Ni、Mn、W、Sn 等和关键金属矿床成矿作用等方面已取得了较好的突破和认识。都兰—乌兰关键金属矿集区大地构造单元属于古老断块区(全吉地块),构造单元边界由隐伏断裂控制,历经早古生代洋陆俯冲—弧陆/陆陆碰撞—超高压折返等多旋回多期次复杂构造作用过程,褶皱、断裂构造较为发育。从形成时期来看,从加里东期到喜山期均有断裂活动,加里东期断裂活动较为强烈,后期断裂对前期断裂构造具有明显的继承性和改造性,多期活动特征较明显。吴才来等(2016)认为该地区岩浆活动时代主要有 460~475 Ma、440~450 Ma、395~410 Ma、370~380 Ma 以及 260~275 Ma 等几个阶段,王秉璋(2020)认为茶卡北山等地区含矿伟晶岩锆石 U-Pb 确定成岩成矿年龄为 217 Ma。

近年来,在柴周缘发现了大量的具有经济价值的金矿床或金矿化点,说明柴北缘具有巨大金成矿潜力。很多学者在矿床地质、年代学、成矿作用、矿床成因等方面进行了大量的研究工作,对柴北缘金成矿系统研究获得了许多认识(于凤池等,1994,1999;林文山 等,2006;张博文 等,2010;李世金,2011;张延军 等,2017;戴荔国,2019)。但是随着研究的深入,对于一些关键科学问题仍存在着重大分歧和混淆的认识,并且缺乏对柴北缘金成矿系统在成岩-成矿时代背景、物质-流体来源、成矿机制、成矿过程、成矿模式、成矿预测等方面的整体研究和认识,这在一定程度上制约了对柴北缘造山带内金成矿作用的认识,严重滞后了柴北缘地区金矿床研究和找矿工作。

选择柴周缘部分典型金矿床作为研究对象,辅以对区内其他典型金矿床进行综合对比研究,在翔实的野外地质观察及对前人研究资料归纳的基础上,系统剖析区域内金矿床成矿特征,对比研究区其他矿床的相关研究成果,对成岩-成矿年代学、矿物学、岩石和同位素地球化学进行研究。

1.2 自然地理概况

1.2.1 研究区位置

关键金属典型矿集区位于青海省中北部,向北接近祁连山,向南相邻柴达木盆地腹部,西部是阿尔金山,东部靠近昆仑山,并收敛在一起。区内部分河谷有便道可以供汽车通行,其余地区一般只有小道,运输靠马、牦牛等牲畜驮运。全境沙漠、高原、山地、谷地、丘陵和河湖等地形都有分布,境内有大小河流 40 多条,属于高原干旱大陆性气候,年均气温 2.7℃,年均降水量 179.1 mm。

选取都兰—乌兰关键金属典型矿集区等作为主要研究区域,旨在对典型矿集区金、银、锂、铍、铌、钽等矿床地质特征有一个更明确的了解,为稀贵金属成矿模型的建立及找矿方向提供理论指导。重点研究区域地处柴达木盆地的欧龙布鲁克地块内,该地块以北西向的狭长带状展布,北连祁连造山带,南接柴达木地块,西被阿尔金断裂截切,东为哇洪山断裂,因其重要的构造位置及区内岩浆活动频繁的特点,成为区域地质演化、拥有稀贵金属矿产成矿条件的重要地区之一。典型矿集区行政区划属于青海省海西蒙古族藏族自治州,位于柴达木盆地东部,典型矿集区南部有青藏铁路通过,沿途为简易砂土路,交通便利。

研究区位于柴达木盆地北缘,青海湖西侧,南依乌兰县,北靠天峻县,东距青海省省会西宁市约 260 km,西距海西州德令哈市约 55 km。青藏公路 315 国道、茶德高速、青藏铁路均从研究区南侧穿过,交通较便利,在研究区内,有乡村道路和简易便道,基本能满足研究所需的出行要求(图 1-2)。

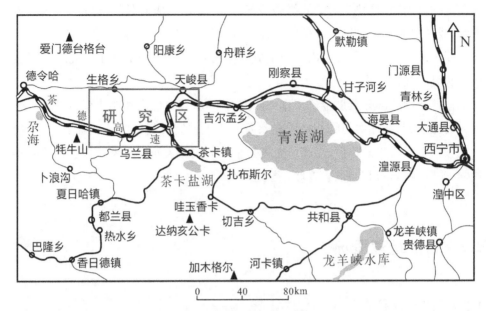

图 1-2　研究区交通位置图

1.2.2　研究区自然地理

典型矿集区的北部为祁连山,南部为共和盆地,它恰好位于祁连山南麓与共和盆地之间,茶卡北山在研究区的东北部,青海南山山系从研究区的中部穿越。整体的地势北高南低、东高西低,海拔最高为 4 226 m,最低也达 3 137 m,最大高差近 1 090 m,为高海拔地区。区内山峰林立,沟谷纵横,平缓开阔区占比较小,而大部分地区山势险峻,沟谷深峭。

由于地处西北内陆的高海拔地区,气候类型属高原干旱大陆性气候,多风雪,少降雨,昼夜温差极大,气候多变,四季不分明,冰冻期较长为其最主要的特征。年平均气温 2.7℃左右,最低气温低至 −28℃,最高气温约 26℃,极端天气情况下也可达 33℃。冰冻期较长,每年的 9 月中下旬开始降雪并逐渐出现结冻现象,到第二年的 3 月末才缓慢解冻。每年的 3~8 月为多风的季节,降雨主要集中于 5~8 月份,且在 6 月份常出现暴雨,整体降雨量小。日照时间长,太阳辐射较强,光能资源比较丰富,同时蒸发量极大,每年的蒸发量大于该年的降雨量。区内的湖泊以咸水湖为主,淡水资源较少,河流主要是在夏季有流水而冬季干枯的季节性河流,常年流水河极少。

研究区内的植被以野生植物物种为主,而人工种植植被稀少。在较平缓地区及土壤肥沃区草地较茂盛,为天然牧场,在山体两侧为灌木,而其他地区基岩裸露,植被较稀少。区内野生动物物种丰富,主要有黄羊、狼、狐狸、石羊、熊、旱獭,也可偶见雪豹、鹿等珍稀物种。区内人口稀少,产业单一,收入不稳定,经济不发达。该区为少数民族地区,有藏族、蒙古族、撒拉族、汉族等多个民族居住,主要的人口聚集区为天峻县城和乌兰县城周围,而其余地区人口密度极小。经济以畜牧业为主,农业为辅,养殖畜种主要为羊、牛、骆驼和马,主要种植小麦、青稞、豆类作物,畜牧业与农业为该地区人们最主要的经济来源。近些年旅游业的发展逐渐改变了当地经济来源过于单一的局面,也进一步提高了当地居民的生活水平。

1.3　国内外研究现状

1.3.1　以往工作概述

与伟晶岩有关的锂、铍、铌、钽、铷等稀有金属矿产是各个地区和国家都十分重视的战略性储备资源,这主要是因为这些珍贵的稀有金属的物理和化学性质具有独特性(《稀有金属矿产地质勘查规范》,2002),在国民经济建设和国防建设等方面都能被广泛运用。稀有金属元素既可以组合成为各种矿物,然后聚集到一起从而形成多个类型矿种的稀有金属矿床,也能够形成独立的矿床,因此国内外专业的地质学者一直十分重视对该类稀有金属矿床的生产成矿机理及其功能的研究。

新中国成立前,国内外地质学家曾在柴北缘地区做过实地考察,在局部地区进行了地质工作,但未涉及矿产研究。新中国成立后,先后有西北地质综合大队、青海省地矿局、青海省石油局、青海省水利局、中科院地质所、地质科学院等单位陆续在此地区进行了区域地质、矿产地质、盐湖地质、区域水文地质等方面的地质工作。二十一世纪,地矿相关部门在此地区开展了多次的科研工作,如在 2012—2015 年,由青海省地质调查院承担的"青海省三稀资源战略调查"科研项目。随着金、银、锂、铍等战略性矿产日益被重视,在青藏高原和其周围的地区有伟晶岩型稀有金属矿床逐渐被发现,譬如,西昆仑大红柳滩地区的伟晶岩型矿床、白龙山超大型锂-铝矿床,以及可尔因地区超大型伟晶岩型锂-铝矿床等。而在青藏高原东北部的茶卡北山地区首次发现的锂辉石伟晶岩脉群，是一条新的、非常重要的锂铍成矿带。此外，在马尔康—雅江—喀喇昆仑地区发现的"巨型锂矿带"被许志琴等认为是属于青藏高原的最主要的硬岩型锂矿带。

最近几年来，在柴北缘地区发现了一些伟晶岩型锂铍多金属矿床点，如沙柳泉锂矿、茶卡北山锂铍矿和生格铍矿点等。柴北缘稀有金属矿大多在伟晶岩脉中产出，产出形态多呈脉状、透镜状、似层状等，主要呈单脉产出，分支较少。稀有金属矿种有铍、铌、钽等，其中含铍矿矿物为绿柱石等，铌钽大多分散在其他的矿物晶格中，有部分会形成铌钽铁矿、铌铁矿等，因此，研究该地区关键金属矿床成因理论与认识，可以进一步为该区域指明找矿方向。

（1）地质调查

1950 年代以前对柴北缘地区的地质工作均没有涉及矿产调查，而从 1960 年代末开始进行地质测量、区域地质调查等工作，1990 年代至 21 世纪初相继完成了 1∶50 000 区调图幅共 12 幅，1∶250 000 区调图幅 1 幅。

1980 年代，青海省地质六队针对生格等地区进行了 1∶50 000 区域地质调查的工作，查明了不同时代岩浆活动的时空分布关系，并取得了较丰富的测年资料。1990 年代中后期，由青海省区调综合地质大队先后完成了托莫尔日特（1998 年）、沃日格达瓦（1998 年）、查查香卡农场（1999 年）、曲录（1999 年）、野马滩（1999 年）、哈利哈德山（1999 年）1∶50 000 区调图幅。21 世纪初青海省地质调查院完成了那尔宗（2001 年）、高捷根好饶（2001 年）、茶汗河（2001 年）、中尔巴（2001 年）1∶50 000 区调图幅。2001 年，青海省第一地质勘查队又完成了饮马峡站、饮马峡站南 1∶50 000 区调图幅。2004 年青海省地调院开展了 J47C004002（都兰县）幅 1∶250 000 区域地质调查的工作，本次调查基本查明了区内基底的物质成分，岩体特征以及岩浆演化规律、含矿性。这些地质调查几乎覆盖了整个柴北缘地区，它们组成了柴北缘地区基础地质与区域地质的系统资料，为该地区后来的进一步研究奠定了基础。

（2）基础地质

在 1950 年代以前，柴周缘的地质工作程度非常低，只在小范围内进行过。自1960 年代开始，各地矿单位进行了地质矿产调查和科研工作，随着这些工作的不断进行，对此区域的研究程度也逐渐加深。目前，该地区已成为地质工作者关注的热点地区。

1950 年代后期，地质部的 637 队进行了 1∶500 000 地质普查的工作，在此次工作中,将牦牛山石炭系的地层划分到了统,并且在此地层中采到了化石。1956—1957 年,西北地质局进行了 3 次路线地质调查、矿产普查,并在 1956 年进行的 1∶200 000 普查找矿工作中提出了有利找矿方向。1957 年,食品工业部勘探队进行了 1∶200 000 地质调查,对柯柯盐湖盐矿储量进行了评估。1958 年底,地质部 637 队在柴北缘的德令哈进行了铁、砂金等的普查工作。

1960—1970 年代是整个柴达木北部地区地质工作的重要时间段,各地矿部门和科研院所进行了一系列的工作,包括 1∶100 000 航磁测量、1∶50 000 及 1∶30 000 物化探测量、1∶25 000 物探磁法测量以及大于 1∶5 000 的地质物探测量。

自 1980 年代开始,在柴达木北部地区开展了一系列围绕地质找矿进行的工作。1988 年,地质部在沙柳泉地区进行了专门的区域地质调查;1991 年,原物勘院进行了乌兰县幅 1∶200 000 化探扫面;2001 年青海省地质调查院和青海省第一地质矿产勘查大队对研究区进行区域地质调查,共完成了 6 幅区调图幅;2009 年中铝基金完成了沙柳泉地区 1∶50 000 矿调工作,但由于涉及商业性投资、资料保密等诸多原因,相关报告及资料现在均无法收集。

上述地质工作的开展,使地质工作者对柴周缘地区的基础地质有了充分、系统的了解。总体而言,区内地层出露齐全,从元古界至新生界均有出露;构造形态以断裂为主,褶皱次之,断裂分为 NW 向断裂、EW 向断裂、NE 向断裂,有绿梁山倾伏背斜等多条褶皱构造;区内岩浆岩广泛发育,岩石类型颇多,岩体规模较小。前人在基础地质方面得出的成果为本区以后地质工作的进一步深入研究提供了丰富的资料。

（3）矿床勘查

新中国成立前及成立初期对柴周缘的地质工作均未涉及矿产问题。1958 年经群众报矿,在阿姆内格山发现了白云母和绿柱石矿点,德令哈农场立刻组织人员进行开采,历时 6 年,共采出白云母 345t,绿柱石 442t。1967 年,青海省第五地质队在赛什腾山北西段红旗沟一带进行了锰矿普查,对区内锰矿做了较详细的评价。1973 年 12 月,青海省锡铁山—铅石山一带 1∶50 000 普查找矿报告介绍了该地区及周边的矿产情况。1985 年,青海省柴达木盆地油气资源评价较为系统地介绍了研究区能源矿产的分布情况和远景预测。1986 年 5～7 月,为满足地方对陶瓷、玻璃及建筑石材的需要,青海省地质六队对沙柳泉地区非金属矿产进行踏勘检查工作,提交长石矿预测储量:625.643 2 万 t,D 级储量:5 631.519 0 万 t;

长石矿总储量:6 257.162 2 万 t;石英矿预测储量:1 587.155 6 万 t;大理石矿预测储量 100 620 800 m^3,合计 28 375.065 6 万吨;透闪石矿预测储量 36.276 7 万吨,并对上述几种主要非金属矿产进行了经济价值概略评价。1990—1991 年,针对以往地质工作取得的成果和当前的国内矿产形势,做了青海省区域矿产总结和青海省矿产资源形势分析。

2002 年,对柴达木盆地的金矿资源进行了地质调查,并总结论述了柴周缘地区金矿勘探和开发的具体进展。2004 年,邓吉牛博士在柴北缘锡铁山开展了深部探矿研究,取得了较大的进展,认为该区域内铅锌找矿前景较为乐观。2004 年,青海省地调院 1∶250 000 都兰县幅区调工作中,首次识别出柴北缘最古老的深变质岩体,并发现了新矿点,划分出两个重要成矿区带。2012—2014 年,青海省第七地质矿产勘查院对沙柳泉地区伟晶岩脉钾长石矿进行了调查,本次工作基本查清了区内地层、构造的展布,初步总结了花岗伟晶岩脉与钾长石矿(化)体之间的内在联系,并圈定出钾长石矿体 9 个,估算钾长石矿石(333)资源量为 39.6 万吨,K_2O 的平均品位 9.69%。2017 年,青海省核工业地质局在柴凯湖北地区开展了青海省乌兰县柴凯湖北铀矿预查项目,进行了以铀矿为主的勘查工作,目前圈定出铀异常 16 处,构造破碎蚀变带 2 条,并在构造破碎蚀变带中圈出铀矿体 2 条,铀的最高品位 0.13%,平均品位 0.063%。

柴北缘成矿带内矿产资源丰富,成矿事实较多,已知矿产包括黑色金属、有色金属、稀贵金属和非金属,其主要的矿种为铅、锌、铜、铁、金、银、钨、钼、锂、铍、铌、钽、稀土及硫铁矿、黄铁矿、菱镁矿、石灰岩、白云岩、重晶石、食盐等 20 余种,矿产地有 100 处左右。但是对于关键金属矿产的工作程度较低,前人对区内关键金属矿床成矿规律的认识研究有限,相较于铅锌等有色金属矿种,勘探开发程度低。

1.3.2　关键金属矿床研究现状

关键金属矿产资源是近些年来世界各国竞相找寻和利用的矿产资源之一,并已找到一些优质富矿,如美国犹他州的斯波尔山铍矿床,中国新疆的阿尔泰沙依肯布拉克铍矿床等。关键金属矿产非常稀有,关键金属作为一种战略资源,在当今这个技术型社会中弥足珍贵,它既是生产高精尖产品的原材料,也是生产计算机、智能手机、新能源汽车的新兴材料,它还被应用于国防、宇航、汽车、医药、制造和电子工业等领域。

造山型金矿是世界上重要的金矿类型,占世界上金储量的 75% 以上(Kerrich

et al.，2000；Groves et al.，1998；Goldfarb et al.，2001，2005)。自显生宙，伴随着 Gondwana 和 Pangea 超大陆会聚以及 Rodinia 大陆的裂解，在中国发生了十分强烈的构造-岩浆-成矿作用，造山活动明显，造山带发育且类型复杂多样(陈衍景，富士谷，1992；范宏瑞 等，1998；谢巧勤 等，2002；张进江 等，2003)，形成多条造山带和成矿带，并且发育了丰富、完整以及多种类型的矿床，形成了不同矿床类型的成矿系统或多金属成矿带(陈衍景，1986；陈衍景 等，1990；陈衍景，2013)，如 U、W、Sn、Cu、Pb、Zn、Au 等矿床。同时，造山带的发育为造山型金矿床的勘查和研究提供了良好的构造和岩浆条件。随着成矿理论的发展和勘查的不断深入，在我国准噶尔—天山、柴达木盆地周缘、雅鲁藏布江、哀牢山、秦岭、胶东等地区发现大量的造山型金矿床，为我国造山型金矿床成矿理论研究和社会发展提供了良好的经济基础和保障。因此，重视对造山型金矿床的研究和找矿工作具有重要的意义。

由于全世界工业的迅速发展以及新兴产业的快速崛起，关键金属矿产资源数量相对稀少，在市场经济的快速发展和经济全球化的进程中发挥着越来越重要的作用。关键金属在超导、高温合金、医疗、电瓷等领域都有广泛应用。

全球铍金属资源被查明的量已经超过 10×10^4 t，其中美国大约占 60%，按 BeO 计，国外铍资源总量为 338.3×10^4 t，储量 116.4×10^4 t，主要集中在以下国家：巴西的铍资源储量为 39×10^4 t，印度的铍资源储量为 17.9×10^4 t，俄罗斯的为 16.9×10^4 t，美国的为 7.5×10^4 t，阿根廷的是 7.1×10^4 t，以及澳大利亚的是 6.9×10^4 t。铍主要以伴生矿产出，因此矿床的类型比较多，其中，含绿柱石花岗伟晶岩矿床、凝灰岩中羟硅铍石层状矿床、正长岩杂岩体中含硅铍石稀有金属矿床是主要的三类。进入二十一世纪以来，尤其是最近十年，高新技术产业发展突飞猛进，日趋成熟，对于铍的应用不断增加，故国外学者对铍矿床的研究相当重视，主要集中于内生型铍矿床成岩成矿的地球化学及其成矿过程。

全球范围内的铌钽矿床集中分布在澳大利亚、加拿大、刚果、巴西和尼日利亚等国家，其中澳大利亚储量最高，供应了全球钽需求量的一半以上。铌钽矿的主要产出类型分为富 Li-F 花岗岩型、伟晶岩型、碱性侵入岩型、碳酸岩型和冲积砂矿型等，富 Li-F 花岗岩型和伟晶岩型以钽为主，其他 3 种则以铌为主。稀有金属元素不仅能够形成独立的矿床，也可以互相组合到一起，从而进一步形成多种类矿种型稀有金属矿床，稀有金属的成矿作用研究一直被国际学者广泛关注，世界上最重要的铌钽矿是伟晶岩型铌钽矿，全球大部分钽资源都集中分布在伟晶岩型铌钽矿中。钽和铌的矿物以氧化物的形式赋存于含矿岩体中。全球铌钽矿床分布广泛,但大多数矿床品位较低。大型和超大型铌钽矿床数量较少,钽矿床主要集中分布于非洲,而铌矿床集中分布于巴西。随着世界科技水平的提高,铌钽的提取原料也越来越容易获取。世界各地提炼锡元素的工厂所产出的锡渣是钽原料的主要来源,而用于烧绿石的巴西的碳酸岩矿床是铌原料的主要来源。

锂金属作为全球高科技产业不可或缺的关键金属矿产资源之一,具有低热膨胀系数、质地软、高能量密度、高热导率等优良性能,在军事、航空航天、芯片、陶瓷、合金、医药、玻璃、农业、纺织、润滑脂、焊接、空气处理和新能源等诸多领域发挥着较大的作用。近年来,随着锂资源需求的快速增加和锂产业的快速发展,锂矿床的成因类型、找矿勘查、分布特征及资源利用等诸多方面成为研究的热点。我国已探明和控制的典型锂矿床(点)主要有:甲基卡锂矿床、可尔因锂矿床、扎布耶锂矿床、扎乌龙锂矿床、白龙山锂矿床、大红柳滩锂矿床、可可托海锂矿床、维拉斯托锂矿床、李家沟锂矿床、容须卡锂矿床、扎尔龙锂矿床、木绒锂矿床、斯约武锂矿床、九龙打枪沟锂矿床、卡鲁安锂矿床、冷井地区锂矿床、宜春雅山锂矿床、头陂锂矿床、奉新地区锂矿床、党坝锂矿床、道孚容须卡南锂矿床、马场沟锂矿床、热达门锂矿床、业隆沟锂矿床、观音桥锂矿床、措拉锂矿床、红岭北锂矿床、茶卡北山锂矿床、镶墨格山锂矿床、泽错盐湖锂矿床、多格错仁盐湖锂矿床、察尔汗盐湖锂矿床、拉果错盐湖锂矿床、江陵深层卤水锂矿床、别勒滩盐湖锂矿床、一里平盐湖锂矿床、吉乃尔盐湖锂矿床、吉泰盆地锂矿床等。大多学者认为,锂矿床类型主要有与盐湖相关的盐湖型矿床、与花岗岩相关的伟晶岩型矿床,以及表生沉积型矿床等,其资源储量分别为约66%、26%和8%,但至今还有60%左右的锂金属矿产需要勘探与开发,因此需进一步加强锂矿产资源各方面的相关研究。

(1)铍等稀有矿床国外研究现状

1797年,法国化学家Nicholas Louis Vauquelin在绿柱石中发现了铍。后期研究发现含铍的矿物有上百种,但是具有经济意义的却极少。花岗岩中一般含有$2\times10^{-6}\sim40\times10^{-6}$的铍,正长岩中的铍含量相对较高,为$2\times10^{-6}\sim220\times10^{-6}$,在地球的地壳中铍的含量平均为$4\times10^{-6}\sim6\times10^{-6}$。1960年代以前,世界上所有铍的来源仅局限于从花岗伟晶岩型绿柱石矿床中回收。最早从绿柱石中提取铍的是柯帕克斯;1920年代西门子的科研人员对柯帕克斯的铍提取方法进行了改进,大大增加了铍的提取率;1932年,苏联将氟化法制铍的技术应用到了工业中。1969 年,美国斯波尔山的羟硅铍石矿山正式投产开采,它打破了以前仅从伟晶岩型绿柱石矿床中回收铍的局面。1983 年,加拿大学者在雷神湖的正长岩体中发现了硅铍石矿床,这一发现让全球的铍来源发生了极大的改变。国外对铍资源的研究在二十世纪七八十年代处于鼎盛期,而这主要是受到苏联和美国对铍的需求增长的影响。在这时期,苏联学者用俄语发表了很多有关铍矿床的文章,其中最有代表性的是他们对铍矿床进行了综合分类;美欧学者则注重对铍矿本身的研究和观察,他们的侧重点主要是放在了铍矿的基础性研究上。

苏联学者 A.K.费拉索夫、A.N.金兹堡等在 1980 年将稀有金属矿床分为内生和外生两种矿床成因类型,内生型细分为:与地幔玄武岩浆作用有关的矿床;与深部地幔碱性和碳酸岩岩浆作用有关的矿床;与地壳花岗岩类岩浆作用有关的矿床以及与变质作用有关的矿床。将外生型细分为:后生矿床;化学沉积矿床;生物沉积矿床;火山-沉积矿床;风化壳矿床以及砂矿。1980 年,H.奥夫切尼柯夫等学者认为与地壳酸性花岗岩类岩浆作用有关的矿床是稀有金属的主要来源,从大地构造单元分析,古老地台和前寒武地块上,各种稀有金属内生矿床的储量巨大。

（2）铍等稀有矿床国内研究现状

前人对我国铍矿的矿床成因、年代学、构造演化等做了大量研究。我国的铍资源分布广泛,主要与锂、铌、钽等矿伴生。我国的花岗伟晶岩型含量最高,是最主要的铍矿类型,大约为国内总储量的一半,主要产于新疆、四川、云南等地区。柴北缘内伟晶岩脉常常成群成带产出,绿柱石是主要的含铍矿物。因为大中型的矿床具有矿物结晶颗粒粗大、易采选和矿床分布广泛等优势,所以是我国最为主要的铍矿工业开采类型。

二十世纪三四十年代,苏联的地质人员对我国新疆阿勒泰地区可可托海 Li-Be-Nb-Ta-Cs 伟晶岩型稀有金属矿床进行了研究。二十世纪五十至七十年代,我国对铍矿床的研究进入一个高峰,原地质部、冶金部等地矿部门组织专门人员对我国稀有金属（包括铍）进行了勘查,取得了丰硕的成果,但由于某些原因一直未对外公布;二十世纪六十年代,我国地质工作者在位于新疆雪米斯台的火山岩带中发现了古生代火山岩型铍（铀）矿床,但由于该类型矿床规模较小,再加上地区条件恶劣,开展工作比较艰苦,技术手段落后等,当时投入的工作量比较少,仅对雪米斯台地区铍矿床的部分点带进行了揭露勘探。之后一段时间,由于我国核工业地质局找矿方向战略的调整,对铍矿的研究由盛转衰,找矿工作暂时搁置,只在二十世纪八十年代末九十年代初进行了部分铍（铀）矿综合区调工作和个别专题研究。二十一世纪初,随着新一轮找矿工作的开展,铍矿又引起了大家的关注,"十一五"期间,中国核工业地质局在北疆开展了铍(铀)金属矿勘查、资源评价等的工作。近年来,由于高新技术产业在我国的快速发展,对稀有金属(铍铌钽等)矿床的研究越来越受到我国有关专家学者的重视。

前人对我国的铍矿进行了大量的研究。1950 年代末,学者王德孚将稀有金属矿床分成了 3 种类型,即与岩浆岩相关的内生矿床、与沉积岩相关的外生矿床、与变质作用相关的矿床。李顺庭等认为内生矿床的成矿过程最为复杂,它与高度分异演化的岩浆活动有关,它不是一期或者一个阶段的成矿作用所能形成的。在矿床成因方面,白鸽、李保华、林德松、刘家齐、巫晓兵等学者对我国的铍矿床进行了细分,共 7 个类型:碱性花岗岩型,花岗伟晶岩型,花岗岩型,气成-热液脉型,浅粒岩型,坡积-残积型,以及火山热液型。就目前已开采或已探明的情况来分析,我们国家的铍矿床类型主要集中在花岗伟晶岩型、矽卡岩型、气成-热液型及坡积-残积型等 4 种类型。

2005 年,王登红等学者对我国青藏高原东部的铍矿床进行了系统的研究,他们认为该区稀有金属矿的成岩成矿时间为晚印支运动之后、早燕山运动之前的相对宁静期,这与世界上一些重要伟晶岩型铍矿床的成矿规律是一致的。此外,周起凤、周振华等学者对铍矿床的构造演化也做了深入的研究。除在理论方面的研究之外,我国的铍工业也在不断地进步与发展。"一五"之后,我国开始研究和学习铍的冶炼和加工技术,经过多年的发展已经完全掌握了硫酸法、氟化法等传统的铍冶炼方法,同时又摸索出了碱溶水解法等的方法。我国也相继建成了水口山六厂、甘肃靖远冶炼厂等铍矿冶炼厂,目前无论在冶炼方法还是工业加工方面,我国都有比较深入的研究。

专家学者对中国全境的铍资源进行总结后发现,我们国家的铍矿床资源具有分布高度集中、单一矿床少、共伴生矿床多、综合利用价值大、品位低、储量大的特点。目前,我国已发现的铍矿区有 91 处,查明的资源储量为 57 万 t,可采储量为 1.44 万 t,基础储量为 2.9 万 t,资源量为 53.9 万 t;我国铍矿资源分布在国内 15 个省区,其中以新、云、川、蒙 4 省区为主。

铌钽矿床在我国的大部分省份都有分布。经研究得出,综合型矿床是我国伟晶岩型稀有金属矿床中最为主要的类型,一般情况下以共(伴)生为主,例如河南卢氏南阳山的伟晶岩型矿床、四川康定甲基卡的伟晶岩型矿床。铌钽铁矿和重钽铁矿等是伟晶岩型铌钽矿床中的主要铌钽矿物。在我国已经探查的铍矿资源中,共(伴)生矿产是其主要的类型,最为常见的是与锂、铌、钽共(伴)生,与钨矿共(伴)生和与稀土元素矿共(伴)生也较为常见,其他类型的共(伴)生较少。我国铌钽矿主要类型为碱性岩-碳酸岩型、碱性花岗岩型和风化壳淋滤型等。铌钽具有高沸点、耐腐性、高熔点、吸气、单极导电性、超导性和在高温下强度高等良好特性,在军事、经济以及人民生活等众多方面的应用中都取得了良好的成就。我国的铌钽矿主要集中分布于华南地区,在江西、福建等省区也有发现,如江西宜春钽铌矿、福建南平钽铌矿;另外,在新疆、内蒙古等地区也发现了一些大型铌钽矿床。全世界人类已知的铌钽矿床都与花岗岩有关。铌钽元素赋存的含矿岩体类型可分为2类,即岩浆型和沉积型,岩浆型以花岗岩型为主;沉积型主要在花岗岩风化、搬运、沉积的风化壳、沉积层中。据统计,在我国,铌的共(伴)生矿床的储量约占全国铌储量的70%以上。

青藏高原北部的松潘—甘孜造山带,经历了多期次构造-岩浆热液等地质事件,形成了具有独特的倒三角形造山几何体特征,成为具有多地体、多方向、多角度汇聚碰撞特征的典型古特提斯造山区域,在该区域已经发现甲基卡、平武、雅江、马尔康、白龙山以及丹巴等大型-超大型伟晶岩型锂矿床。许志勤等(2003)学者认为,广泛展布的不同类型穹隆构造群是松潘—甘孜造山带的经典构造样式,而(花岗)伟晶岩型锂矿床又大多集结在以花岗岩为核部、三叠纪变沉积岩为翼部的变质岩穹隆之中。阿尔金—西昆仑造山带(柴北缘地区)构造背景位于特提斯构造和古亚洲构造的结合处,分布的岩浆岩以中酸性岩为主,而花岗岩类岩石分异程度相对较高,这些可能对锂等稀有金属矿产指示性较好。

近年来,在柴北缘地区发现了一批伟晶岩型锂矿床(点),譬如,柴北缘东段锘墨格山锂矿床、茶卡北山锂矿床和红岭锂矿点,认为含矿花岗伟晶岩地质成矿时代是中晚三叠世。董永观等(2010)学者认为,新疆阿尔泰锂成矿有利区位于阿尔泰构造活动带内,该成矿有利区受锡伯渡—卡尔巴深成岩浆弧与阿尔泰岩浆弧以及震旦纪-古生代地层所控制。华南也是较为重要的锂等稀有金属有利区,尤其是中生代强烈的断块运动及与之伴随的岩浆活动对于锂等稀有金属矿床的形成作用更大。

目前,华南成矿带已探明的典型矿床主要有尖峰岭锂矿床、宜春414矿床和正冲锂矿床等。该有利区尤其是江西地区锂等稀有金属矿成矿条件更为优越,花岗伟晶岩型锂矿区带主要分布于加里东期酸性侵入岩、燕山期侵入体的外接触带上,赋矿地质体基本上为花岗伟晶岩脉,主要控矿构造为 NE 向和 NEE 向张性裂隙、加里东期紧闭褶皱转折端构造部位。赣西宜春雅山、九岭地区、赣南宁都河源、赣南广昌、西港、冷井地区等构成了华南锂矿床分布重要有利区带,矿床类型为伟晶岩型,岩浆交代作用形成,伟晶岩的形成过程分为原生结晶和交代作用两个阶段。郑绵平等(2012)学者认为盐湖型锂矿床构造位置也应该满足封闭的相关地质条件,如盐湖大多发育在地质构造较稳定区域,或在地质构造活动的亚稳定区(盆地或者凹陷)以及相对稳定区(地核或地台)。例如,扎布耶和察尔汗盐湖型锂矿床的构造位置处于冈底斯山脉的山间盆地之间,是在陆陆碰撞盆地中所形成的,是各种地质条件共同作用形成的。

(3) 金矿床国内研究现状

造山型金矿床指产于区域内各个时代变质地体中,在时间和空间上与增生造山或碰撞造山密切相关(图1-3),与绿片岩相-次绿片岩相的变质作用有关。空间上,矿体受控于主断裂两侧的次级脆性或脆-韧性剪切带(Kerrich et al.,1990;Groves et al.,1998;Goldfarb et al.,2001),是世界上重要的金矿类型之一,占全球历史黄金总产量的三分之一以上(Kerrich et al.,1990;Groves et al.,1998;Goldfarb et al.,2001,2005)。主要矿床类型有绿岩带型、BIF型和浊积岩型(Kerrich et al.,2000;Goldfarb et al.,2001)。

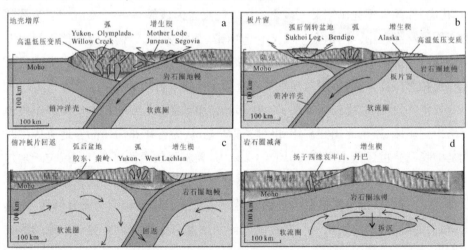

图a:俯冲带上增生楔和岩浆弧带,据Goldfarb et al.,2005;图b:洋脊俯冲背景下的倒转弧后盆地,据Tomkins,2010;图c:俯冲板片回返与克拉通破坏,据Goldfarb and Groves,2015;图d:后碰撞造山伸展过程中,富集岩石圈地幔拆沉与大型穹窿,据Zhao et al.,2019

图1-3　造山型金矿成矿大地构造背景(据王庆飞 等,2019)

造山型金矿床具有成矿时间跨度大(前寒武纪—显生宙)，含矿岩石多样，成矿形式或模式多样，成矿压力和温度变化较大的特征(Phillips and Powell，1993；Gebre-Mariam et al.，1995；Groves D I et al.，1998；Goldfarb R J et al.，2001；Goldfarb and Groves，2015)，赋矿围岩经历了绿片岩相、角闪岩相，甚至麻粒岩相变质作用。在流体特征方面尽管造山型金矿的流体在不同的成矿阶段具有不同的变化特征，但是造山型金矿床中成矿流体具有独有的特征，与其他类型金矿床具有明显的差异，流体具有低至中等盐度(3%～10% NaCleqv)，富 $H_2O \pm CO_2 \pm CH_4 \pm N_2 \pm H_2S$ 特征，并富集 Ag、As、K、Sb±B、Bi、Hg、Mo、Se、Te 和贫碱金属，如 Pb、Zn 等。造山型全矿床常常形成于弧前或弧后的地壳尺度韧性剪切带控制的二级或三级次级构造中。矿床形成温度变化较大，介于 200～700℃ (Gebre-Mariam et al.，1995；Groves et al.，1998；Goldfarb et al.，2001，2005；Goldfarb and Groves，2015)。蚀变类型主要有硅化、钾化、绢云母化、碳酸盐化等。矿化类型主要为含金石英脉、石英-方解石脉，或交代(含铁)围岩型。Lisitsin V A and Pitcairn(2016)根据深度将造山型金矿床划分为浅成带(深度 0～6 km、温度 150～300℃、压力为 150～200 MPa)、中成带(深度 6～12 km、温度 300～475℃、压力为 200～300 MPa)、深成带(深度＞12 km、温度＞475℃、压力＞300 MPa)。

① 造山型金矿床成矿模式。成矿模式的研究是在典型矿床研究的基础上，通过对矿床的成矿地质背景、矿床地质特征、成矿流体与物质源区、成因类型、形成过程、时空演化、控矿因素及标志、后期变化特征等方面的全面总结，从而指导矿床的勘查和研究工作。自二十世纪九十年代以来，前人已对造山型金矿床成矿模式进行了大量的研究和总结，归纳出地壳连续模式、变质脱流体模式、板片脱挥发分成矿模式、地幔流体成因模式、断层阀模式、盆地两阶段模式等，其中，最主要的是地壳连续模式和变质脱挥发分模式。

地壳连续模式。太古宙造山型金矿床产于亚绿片岩相、角闪岩相，甚至麻粒岩相地体中，并且与产在绿片岩相中的造山型金矿床在构造背景、元素组合、金属种类、成矿流体来源等方面具有大量的相似特征(Colvine，1989；Kerrich，1989；Groves D I,1993)。Groves(1993)根据对西澳大利亚 Yilgarn Block 晚太古代脉状金矿床和加拿大造山型金矿的对比研究发现，这两个地区的金矿都具有受构造控制，富 Au、Ag、As、Sb、Bi、Te、B、Pb、W 和少量 Cu、Zn 等元素以及相似的蚀变晕带等特征，提出地壳垂向金成矿连续模式(图 1-4)，认为金矿床在 1～15

km 深度,温度 180~700℃,压力 1~5 kp 的范围内都有成矿流体的存在,并且无论是在单个矿床还是在整个绿岩带内,都显示在不同的地壳深处和不同的压力条件下,其构造形式、矿化形式及矿石结构、围岩蚀变呈现特定过渡变化的矿床特征,尽管个别矿床相距 10~100 km。

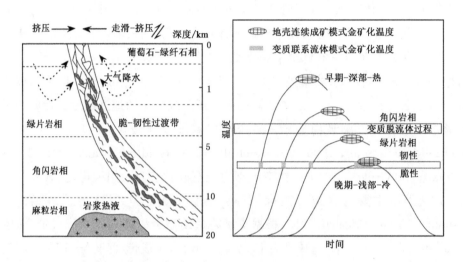

图 1-4 地壳连续成矿模式(Groves,1993;Groves et al.,1998)及温度和时间曲线图(Phillips et al.,2009)

该模式的意义在于在地壳垂向上,在一定的地壳深度范围内(1~20 km),从绿片岩相到麻粒岩相,金矿床成矿流体和物质在矿化、蚀变、赋矿构造等方面,在不同的变质岩相、深度、压力及温度变化范围内形成了一系列连续成矿演化模式和相应的地质特征。但需要注意的是,地壳连续成矿模式并不是对同一矿床或同一矿区的金矿化垂向分布特征的反映与总结;相反,其是在矿田或者矿带范围内对同一系列金矿床分布特征的反映。

变质脱流体模式。变质脱流体模式认为在绿片岩相向角闪岩相转变的过程中,通过变质脱流体过程导致 Au、As、Ag 等元素和流体的释放(体系:$CO_2-H_2O-H_2S$),并且在绿片岩相条件下或者在韧性向脆性构造过渡带或同构造变形变质过程中形成的层间裂隙或滑脱带发生 Au 的沉淀。在后期,金矿床可能会受到进一步进变质作用,甚至是部分熔融改造(Phillips et al.,2009,2010)。

板片脱挥发分成矿模式。该模式重点强调气体在金成矿过程中的作用。但是大量的流体包裹体实验研究证明,金成矿主要发生在流体体系中,并且强调流体的多因耦合(流体混合、温度的下降、压力降低—流体沸腾、溶解度下降)是导致

Au 沉淀的重要因素和机制(图 1-5)。

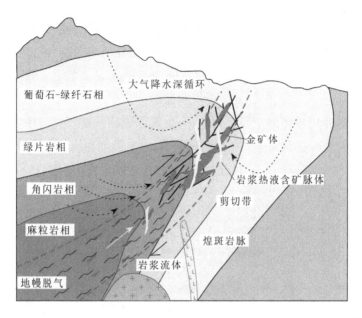

图 1-5 造山型金矿床流体来源(据 **Ridley et al.,2000**)

该模式认为,含水和含碳的绿片岩相岩石,特别是变基性和超基性岩,在俯冲过程中,洋壳上覆变基性和超基性沉积物或丰富 Au、S、H_2O 地幔楔,通过脱挥发分作用提供成矿物质,其中俯冲洋壳沉积物中的成岩黄铁矿富含 Au、S、H_2O 等相关物质(Goldfarb and Santosh,2014),在造山作用过程中通过绿片岩相-角闪岩相边界时脱挥发分,发生蛇纹石化等蚀变,释放 H_2O、CO_2、S、Au 等元素(Evans,2012),形成还原性金硫络合物。同时在流体的迁移过程中,CO_2 作为缓冲剂,调节流体的 pH 值,在一定的范围内,使金硫络合物保持稳定,从而保证 Au 在流体中达到最大溶解度。成矿流体通过剪切带运移,随着大量还原性气体,如 H_2S、CO_2、CH_4、H_2 等逃逸,致使流体的 H_2S 含量降低、fO_2 升高和 pH 值变化,最终导致 $Au(HS)_2^-$ 络合物发生分解及 Au 等成矿元素沉淀(Phillips and Powell,2010)。

地幔流体成因模式。软流圈地幔通常含有 1×10^{-9} 的 Au 含量,交代的大陆岩石圈地幔 Au 含量为 14×10^{-9},地幔捕房体内黄铁矿中 Au 含量高达 5×10^{-6} (Griffin et al.,2013),而且大陆岩石圈地幔可以为产于克拉通边缘的造山型金矿提供成矿流体和金属来源(Groves and Santosh,2015),为金成矿提供物质基础。

Bierlein 等（2006）认为地幔柱和软流圈的上升控制了造山型金矿床的形成，Au 等成矿元素处在地幔柱和软流圈上升的部位。近年来，在造山型金矿床研究中不断有报道有地幔流体的存在。因此，地幔流体成因模式作为造山型金成矿模式越来越被认识到，并且广泛应用于造山型金成矿成因研究和找矿工作（Bierlein and Pisarevsky，2008；De Boorder，2012；Hronsky et al.，2012；Webber et al.，2013；Groves et al.，2019）。其主要机制如下：

在洋壳俯冲构造体制下，富 Au 地壳物质在俯冲进变质过程中发生脱水，并沿着俯冲带构造运移和上侵。在构造转换带，由于温度和压力下降和流体沸腾导致含金络合物分解，进而发生石英结晶和 Au 的沉淀、富集（Peacock，1990；Groves et al.，2019）（图 1-6）。

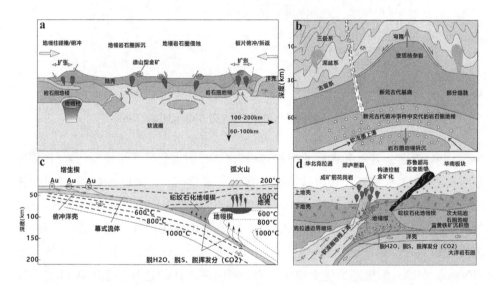

图 a：造山型金矿床与地幔柱的关系，据 Bierlein et al.，2006；图 b：岩石圈拆沉富集地幔脱气模式，指示交代富集岩石圈地幔作为流体储库，据 Zhao et al.，2019；图 c：俯冲带大洋地壳脱水和回返模式，据 Peacock，1990 和 Groves et al.，2019；图 d：克拉通破坏富集地幔脱气模式，指示交代岩石圈地幔为流体和金属来源，据 Goldfarb and Santosh，2014 和 Deng et al.，2015c

图 1-6　地幔流体成因模式示意

在后碰撞大规模走滑伸展背景下，富集岩石圈地幔上涌，释放富 Au 的 H_2O、CO_2、CH_4 幔源流体，沿区域导矿构造上侵和运移，并与不同围岩发生水-岩反应淋滤围岩成矿物质，含金络合物与富铁岩石反应形成黄铁矿、毒砂等矿物，上移至次级剪切带-断裂带、岩性接触带等构造有利部位，随着物理、化学条件的变化，引起含金络合物失稳,从而导致 Au 等成矿元素沉淀(Bierleinand Pisarevsky, 2008;De Boorder,2012;Hronsky et al.,2012;Webber et al.,2013;王庆飞 等,2019)。另外,矿区周围还分布有大量的幔源或壳-幔混合作用形成的煌斑岩或富碱斑岩(王庆飞 等,2019;李华健 等,2017)。

近年来,造山型金矿床在碰撞造山带和克拉通边缘构造环境中不断被发现。通过对造山型金矿床中地表热泉和热液矿床的 He-Ar 与 Re-Os 同位素、地幔起源流体包裹体以及次大陆岩石圈地幔的含金性研究,发现大量的地幔流体(Andersen and Neumann,2001;王庆飞 等,2019)或与成矿密切相关的基性-超基性岩体(江思宏 等,2009;俞军真,2019),如我国青藏高原形成于碰撞早期的以马攸木金矿床(温春齐 等,2006a,2006b;江思宏 等,2008;Jiang et al.,2009)和形成于碰撞晚期的滇西哀牢山金矿带墨江金矿床为代表的造山型金矿床(孙晓明 等,2007;2010),二者成矿时代和变质事件与岩浆活动不一致,前人通过硫化物或石英流体包裹体 C-H-O-S-Pb 同位素、岩石地球化学研究表明,雅鲁藏布江缝合带及哀牢山造山带造山型金矿床成矿物质主要来自深部地幔,成矿流体主要来自深部的幔源流体、地层变质流体和岩浆流体(孙晓明 等,2010;李华健 等,2017;张静 等,2010)。

地幔流体模式有关的造山型金矿床尽管赋存在变质岩系中,但在物质来源方面,地壳中的变质火山岩或变质沉积岩并不是源岩,而是俯冲洋壳板片或为上覆富金黄铁矿的沉积物(江思宏 等,2006;王庆飞 等,2019);在形成时代上,由于成矿流体与区域变质和岩浆活动无成因联系,所以成矿和变质事件与岩浆活动表现不一致;成矿深度方面,成矿可以发生在次绿片岩相至麻粒岩相深度范围(王庆飞 等,2019)。但对于地幔流体模式深部成矿机制研究程度较浅,目前还存在较大争议(Zhao et al.,2019;Seno and Kirby,2014;Groves and Santosh,2016)。尽管成矿流体中富含 H_2O、CO_2、CH_4 地幔成分,且在金矿床研究中已被证实存在,但这类富金的超临界流体赋存在深部,在交代富集地幔释放过程中,究竟是如何在不引起下地壳部分熔融的前提下,进行含矿气液的运移及成矿的(王庆飞 等,2019)。

断层阀模式。断层阀模式认为水压致裂还伴随剪应力的释放、剪切带的滑动、断层脉的形成以及地震的发生,这些活动导致流体压力急剧降低,从而导致流体中的 Au、As 等成矿元素发生沉淀,并且使裂隙快速愈合,随着流体的多期作用,后期流体在压力差驱动下再次进入裂隙之中,从而导致流体压力再次上升和积聚(Sibson et al.，1988)(图 1-7)。

造山型金矿床通常产于深大断裂两侧的二级或三级高角度逆冲断层内，且高角度逆冲断层在区域水平压应力作用下不容易发生破裂。断层阀模式可以很好地解释伴随着应力扩张和收缩，在流体动力作用下，Au 是如何在高角度逆冲断层空间内进入沉淀空间成矿(程南南 等，2018)。

断层阀模式在另一层面上显示其构造层次应该由两个层次构成，即深部的韧性断层和浅部的脆性断裂，而两个界面被隔水层或者横向构造分割，这样迫使热液在上升至分割面以下，在构造作用或流体动力作用下或构造-流体相互作用下，充填至浅部脆

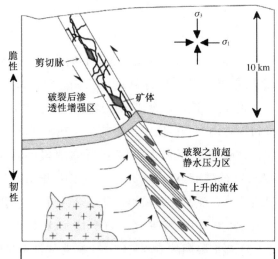

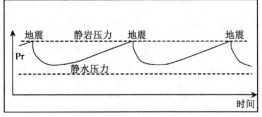

图 1-7　断层阀演化模式图(据 Sibson et al.，1988)

性断裂构造中，常常形成大量的热液胶结构造形式的矿石类型。但是造山型变质热液矿床受控于狭窄的剪切应变带或者两侧的破裂中，从深部到浅部，其构造层次依次从韧性剪切带到脆-韧性转换带，再到近地表脆性裂隙中，其构造变化是一个持续的过程，成矿热液从由角闪岩相或者麻粒岩相释放上升，在脆-韧性转换带构造或浅部地表裂隙中，由于物理化学条件变化、溶解度下降、气体的逃逸以及在浅地表水相互作用下沉淀成矿，尽管少数造山型矿床中出现有热液胶结的矿石类型，但只占矿石类型中的少数，总体以脉型矿石类型为主。所以，本书认为断层阀模式不适用于由剪切带及其次级构造控制的变质热液矿床。

盆地两阶段模式。Large R(2011)认为含碳质沉积岩是以沉积物为主的造山型金矿床和卡林型金矿床中 Au 和 As 的主要来源，并总结了相应的成因模型(图 1-8)。在两阶段盆地尺度模型中，早期即第 1 阶段，Au 和 As 在沉积和成岩作用期间被引入黑色页岩和浊积盆地，在还原的大陆边缘盆地环境中，有机物质不断沉淀，而 Au、As 以及 V、Ni、Se、Ag、Zn、Mo、Cu、U 等一系列微量元素则浓集

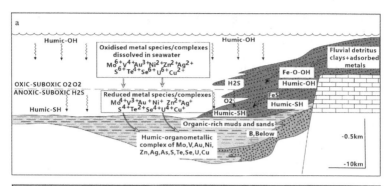

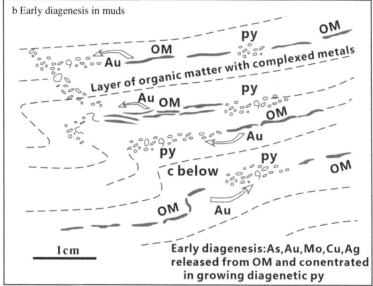

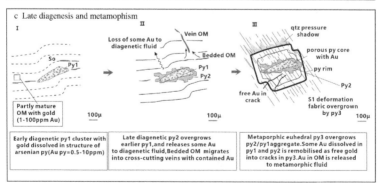

图 a：Au 和 As 被引入盆地边缘，吸附在黏土和羟基氧化铁上，形成河流碎屑输入的一部分；图 b：在早期成岩期间，有机质溶解并释放出 Au 和 As（另外如 Mo、Ni、Pb、Ag、Cu、Zn、Te、Se），进入生长的黄铁矿（py1）结构；图 c：在晚成岩作用和早期变质作用期间，沉积物通过油窗，导致有机物迁移

图 1-8 大陆盆地两阶段金成矿模型（据 Large R，2011）

在具有斜坡和盆地相的粉砂岩或者细粒黑色泥岩中的砷黄铁矿中。在早期成岩阶段,富含有机质和成矿元素(Au、Ni、Se、Te、Ag、Mo、Cu、±PGE 等)的黑色沉积岩在区域变质作用过程中,在砷黄铁矿中被优先分布,从而发生预富集。第 2 阶段,早期形成的砷黄铁矿遭受晚期成岩作用和变质作用,从而发生重结晶,形成较为粗粒的黄铁矿,并促使有机物转化为沥青。在较高级别的变质作用相变过程中(低绿片岩相和动力变质作用),含碳质变成沉积岩的过程中,在相对高温(大于 500℃)及地壳深部环境中(>12 km),砷黄铁矿转化为磁黄铁矿,从而使源岩释放流体和 Au、As、S 及其他元素(Sb、Te、Cu、Zn、Mo、Bi、Tl 和 Pb),在有利的构造位置,如构造转换带、交切带、黑色岩系层间裂隙带及两侧脆性角砾岩带发生沉淀富集。

② 金的形成机制。包括:黄铁矿转变机制和进变质脱水。

黄铁矿转变机制。通常认为在 500℃ 和 600℃ 之间的变质温度以及 5～12 km 深度范围内,在绿片岩相向角闪岩相转变过程中,成岩黄铁矿在黄铁矿-磁黄铁矿转变期间,Au 和其他微量元素(Ag、As、Sb、Hg、Mo 和 W)被释放(Pitcairn et al.,2006;Large et al.,2009;Tomkins,2010)。但是含 Au 的成岩黄铁矿向磁黄铁矿转变过程中,强调了其物质来源(S 和 Au)可能是一个深源流体,并且在相对高温和较深的深度范围内,才能发生流体及其有用元素的释放过程(如 Pitcairn et al.,2006;Large et al.,2009;Phillips and Powell,2010;Tomkins,2010,2013a,2013b)。

进变质脱水。含 Au 沉积岩系在经过绿片岩向角闪岩变质过程时,含水硅酸盐矿物发生大量的分解,从而产生 H_2O 和挥发分,通过变质脱流体方式萃取岩石中大量的 $Au(3\times10^{-9})$、$Cu(2\times10^{-6})$、$Pb(1\times10^{-6})$、$Zn(15\times10^{-6})$,并与 S 结合形成硫氢络合物(Powell et al.,1991;Phillips and Powell,1993;Elmer et al.,2006;钟日晨 等,2013)。

③ 金的沉淀机制。成矿元素的迁移与沉淀机制主要包括 3 个部分:成矿元素的迁移形式和路径、含矿流体的驱动机制以及成矿元素的沉淀机制(郭耀宇,2016)。前人已对造山型金矿的沉淀机制和影响因素作了大量的研究(如 Phillips and Groves,1983;Neall and Phillips,1987;Stefánsson and Seward,2004;Williams-Jones et al.,2009),指出,Au 溶解度的降低和流体相分离是 Au 元素沉淀、富集的重要机制;并进一步指出,在低盐度流体中,很宽的压力、温度条件下,

Au 的溶解度通过还原的金硫化物络合物,如 $AuHS^0$ 和 $Au(HS)_2^-$ 得到有效控制 (Stefánsson and Seward,2004;Williams-Jones et al.,2009)。因此认为,S 损失是导致 Au 沉淀的最重要因素(Mikucki et al.,1993;Phillips and Groves,1983;Neall and Phillips,1987;Williams-Jones et al.,2009),当成矿流体由压性的构造环境进入脆性沉淀空间时,流体压力急剧降低,从而发生沸腾(即相分离过程),致使成矿流体 H_2S 含量降低,pH 变化,Au 溶解度降低,诱发 Au 沉淀。

④ 沉淀机制影响因素。影响 Au 溶解度和流体相分离的主要因素有温度、压力、CO_2、H_2S、pH 等。

温度。一些学者认为在成矿流体的运移过程中,Au 在韧性剪切带中主要以络合物形式存在,并且在构造环境由韧性向脆-韧性或脆性转变过程中随温度下降而发生沉淀(王义天 等,2004;熊德信 等,2007;Chai et al.,2016)。还有学者通过实验研究认为,Au 络合物溶解度受温度影响较大 Stefánsson and Seward (2003a,2003b,2004)。但是越来越多的实验研究证明,Au 溶解度降低以及沉淀在很大程度上并不是由温度决定,温度对于 Au 沉淀影响有限(Weatherley et al.,2013;Benninget al.,1996;Mikucki,1998)。实验研究表明,当 Au 以硫氢络合物形式迁移时,迁移介质中 S 含量才是决定 Au 溶解度的关键因素(Benning et al.,1996)。Mikucki(1998)认为,当迁移介质酸碱度在中性的情况下,$m(\Sigma S)=$ 0.017 mol/kg 时,随着温度的变化,Au 的溶解度保持不变,并约在 $200 \sim 300℃$ 时达到峰值;当 $m(\Sigma S)=0.113\ 3$ mol/kg 时,Au 的溶解度才会随着温度的降低而急剧下降;当金矿床成矿温度小于 400℃ 时,$m(\Sigma S)<0.01$ mol/kg。因此,在成矿过程中温度并不是主要的控制因素。例如,在对胶东地区金矿床中流体包裹体测温时发现,成矿主阶段均一化温度集中在 $200 \sim 330℃$ 之间时,并没有发生明显变化,而且随着温度的升高,Au 的溶解度也没有发生变化,反而有降低的趋势 (Benning and Seward,1996)。另外,流体由一级导矿构造进入次级围岩赋矿空间时,相对于流体围岩具有较低的比热容值,因此,当流体与岩石接触后,其热量交换相对缓慢,导致流体温度发生缓慢降低(Weatherley and Henley,2013)。所以,流体进入沉淀空间后,温度变化不是 Au 发生高效沉淀的主要因素。

压力。在构造活动地带,由于构造的多期次张开和愈合作用,韧性剪切向脆性的张性构造转换时,导致流体的压力突然降低,从而引起流体发生沸腾,并诱发 Au 的沉淀(范宏瑞 等,2003;陈衍景 等,2004;Chai et al.,2016)。实验研究发现,随着流体压力的降低,矿物溶解度会不断升高(Benning and Seward,1996;

Hemley et al., 1986),但压力的缓慢下降无法造成 Au 高效沉淀,相反会增加 Au 在迁移介质中的溶解度。

大量的流体包裹体研究表明,压力骤降导致流体沸腾是导致 Au 发生沉淀的重要机制(范宏瑞 等,2003;陈衍景 等,2004;Chai et al.,2016),同时也是 Au 发生高效沉淀的重要因素(Robert et al.,1987;Lawrence et al.,2013)。当成矿流体在构造转换带进入脆性沉淀空间时,流体压力会迅速降低,从而导致流体发生沸腾作用以及相分离,使大量还原性气体,如 H_2S、H_2、CO_2、CH_4 等逃逸,金硫络合物(如 $Au(HS)_2^-$ 等)发生分解,并且使流体 pH 值升高(Naden and Shepherd,1989;Phillips and Evans,2004;胡芳芳 等,2007b;程南南 等,2018)。另外,逃逸的气体(H_2S、H_2、CO_2、CH_4)优先进入气相中,尤其 H_2S 气体的大量逃逸使流体总硫(ΣS)降低,从而导致残留含矿热液具有高 SO_2^{4-}/H_2S 比值,以及含矿流体的氧逸度升高,进一步促使硫氢络合物(如 $Au(HS)_2^-$)失稳,导致 Au 高效沉淀(Hodkiewicz et al.,2009)。

CO_2。在流体运移过程,Au 很难与 CO_2 发生络合形成 HCO_3^- 离子。但作为缓冲剂,在流体的迁移过程中,CO_2 可以很好地调节流体酸碱度的变化,使 Au 在最大范围内达到最大溶解度。并且 CO_2 可以增大流体不混溶区域,扩大超临界流体的温度范围。通过调节流体的酸碱度使金硫络合物在稳定的范围内存在(Naden and Shepherd,1989;Phillips and Evans,2004;胡芳芳 等,2007b)。在后期构造转变过程中,CO_2 的大量逃逸会导致流体中的 H^+ 被大量消耗,从而提高流体的 pH 值,导致流体由中性向碱性演化,并指示成矿流体中 Au 的溶解度不断降低,最终导致 Au 的沉淀。

H_2S。当含矿流体进入沉淀空间时,H_2S 的含量是整个造山型金矿床成矿最为关键的因素之一。Rauchenstein-Martinek 等(2014,2016)指出 S 与变质程度相联系,随着变质程度的增加,在角闪岩相中可以增加到 2 000 $\mu g/g$。Evans 等(2010)利用 Thermocalc 软件计算出成矿流体中的硫化物还原性 S 浓度会随着递进变质作用不断增强而不断增大。

在成矿早阶段,由于 H_2S 的存在,流体在相对稳定的环境中,在很大程度上提高 Au 的溶解度,H_2S 与 Au 形成金硫络合物($Au(HS)_2^-$ 等),使大量的围岩 Au 进入流体。在晚阶段,流体的总硫含量随着 H_2S 的不断逃逸而降低,并使残留含矿热液的 SO_2^{4-}/H_2S 比值升高以及含矿热液的 fO_2 增加,导致流体中

Au 溶解度不断降低,诱发 Au 沉淀。同时,H_2S 的逸出打破了络合反应的化学平衡(1、2、3),使其反应向逆方向进行,从而导致硫氢络合物的分解和 Au 的沉淀(图 1-9)。

$$Au(s) + 2H_2S \Longrightarrow Au(HS) - 2 + 0.5H_2 + H^+ \tag{1}$$

$$Au(s) + H_2S \Longrightarrow AuHS^0 + 0.5H_2 \tag{2}$$

$$Au(s) + 2H_2S \Longrightarrow Au(HS)H_2S^0 + 0.5H_2 \tag{3}$$

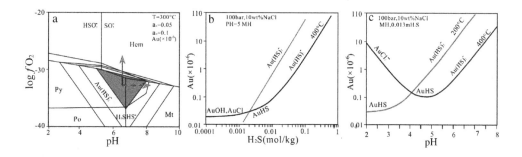

图 a:氧逸度(实线箭头)、pH(虚线箭头)对 Au 溶解度的影响,图中灰色区域代表铁硫化物和铁氧化物共生区域,据 Phillips and Powell,2010;图 b、图 c:H_2S 逸出、pH 对 Au 溶解度的影响,据 Pokrovski et al.,2014

图 1-9 沸腾作用中气体逸出对 Au 溶解度的影响图解

在成矿晚期,流体中还残留有一定的 H_2S,并且随压力缓慢降低,Au 的溶解度在一定深度范围内会有所增加,但这与温度的高低无关。随着 H_2S 的不断逸出,这一增加趋势会减弱,最终导致 Au 在流体中的溶解度减小,从而发生沉淀(程南南,2018)。

综上,当含矿流体进入沉淀空间时,流体相的分离和 Au 溶解度下降是 Au 沉淀富集的重要机制和因素,而温度和压力的变化对 Au 溶解度的影响有限。但温度为初始阶段 Au 的活化、迁移提供保障,并且在运移过程中保持了流体的温度体系,从而保证流体沿着构造带上移。而流体压力迅速降低,导致沸腾(即相分离过程),大量还原性气体如 H_2S、CH_4、CO_2、H_2 等逃逸,降低流体的 H_2S 含量,并且使 fO_2 升高以及流体 pH 值变化,有效破坏 $Au(HS)_2^-$ 络合物的稳定性,诱使 Au 发生沉淀。

⑤ 沉淀过程。前人通过研究,详细总结了金矿床沉淀机制,主要有 Au 的气

相迁移沉淀机制、沸腾作用机制、水-岩作用机制、流体的混合机制、流体还原机制等（Mikucki，1998；Groves et al.，2003；Goldfarb et al.，2007；Zoheir et al.，2008；Craw et al.，2010）。

气相迁移沉淀。Zezin 等（2007）证实，Au 可以溶解在 H_2S-H_2O 混合气体中。实验研究表明，在地壳较浅层次成矿过程中，Au 的气相迁移发挥了重要的作用（Heinrich et al.，1999；Pokrovski et al.，2006）。Heinrich 等（1999）和 Pokrovski 等（2006）发现，对于富 S 的热液系统，在流体相分离期间，Au、Cu、As 等元素（可能与硫络合）更倾向进入气相中。Zezin 等（2007，2011）通过实验证明，在成矿过程中，Au 与气体以水合物形式进入气相，尤其 HCl 和 H_2S 对 Au 在气相中的迁移发挥了关键作用。压力骤降瞬间使流体发生闪蒸作用，Au 可能和流体中的气体结合进入气相中。

大量的流体包裹体研究发现，压力骤降使流体相分离时，大部分 Au 还是以流体形式运移，而不是以气相。但不能否认少量 Au 以气相形式迁移，尤其是成矿早期阶段，这也为成矿晚阶段有少量 Au 以浸染状分布在围岩中提供了一种解释。

沸腾作用。众多流体包裹体研究表明，压力骤降导致流体的沸腾，是造成 Au 沉淀析出的重要机制（范宏瑞 等，2003；陈衍景 等，2004；Chai et al.，2016）。压力骤降时流体发生沸腾作用，使大量还原性气体如 H_2S、CO_2、CH_4、H_2 等逃逸，使 Au 与 H_2S 形成的金硫络合物（如 $Au(HS)_2^-$ 等）发生分解，并且使流体 pH 值升高（Phillips and Evans.，2004），从而导致 Au 的沉淀。

水-岩作用。水-岩相互作用是造山型金矿床成矿的重要沉淀机制之一（Phillips and Evans，2004）。水-岩作用过程使含矿流体的物理、化学条件发生改变（温度、压力、fO_2 以及 pH 等），从而降低流体中 H_2S 的活度（4），进而使 Au 的溶解度降低。富 Fe、Mg 的围岩和流体中的 H_2S 发生反应，导致 Au 的硫氢络合物在较短的时间和狭窄的空间范围内分解，并使 Au 发生沉淀和富集，形成与之相应的热液蚀变，进一步导致 Au 的沉淀（5）。

$$\text{"FeO"}_{rock} + 2H_2S == FeS_2(py) + H_2O + H_2(g) \tag{4}$$

$$Au(HS)_2^- + H^+ + 1/2H_2(g) == Au + 2H_2S \tag{5}$$

水-岩相互作用过程中沉淀的 Au 元素主要以微细金形式赋存在硫化物中或蚀变围岩中。

流体的混合。流体混合作用也是导致造山型金矿床中 Au 沉淀的重要机制 (Kerrich，1987；邱正杰 等，2015)。含矿流体与高 fO_2 的流体(地表水或者其他含矿流体)混合时，导致流体 fO_2 升高，Au 溶解度降低，并伴随 H_2S 的逃逸，造成 Au 的沉淀。其中，在成矿晚阶段，成矿流体与大气水混合时，伴随着大气降水的增加，成矿流体被稀释，从而形成近地表的无矿石英或石英-碳酸岩脉，指示成矿过程的结束，同时为深部找矿工作提供有力的指示。

流体还原。赋存在沉积序列地层中的造山型或卡林型金矿与碳质物质具有密切的联系(Large et al.，2011；Thomas et al.，2011；Hu et al.，2015，2016，2017；Wu et al.，2018)。含碳的沉积物在还原的沉积岩石序列中被广泛认为在矿床的形成过程中为 Au、As 等元素提供(Large et al.，2011；Hu et al.，2016)相对稳定的 H_2S，以及 Au 以可溶性络合物形式转移(Hofstra and Emsbo，2007)或者作为还原剂导致 Au 沉淀(Goldfarb et al.，2007；Zoheir et al.，2008；Craw et al.，2010)发挥重要的作用。与金矿有关的含碳质沉积岩有不同范围的有机碳总量(0.2%～15%)(Distler et al.，2004；Razvozzhaeva et al.，2008；Thomas et al.，2011；Large et al.，2011)。

1.3.3　年代学研究

目前，金矿床成矿年龄的精确厘定仍是一个难题。在以往的研究中，通常利用矿物的 Re-Os(辉钼矿、黄铁矿、毒砂、黄铜矿、磁黄铁矿等硫化物)、LA-ICP-MS 锆石 U-Pb(热液锆石、石榴子石、赤铁矿等)、Ar-Ar(绢云母、金云母、白云母、钾长石、伊利石等)和 Rb-Sr(黄铁矿、闪锌矿等)进行成矿年代学探讨。

近年来，黄铁矿 Rb-Sr 法在金矿床成矿年龄测定中得到广泛应用(邢波 等，2016；杨晨英 等，2016；Tian et al.，2017；Yang et al.，2017；梁涛 等，2020)，但黄铁矿要求结晶程度好且裂隙不发育。另外，Kerrich 等(1993)通过研究认为，锆石可以在较低的温度、压力条件下，在岩浆后期热液或石英脉中生长，直接从热液或流体饱和的熔体中结晶的热液锆石，其形成温度可以从岩浆阶段持续至岩浆晚期中温热液阶段(600～300℃)(Schaltegger，2007)。通过热液锆石 U-Pb 可以有效地厘定与热液有关的热矿床的成矿年代(胡芳芳 等，2004)，如张小文(2009)通过热液锆石很好地限定海南抱伦金矿的成矿时代。

在柴北缘地区铍、铌、钽矿床的赋矿地层主要为古元古界达肯大坂岩群 (Pt_1D)，与铍、铌、钽成矿关系最为密切的岩石类型为花岗岩类和伟晶岩(脉)，乌兰柯柯、茶卡北山、沙柳泉、生格等地区为柴北缘最主要矿产地。综合前人的研究成果及研究区铍、铌、钽矿的实际情况,认为柴北缘稀有矿床的成岩成矿时代为早中生代,即三叠纪时期。

1.3.4 黄铁矿原位微量及 S、Pb 同位素

近年来,随着 LA-ICP-MS 技术的发展,矿物原位微量和 S、Pb 同位素在研究成矿期次-阶段及元素的迁移、演化以及成矿物质、流体来源和矿床成因等方面发挥重要的作用(Large et al.,2009;Chang et al.,2008),尤其在金矿床研究中,可通过对不同成矿期次和不同成矿阶段的含金黄铁矿和流体包裹体进行 LA-ICP-MS 分析,探讨金成矿期次、阶段及元素的迁移、演化以及成矿流体与物质来源和矿床成因。例如 Fusswinkel 等(2017)对芬兰东部的 Hattu 绿岩带中形成的造山型金矿床,根据地质特征和测温以及 LA-ICP-MS 流体包裹体微量分析,建立了不同成矿阶段的流体演化历史,并且通过不同阶段包裹体主量和微量元素变化特征确定 Neoarchean Pampalo 造山型金矿床流体源自含金岩石的变质流体,而非后期岩浆热液。Wu 等(2018)通过 LA-ICP-MS 原位微量和 S 同位素方法对西秦岭大桥金矿不同期次-阶段黄铁矿和白铁矿进行分析和研究,认为大桥金矿是在造山过程中与区域变质作用有关的地表浅层次造山型金矿床,而非卡林型金矿床。

1.4 存在的主要问题

柴周缘成矿带是我国西部一个重要的成矿区,矿产资源丰富,成矿事实较多,铅、锌、铜等矿种的勘探开发程度较高,但目前对于关键金属矿产的研究程度却相对薄弱,前人对柴周缘地区关键金属矿床成因所做的工作十分有限,主要存在以下几个方面的问题。

① 目前,在柴周缘地区对关键金属矿床成矿理论、方法等的研究程度较低。关于关键金属矿床岩石地球化学、矿产勘查等的资料十分缺乏或不具连贯性。在成矿地质背景、岩性-岩相、控矿条件、矿化特征、岩浆来源、构造环境等方面的研究不足,缺少对成矿条件和成矿规律的分析总结。

② 关键金属元素的迁移、富集、成矿受成矿带内诸多地质因素的控制,特别

是受到构造环境、成矿物质来源、赋矿岩石类型、成矿动力学等因素的影响,目前对这些主要控矿因素之间的内在联系还没有统一的认识,无法准确地解释关键金属元素的运移、沉淀机制。

③ 柴周缘关键金属矿床地质特征、类型、岩相学特征、分布规律、产出形态等对关键金属矿床的形成具有十分重要的作用,而从含矿岩体、关键金属矿产组构、矿物化学等的角度来分析柴北缘关键金属矿床成矿规律某些特殊性的投入不够。

④ 柴周缘关键金属矿床精确的成岩成矿时代背景研究不足。

⑤ 柴周缘关键金属矿床成矿流体和成矿物质来源及演化研究不足。

⑥ 柴周缘关键金属矿床元素的迁移与富集成矿机理研究不足。

⑦ 柴周缘关键金属矿床区域地球动力学演化过程及成矿模式研究不足。

⑧ 柴周缘关键金属矿床时空分布规律、控矿因素、找矿标志及找矿模型研究不足。

1.5　研究内容、研究方法和技术路线

1.5.1　研究内容

选取典型矿集区关键金属矿床为研究对象,进行成矿地质条件约束和找矿方向的研究。具体研究内容包括以下几个方面。

① 关键金属矿床控矿地质要素分析:以不同位置、产状、时代和不同矿化阶段、世代的关键金属及共生成矿元素为对象,研究关键金属物质来源和成矿机制,以及关键金属富集特点、迁移过程、矿体内部(矿物结晶粒度、颜色、光性、成分等)变化,阐明关键金属矿床矿化阶段和成矿要素,揭示关键金属矿床形成地质约束条件。

② 关键金属矿床主微量元素组成:以成矿带有利靶区不同位置、产状、组分为对象,分别研究不同组构和同一组构不同剖面/位置等主量、微量元素组成及其变化;尤其注重揭示关键金属寄主矿物生长环境和成矿元素沉淀机理。

③ 关键金属矿床成矿地质条件分析:系统研究现有关键金属矿床的矿区地质、矿床特征,总结矿床成矿所依赖的条件,明确成矿物质来源、成矿流体、成矿动力等的形成及作用机理,进而分析各地质要素与成矿的关系,总结柴北缘地区关键金属矿床的成矿地质条件。

④ 关键金属矿床找矿方向研究:查明物化探异常,结合区域地质资料、矿床

矿体特征、成矿条件、物质来源、成矿环境、成矿规律等,筛选找矿标志,圈定找矿预测区,确定关键金属矿床的找矿方向。

⑤ 精确厘定矿床成岩-成矿年代,查明矿床形成时代背景,建立时间架构。

⑥ 讨论金矿床金元素的赋存状态、分布规律及迁移富集机制,示踪成矿物质/成矿流体来源、性质、演化特征,探讨矿床动力学演化过程及形成机制,厘定矿床类型,建立成矿模式。

⑦ 刻画成矿地质体-成矿构造-岩浆作用三位一体的耦合成岩成矿作用过程,查明岩浆作用对柴北缘金矿床成矿作用中的贡献和影响。

⑧ 研究和总结区域内金矿床时空及组合分布规律、控矿因素、找矿标志,建立找矿模型,圈定成矿远景区,为柴北缘西段进一步找矿工作提供理论依据。

1.5.2　研究方法

主要采用野外工作与室内工作相结合的方法。野外工作主要包括野外地质调查、岩体剖面测制、物化探测量、样品采集、岩体观察、矿化线索追踪、构造分析、地质素描及定位等;室内工作主要包括搜集整理研究区基础资料、样品前期处理加工及测试分析、实验数据处理、地质图件绘制、岩矿镜下鉴定、成矿元素组合分析、成矿背景分析、含矿地层分析、成矿时代分析、成矿约束条件分析、找矿标志筛选及建立、找矿方向分析等。

(1) 野外工作

① 野外地质调查。查明研究区内出露的地层、地层间接触的关系;出露的岩体及岩体的宏观特征;构造发育情况;含矿石英脉的走向、规模以及与围岩的接触情况。

② 实测岩体剖面。查明矿区地层的岩石组合、层序地层、厚度、岩浆岩特点、含矿层位、接触关系及时代,进而划分地层单元,确定演化序列。

③ 野外样品采集。在野外工作过程中,系统采集各类样品,包括:岩矿鉴定样、围岩化学样、含矿石英脉样、围岩锆石 U-Pb 同位素定年样。

④ 物化探测量。通过物化探测量,明确研究区的地球物理化学特征,查明物化异常,分析解释,圈定异常区域。

(2) 室内工作

① 资料收集整理。收集整理研究区区域地质资料、邻区关键金属矿床基本资料,以及关键金属矿床国内外研究现状、前沿、找矿方向等资料。

② 样品测试与数据分析。对所采的样品进行前期处理,再完成相关实验和

专业测试,并对测试结果进行整理分析。

③ 图件绘制。通过花岗岩类 TAS 分类图和 A/NK-A/CNK 判别图等图解,依据地质资料及测试结果,运用计算机制图软件绘制相关图件。

④ 综合分析。综合文献资料、野外实地踏勘资料、样品分析结果、物化探测量解释结果,明确物质来源、成矿环境、成矿条件、成矿规律,建立找矿标志,圈定成矿远景区,指明找矿方向。

1.5.3 技术路线

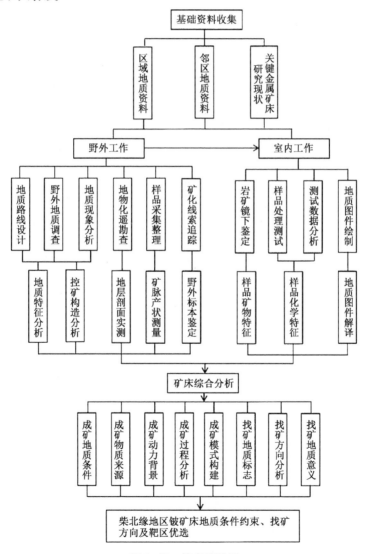

图 1-10 技术路线图

1.6 完成工作量

项目实施已有两年多,完成了项目开展所需要的基础资料收集、野外调研及室内工作,掌握了研究区的地质情况,明确了柴北缘地区关键金属矿床的成矿地质条件,确定了关键金属矿床的找矿方向,完成的工作量见表1-1。

表1-1 完成主要工作量一览表

序号	工作阶段	工作内容	单位	完成工作量
1		野外工作天数	天	80
2		拍摄野外照片	张	230
3		地质路线调查	km	1 800
4		岩体剖面实测	km	12
5	野外工作	岩矿鉴定样品采集	件	160
6		围岩化学样品采集	件	160
7		含矿石英脉样品采集	件	160
8		地质素描	幅	35
9		物化探测量	km²	550
10		相关文献、资料、报告收集阅读	篇	>400
11		岩矿鉴定光/薄片	片	50
12	室内工作	样品处理测试	件	80
13		数据分析	组	200
14		地质图件绘制	张	30

1.7 本章小结

本书研究内容主要是青海大学地质工程系王建国老师所主持的青海省应用基础研究计划项目"柴北缘地区铍矿床成矿约束条件、地质意义及靶区优选"(No. 2019-ZJ-7022)相关成果及研究认识。柴周缘成矿带内矿产资源丰富,成矿事实较多,已知矿产包括黑色金属、有色金属、稀贵金属和非金属,其主要的矿种为铅、锌、铜、铁、金、银、钨、钼、锂、铍、铌、钽、稀土及硫铁矿、黄铁矿、菱镁矿、石灰岩、白云岩、重晶石、食盐等 20 余种,矿产地有 100 处左右。

柴北周缘成矿带内有色金属、铁、铬,以及锂、铍、铌、钽等稀有金属等成矿元素较富集,具有形成内生金属矿产的良好物质基础。关键金属典型矿集区位于青海省中北部,矿集区断裂构造较发育,主要由北西、北东和近东西向三组组成,其中以北西向断裂最为发育,其控制了区内地层、岩浆岩的展布;其次为北东向断裂,构造单元边界由隐伏断裂控制,历经早古生代洋陆俯冲—弧陆/陆陆碰撞—超高压折返等多旋回多期次复杂构造作用过程,褶皱、断裂构造较为发育。从形成时期来看,从加里东期到喜山期均有断裂活动,典型矿集区次级断裂或韧性剪切带为稀贵金属矿床的主要找矿标志之一。但目前对于柴周缘关键金属矿集区的程度却相对薄弱,前人对关于柴周缘地区关键金属矿床成因的研究所做的工作十分有限。

第二章

区域地质概况

2.1　构造动力学背景

　　柴达木盆地为一封闭性的断陷盆地,位于我国西部,呈菱形,在大地构造位置上它位于欧亚大陆的南部(图2-1),属于亚洲中轴构造域。柴北缘为柴达木盆地的主要组成部分,北靠祁连地块,南接柴达木地块,宗务隆山—青海南山断裂从其中间穿过,由欧龙布鲁克微陆块、滩间山岛弧造山带、沙柳河高压-超高压变质带3个构造带组成。柴北缘地区属于青藏高原的北部,柴北缘也是我国西部一个重要的内生矿床成矿带和构造岩浆活动带,整体部位在南祁连地块与柴达木地块的中间,是秦—祁—昆造山带的一部分。柴北缘内部构造格局呈现南北分带的形式,由南至北依次为南缘冲断带、中央坳陷及北部边缘冲断隆起带;其周缘以深大断裂与相邻构造单元相隔,断裂、褶皱等十分发育,典型断裂有阿尔金走滑断层、哇洪山断裂。

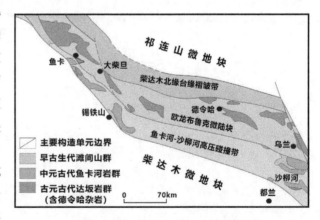

图2-1　柴北缘构造带大地构造位置图

　　从地质意义方面来讲,柴北缘属于南祁连南缘断裂带和柴达木盆地北侧边缘断裂带中间的部分,南部相邻的是柴达木盆地,北部与南祁连构造带相接,从西到

东方向是阿尔金断裂到哇洪山-温泉断裂。柴北缘呈现北西向展布,距离超过
700 km,总面积约为 $1.2 \times 10^4 \text{ km}^2$,最大厚度可达 $17\ 000 \text{ m}$。柴北缘构造带及邻
区经历了五台期至喜马拉雅期等多期次地质构造事件。前寒武系陆块同样参与
了多期造山事件。在柴达木盆地区域构造位置示意图中,柴北缘造山带的主要断
裂有北昆仑逆冲断裂、中昆仑逆冲断裂、南昆仑走滑断裂、柴北缘逆冲断裂、北祁
连逆冲断裂、中祁连南逆冲断裂等。

柴北缘研究区内有四大断裂系,即祁连山—柴北缘断裂系、阿尔金走滑断裂
系、鄂拉山走滑断裂系和昆仑—祁漫塔格断裂系。这些断裂系控制了柴达木盆地
的展布方向(图2-2)。

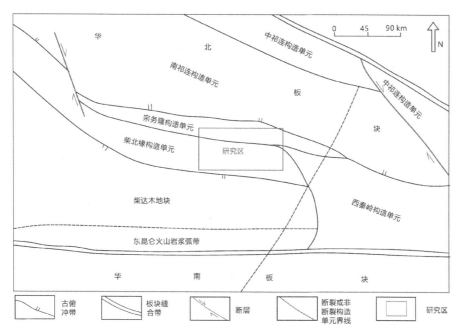

图 2-2 柴达木盆地区域断裂展布图

2.1.1 构造演化简史

柴达木地块在印支运动时相对下陷成为盆地,柴北缘各逆冲推覆体由北向南
彼此平行并且成带分布,地层及各构造单元所出露的地层均具由北向南逐渐由老
变新的特点。柴北缘是经由印支运动以来经过断裂、逆冲推覆和滑脱作用等演化
阶段发展起来的。

（1）柴北缘中生代构造演化史

柴达木盆地在早燕山期时还处于伸展环境，但到中侏罗世时，塔里木板块向东移动，造成柴达木盆地伸展加强，沉积中心向东迁移，沉积范围变大，此时为伸展断陷期。在印支期结束之后，柴达木盆地才开始发生全面的陆相发育。晚侏罗世到白垩纪时，柴达木盆地逆冲作用增强，重新变为挤压状态。柴北缘地区在印支期时发生整体隆升，这是由柴达木地块和华北地块发生的北北东至南南西方向的挤压所引起的，柴北缘地区的欧龙布鲁克等地块在此期间开始隆升。

（2）柴北缘新生代构造活动

进入新生代，由于印度板块向欧亚板块下部持续俯冲挤压，整个青藏高原受到近 SN 向的挤压作用影响。但是因为受到 SWW 和 NEE 向的走滑断裂的联合影响，柴达木盆地仍然存在着向东拉伸的迁移。青藏高原在晚喜山期时陆内俯冲加强，昆仑山和祁连山开始向盆地推覆、逆冲，引起盆地全面进入挤压反转阶段，并且随时间推移构造活动强度逐渐增大，因而奠定了柴北缘现今的构造格局。柴北缘西部的变形从古新世、早始新世开始，而东部变形起始于渐新世，柴北缘新生代变形具有从北到南、从西至东传播的特点。

从石炭纪到白垩纪，柴北缘东部主要经历了印支运动和早、晚期燕山运动，此三期构造运动的演化对于柴北缘构造演化来说起着极其重要的作用。由寒武纪开始，柴达木地块由赤道附近逐渐北移；在印支期，柴达木地块与华北地块发生了陆间碰撞结合，这导致柴北缘东部受接近于 NNE—SSW 向的强烈挤压应力场作用；在侏罗纪，柴北缘西北部地区处于两次碰撞中间比较松弛伸展的环境，其结果是柴北缘处于近 N-S 向的陆内拉张应力场中；在白垩纪末，柴达木盆地受到南、北两侧碰撞作用和燕山晚期旋回的影响，导致柴北缘总体处于 NNE—SSW 挤压构造应力场中，并且开始发生构造反转作用。

通过有关联构造的形迹来还原当时应力场，由此可对地质史上的构造应力场进行研究，现今对该方面研究的主要重心集中在主应力的大小和其作用的方向上。应力场方向的恢复可以通过多方面来研究。在收集柴北缘地质资料的基础上，结合实际的地质情况，再通过对主要断层和褶皱构造的展布、节理和断层的滑动以及沉积相的变化等研究来恢复柴达木盆地的构造应力场演化史。但是因为后期构造叠加有破坏作用，所以对区内构造应力场演化主要的分析结果聚集在新生代以来。

柴北缘和东昆仑造山带是一个具有复杂演化历史的多旋回复合造山带，具有多岛洋、碰撞和多旋回造山的特征。其于古生代—早中生代经历了海洋、洋陆俯冲、陆陆碰撞有关的区域构造-岩浆演化(图2-3)。与区域洋-陆俯冲和碰撞作用有关的构造-岩浆作用产生强烈的构造变形-变质作用,形成了边界断裂和一系列大型剪切带,并且引起成矿流体和壳幔成矿元素活化、迁移和成矿作用的发生,产生大规模的关键金属矿床等成矿作用。

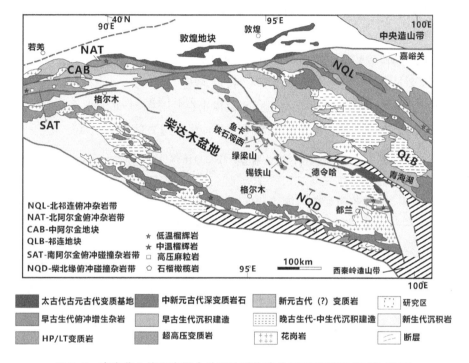

图2-3　青海柴北缘和东昆仑地区地质构造单元图(据张建新 等,2015)
(参阅封底勒口①)

此区域的构造演化可大致归纳为四个主要的阶段。寒武纪之前,在大洋中整个柴达木地块独立产出,北接秦岭洋,南邻昆仑洋;寒武-奥陶纪,整个柴达木地块几乎呈漂移的状态;进入奥陶纪之后,由于柴北缘的被动陆缘裂陷活动,形成了柴北缘裂谷,同时伴随一系列的成矿过程;在志留纪末,受加里东运动的影响,柴达木地块和其北部的祁连地块一起向北运动并与华北地块的南缘相连接,柴北缘裂谷带折返,正是此次两地块(柴达木地块与祁连地块)的汇合,使柴北缘地区由伸展作用转变为挤压作用。

柴达木地区的地质演化活动直接影响着此地区矿产的成矿与改造。在柴北缘地区,很多矿床产出于柴达木地块向北漂移产生被动陆缘裂陷活动而形成的柴达木盆地北缘裂谷带之中,而伸展作用转变为挤压作用后,矿区便经历了强烈的构造变形改造。

2.1.2 褶皱产状与应力场

由于柴北缘的水平主应力的强烈挤压,造成地下潜伏构造和地面的背斜构造大量出现,因此这些褶皱的轴向代表的是最小的水平主应力的方向。通过分析这些褶皱的产状(表2-1),就可以了解柴北缘内褶皱构造的形成时期和构造应力场方向。研究的褶皱构造主要在新近纪末期到第四纪的中期形成,所以主压应力方位可以代表柴北缘地区新近纪到第四纪早期的区域应力场方位,结合该地区部分共轭断层,分析该盆地内的96个褶皱构造产状,得出在此时期,柴北缘地区的主压应力表现为 NNE 方向,并且为水平挤压,最大主压应力优选方位在 $10\sim30°$。

表 2-1 柴达木盆地北缘褶皱产状与应力场(据张西娟,2007)

褶皱名称	核部地层	轴向	主应力产状		
			σ1	σ2	σ3
南八仙	N2	120	$30°\angle2°$	$210°\angle88°$	$210°\angle88°$
马海	E3	140	$50°\angle9°$	$140°\angle3°$	$230°\angle81°$
东陵丘	E3	125	$215°\angle5°$	$125°\angle2°$	$35°\angle85°$
北陵丘	N2	122	$32°\angle2°$	$122°\angle3°$	$212°\angle88°$
南陵丘	Q1	125	$35°\angle8°$	$125°\angle6°$	$215°\angle82°$
鄂博梁Ⅰ号	E3	150	$60°\angle7°$	$150°\angle7°$	$240°\angle83°$
鄂博梁Ⅱ号	N21	130	$220°\angle2°$	$130°\angle2°$	$220°\angle88°$
鄂博梁Ⅲ号	N21	130	$40°\angle3°$	$130°\angle1°$	$220°\angle87°$
葫芦山	N21	107	$18°\angle3°$	$107°\angle3°$	$148°\angle78°$
水鸭子墩4号	E3	120	$30°\angle15°$	$120°\angle0°$	$210°\angle75°$
水鸭子墩5号	E3	137	$247°\angle5°$	$137°\angle6°$	$67°\angle86°$
水鸭子墩6号	E3	125	$35°\angle10°$	$125°\angle4°$	$215°\angle80°$
尕丘	E3	285	$15°\angle1°$	$285°\angle1°$	$195°\angle89°$
平顶山	E3	315	$225°\angle22°$	$315°\angle2°$	$195°\angle89°$
驼南	E3	105	$195°\angle9°$	$105°\angle2°$	$15°\angle79°$
平台	E3	109	$199°\angle7°$	$109°\angle10°$	$19°\angle83°$

（续表）

褶皱名称	核部地层	轴向	主应力产状		
			σ1	σ2	σ3
小丘林	Q1	110	200°∠3°	110°∠6°	20°∠87°
鸭湖	N2	136	46°∠1°	136°∠1°	226°∠89°
鱼卡西	J2	110	20°∠4°	110°∠4°	20°∠86°
路乐河	E3	96	186°∠4°	96°∠4°	6°∠86°
大红沟	K	116	26°∠2°	116°∠2°	206°∠88°
小柴旦	K	128	218°∠5°	128°∠5°	38°∠85°
伊克雅乌汝	Q1	120	30°∠2°	120°∠2°	280°∠75°
无柴沟	K	122	212°∠10°	122°∠6°	32°∠80°
北极星	E3	130	220°∠12°	130°∠11°	350°∠78°
马海	N1	124	34°∠2°	124°∠2°	214°∠88°
冷湖 4 号	E3	134	224°∠4°	134°∠6°	54°∠86°
怀头他拉	N21	108	18°∠2°	108°∠2°	198°∠88°

2.1.3　构造演化对关键金属成矿的约束

关键金属矿床的成矿物质来源和成矿作用最主要的热动力大多是岩浆活动提供的,岩浆活动也是关键金属矿床形成的重要条件。长期的应力活动也是成矿热液形成过程中一个很重要的因素,能提供必须的热源条件。区内发育有大量中-酸性侵入岩,并且与岩浆活动有关联的成矿作用极为发育,与之有关的关键金属矿产分布极为广泛,柴北缘造山带关键金属矿产分布如图 2-4 所示。加里东期和印支期是关键金属成矿极为重要的两个时期。

柴北缘地区位于柴达木陆块和南祁连陆块的中间,长期处在强应变条件下,伴随着复杂构造应力场的叠加、复合和相互转换以及构造热事件的发生,成矿物质发生汇集、迁移和沉淀等作用,从而使得柴北缘地区的矿床形成具有多方面的特征,包括成矿物质来源广泛、成矿规模不一、成矿作用多样和成矿类型复杂等。岩浆成因的关键金属矿床,在岩浆结晶时会伴随着流体交代作用的发生,这会使得其成矿过程变得更为复杂。

柴北缘内岩体的展布、次级断裂、裂隙等,受到开始于古元古代构造演化作用的影响,能为矿体的形成提供比较良好的储矿场所和运移通道。达肯坂岩群中的

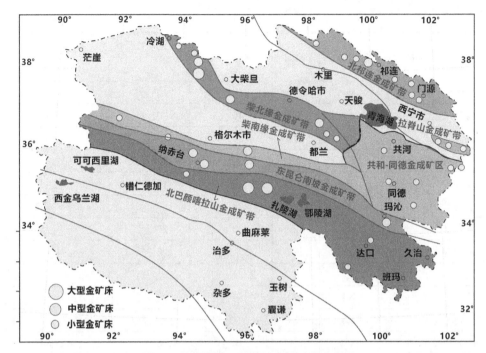

图 2-4　柴北缘造山带关键金属矿产分布图

片麻岩等岩类,能为侵入移位的岩浆提供较好的保障,岩浆会在相对封闭的环境中发生液态分离,使含关键金属、富碱以及挥发组分的含矿岩浆富集,从某种意义上讲,这类岩浆可以作为关键金属矿浆。随着分离出来的花岗质岩浆的侵入移位,含矿岩浆会发生结晶和交代的共同作用,地质应力等作用也会发生于地层裂隙中,使关键金属等成矿元素富集和沉淀,从而形成关键金属等矿床。

　　柴北缘有着非常复杂的动力学环境,存在不同构造体系的变化,不同造山作用类型的变化以及不同盆地类型的相互转换;多期次构造-热事件的接续发生;多阶段构造的变形叠加、重组及改造;多阶段地质发展史的演进等,共同控制了该区域关键金属矿产的形成、矿床的类型、规模和赋存状态等,形成构造-岩浆-成矿作用。

2.2　区域地层

　　研究区域地层属华北地层大区祁-秦-昆地层区的柴达木北缘地层小区和宗

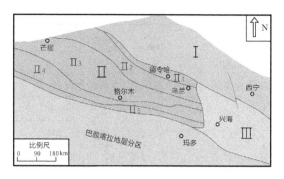

Ⅰ：祁连山地层分区；Ⅱ：柴达木地层分区；Ⅲ：西秦岭地层分区；Ⅰ₁：宗务隆山地层小区；Ⅰ₂：柴达木北缘地层小区；Ⅰ₃：柴达木盆地地层小区；Ⅰ₄：柴达木南缘地层小区；Ⅰ₅：东昆南地层小区

图 2-5 祁秦昆地层区示意图
（据《青海省岩石地层》，1997）

务隆山地层小区（图 2-5）。地层出露较齐全，从元古界至新生界的地层在区域内均有出露，包括古元古界达肯大坂岩群（Pt_1D）、金水口群白沙河组（Pt_1b），中元古界狼牙山组（Jxl）、小庙群（Pt_2X），中-新元古界万保沟群（Pt_2-3W），寒武-奥陶系滩间山群（$\in_3-O_3T$），奥陶-志留系纳赤台群（OSN），石炭系中吾农山群果可山组（C_3gk）、浩特洛洼组（C_2ht），二叠系勒门沟组（P_1l）、马尔争组（P_1m），三叠系江河组（T_2j）、大加连组（T_2d）、洪水川组（$T_{1-2}h$），侏罗系羊曲组（Jy），新近系中新统油砂山组（N_1y）、上新统狮子沟组（N_2sz）和第四系（Q），具体地层划分见表 2-2 和表 2-3。

研究区隶属祁秦昆地层大区，柴北缘北缘分区（图 2-6）。出露的各地层单元的岩性组成、沉积环境及矿产赋存等均有差异。区内从元古界到新生界都有地层出露（表 2-4）。

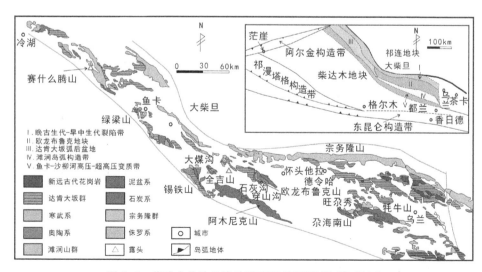

图 2-6 柴达木盆地北缘地质略图（据王洪强 等，2016）

表 2-2 柴达木盆地北缘地层单位序列表 1

地层系统				岩性组合
界	系	统	群、组	
新生界	第四系	下更新统	七个泉组	灰黄色砾岩、砂砾岩、灰绿色、浅黄绿色泥岩
	新近系	上新统	狮子沟组	灰色砾岩、含砾砂岩、砂岩和泥质粉砂岩
			油砂山组	棕红色泥质粉砂岩为主,含泥灰岩、砂岩、泥岩
		中新统	干柴沟组	钙质粉砂岩、含油砂岩、砂质泥岩、页岩和泥灰岩
	古近系	渐新统	路乐河组	以砾岩、泥岩、砂质泥岩及泥质粉砂岩为主
		古新统		
中生界	白垩纪	下白垩统	犬牙沟组	以棕红色粗碎屑岩为主,含有少量砂岩、粉砂岩、泥岩,发育有暗棕色泥岩夹层
	侏罗纪	上侏罗统	红水沟组	以棕红色、棕灰色砾状砂岩为主,及粉砂质泥岩、泥质粉砂岩
		中侏罗统	采石岭组	浅蓝灰色泥质粉砂岩夹蓝灰色砾石层
		下侏罗统	大煤沟组	杂色长石石英砂岩、粉砂岩、细砂岩、泥岩及煤线等
	三叠系	上三叠统	鄂拉山组	以砾岩、砂岩、泥岩等碎屑岩为主,含碳酸盐岩夹层
		中三叠统	郡子河组	灰色含白云质灰岩、灰绿色或者黄绿色厚层长石石英砂岩、钙质砂岩和泥质灰岩
		下三叠统		

表 2-3 柴达木盆地北缘地层单位序列表 2

地层系统				岩性组合
界	系	统	群、组	
晚古生界	二叠系	下二叠统	中吾农山群	厚层巨砾岩、白云岩、粉砂岩
	石炭系	上石炭统	克鲁克组	砾岩、含砾粗砂岩、灰色砂岩、粉砂岩、砂质泥岩、页岩和灰岩
		下石炭统	城墙沟组	紫红色砾岩、岩屑砂岩和石英长石砂岩
	泥盆系	上泥盆统	阿木尼克组	以碎屑岩为主,含有少量的灰岩和白云岩,底部为砾岩
			牦牛山组	砾岩、暗紫色或杂色砾岩、砂岩、粉砂岩、粉砂质板岩、紫红色或杂色火山角砾岩、凝灰岩、集块岩和安山岩

（续表）

界	系	统	群、组	岩性组合
	志留系			
早古生界	奥陶系	上奥陶统	滩间山群	为一套绿片岩相角闪岩相变质的火山-沉积岩系
		中奥陶统	大头羊沟组	下部为碎屑岩，上部为灰岩
		下奥陶统	石灰沟组	炭质页岩，上部含有少量砂岩
	寒武系	上寒武统	多泉山组	深灰色石灰岩、白云质灰岩以及钙质页岩
		中寒武统	欧龙布鲁克组	为一套白云岩和灰岩组合，夹少量粉砂岩
			皱节山组	白云岩，粉砂岩和细砂岩
			红铁沟组	砾岩，中部夹白云岩，顶部夹冰川泥纹层
		下寒武统	黑土坡组	板岩、白云岩、黏土质板岩、灰黑色炭质板岩和黄绿色、浅灰色泥质粉砂岩
新元古界	震旦系		全吉群	砾岩、含砾砂岩、杂砂岩、碳酸盐岩层和碎屑岩
中元古界	蓟县系		万洞沟群	炭质绢云片岩、钙质片岩、大理岩、白云岩、灰岩、千枚岩。
古元古界	长城系		达肯大坂群	大理岩、白云质大理岩、泥质片麻岩、麻粒岩、石英片岩、花岗质片麻岩、云母片岩及石英岩等

表 2-4　区域地层划分表

年代地层			祁秦昆地层区	
			柴北缘地层小区	宗务隆山地层小区
新生界 Cz	第四系 Q	全新统 Qh	砂砾、角砾、漂砾石、砂土、黏土、腐殖土、亚砂土和沼泽淤泥	
		更新统 Qp		
	新近系 N	上新统 N_2	狮子沟组（N_2sz）	
		中新统 N_1	油砂山组（N_1y）	
中生界 Mz	三叠系 T	中三叠统 T_2		大加连组（T_2d）
				江河组（T_2j）

年代地层				祁秦昆地层区	
				柴北缘地层小区	宗务隆山地层小区
古生界 Pz	晚古生界 Pz₂	二叠系 P	下二叠统 P_1		勒门沟组（$P_1 l$）
		石炭系 C	上石炭统 C_3		果可山组（$C_3 gk$）
	早古生界 Pz₁	寒武-奥陶系 $\in$-O	上寒武统-上奥陶统 $\in_3$-O_3	滩间山群（$\in_3$-$O_3 T$）	
元古界 Pt	中元古界 Pt₂	蓟县系 Jx		狼牙山组（Jxl）	
	古元古界 Pt₁	滹沱系 Ht		达肯大坂岩群（$Pt_1 D$）	

2.2.1　古元古界

区域内出露最老的地层为古元古界达肯大坂岩群（$Pt_1 D$），此层为柴北缘构造带的基底，主要由片麻岩、角闪岩、片岩和混合岩组成，可分为三部分，即片麻岩岩组、片岩岩组和大理岩岩组。达肯大坂群在柴北缘出露面积较广，在达肯大坂、阿卡腾能山、青新界山、俄博梁北山、赛什腾山、锡铁山、全吉山及欧龙布鲁克等地都有出露。达肯大坂群是一套无序的层状中-深变质岩系，是柴北缘出露的最古老地层。其岩性在横向上总体的变化比较小。该岩群经历了从高角闪岩相到麻粒岩相变质作用，原岩系以碎屑岩为主，属于火山-沉积岩系。岩性主要为泥质片麻岩、大理岩、白云质大理岩、麻粒岩、石英片岩、花岗质片麻岩、云母片岩及石英岩等，从宏观上来说，构成了研究区的变质基底。这种岩石整体保持着灰-灰黑的颜色。出露的岩性组合在不同地段有一定程度的差别，主要反映在各种角闪质岩类岩石和变粒岩类岩石出露数量比例上。达肯大坂群属于古元古代中晚期，通过其中碎屑锆石年龄可以得知其沉积年龄范围在 19.6 亿～21.9 亿年之间。

片麻岩岩组（$Pt_1 D_1$）岩性主要为深灰色条带状黑云斜长片麻岩、灰色眼球状黑云斜长片麻岩和深灰色斜长角闪岩。岩石普遍受到不同程度的变质、变形、变位等作用，广泛发育条带状、眼球状、条纹状等构造，在岩石类型上属于低角闪岩相。

片岩岩组（$Pt_1 D_2$）岩性主要为深灰色斜长角闪片岩、灰绿色石英片岩。岩石变质、变形、变位程度相较于片麻岩岩组弱，在岩石类型上属于低角闪岩相（图 2-7）。

图 2-7　达肯大坂岩群片岩现场照片
(参阅封底图①)

大理岩岩组($Pt_1 D_3$)岩性主要为灰白色大理岩、灰-白色透闪石大理岩和灰白色条带状透辉石大理岩。岩石变质、变形、变位作用在达肯大坂岩群的三组中最强,有微小褶皱发育。

2.2.2　中元古界

区域内出露的中元古界地层万洞沟群属于中-浅变质岩系,主要在欧龙布鲁克古陆块西部的滩间山到万洞沟等地区出露,可划分为三个岩性组。下部碎屑岩组岩性为钙质片岩、绢云母石英片岩、灰岩、浅肉红色混合岩、大理岩和石英岩。中部碳酸盐组岩性为白云岩、千枚岩、结晶灰岩、白云质大理岩和石英岩。上部碎屑火山岩组岩性为火山岩、火山碎屑岩、片岩、白云岩、结晶灰岩、大理岩、石英岩,内部含有微古植物化石。岩性组合与区域对比具有明显的一致性,并且可分性比较强。

狼牙山组(Jxl)地层是一套浅-中深变质岩系,可大致分为两部分,下部为碳酸盐岩岩段,上部为碎屑岩岩段。碳酸盐岩岩段的岩性主要为浅变质的碳酸盐岩,碎屑岩岩段的岩性有灰色-灰绿色二云斜长片麻岩、肉红色-灰色条带状花岗质混合岩等。

2.2.3 新元古界

全吉群（Zq）自下而上划分为麻黄沟组、苦柏木组、石英梁组、红藻山组、黑土坡组、红铁沟组和皱节山组，出露于柴达木盆地北缘北带的全吉山、大头羊沟和欧龙布鲁克山一带，主要由砾岩、含砾砂岩、杂砂岩、碳酸盐岩层和碎屑岩组成，富含叠层石。

黑土坡组（$\in_1 h$）在石灰沟和全吉山等地出露，岩性主要为板岩与黄绿色泥晶白云岩互层、黏土质板岩、炭质板岩和泥质粉砂岩。

红铁沟组（$\in_1 ht$）出露于石灰沟和全吉山等地，岩性为冰碛泥砾岩，在其上部含有冰川泥纹层，中部含有白云岩。

皱节山组（$\in_1 z$）在石灰沟和全吉山等地出露，岩性为白云岩、粉砂岩、细砂岩和灰色砂质粉砂岩。

欧龙布鲁克组（$\in_{2-3} o$）在欧龙布鲁克山中东部、石灰沟和全吉山一带出露，在欧龙布鲁克山主要由灰色厚层灰质白云岩、细粒白云岩、硅质白云岩、灰岩以及硅质岩组成，假整合接触在红藻山组之上；在石灰沟主要由团块状白云岩、灰色白云岩、中厚层灰岩、泥灰岩以及灰色砂屑灰岩组成；在全吉山岩性主要为白云岩、紫红色页岩、砂砾岩和粉砂质页夹粉砂岩。

2.2.4 早古生界

寒武-奥陶系滩间山群（$\in_3 - O_3 T$）在区域内出露较广，大致呈北西—南东向的长条状展布。它与其下部的狼牙山组肉红色-灰色条带状花岗质混合岩的接触关系为平行不整合（图2-8）。该群的岩石主要为暗色，以浅变质中基性火山岩和碎屑岩为主。

多泉山组（$O_1 d$）主要在大头羊沟、石灰沟及欧龙布鲁克山等地出露，是一套碳酸盐岩，主要由深灰色石灰岩、白云质灰岩以及钙质页岩组成，

图2-8 滩间山群与狼牙山组的接触关系现场照片

与下伏地层欧龙布鲁克群平行不整合接触。

石灰沟组（O_1s）在欧龙布鲁克山、大头羊沟和石灰沟等地出露，是一套页岩，主要由灰黑色粉砂质板岩和页岩组成，夹有石灰岩和岩屑长石砂岩，与上覆地层不整合接触，与下伏地层呈平行不整合接触。

大头羊沟组（O_2dt）主要在全吉山的大头羊沟等地区出露，主要岩性为砾岩、紫红色粉砂岩、灰岩和深灰色碎屑灰岩，碳酸盐岩较其他岩类出露地更少。

滩间山群（O_2ST）统滩间山群在柴北缘区内分布比较广泛，主要分布于赛什腾山、绿梁山、锡铁山等地区。滩间山群地层可以分为变碎屑岩岩组、变火山岩岩组和蛇绿混杂岩岩组三类，岩性主要为变中-基性火山岩、浅变质碎屑岩、生物碎屑灰岩以及白云质大理岩。其平行不整合接触在下伏地层大头羊沟组之上，角度不整合接触在上覆地层牦牛山组之下，顶底岩层一般出露不全，在底部和达肯大坂群呈断层接触。

2.2.5　晚古生界

晚古生界地层包括中吾农山群果可山组（C_3gk）、勒门沟组（P_1l）、牦牛山组（D_3m）、阿木尼克组（D_3C_1a）、城墙沟组（D_3C_1q）、克鲁克组（C_2k）、中吾农山群（CP_1Z）。

果可山组的展布方向与滩间山群一致，均为北西—南东向，其岩性主要为中-厚层状岩屑石英砂岩、中-厚层状粉晶灰岩，总体而言，自下至上由砂岩、灰岩到板岩，即逐渐变细。岩石变质、变形作用较强，糜棱岩化及片理化发育。此地层中有石英闪长岩、英云闪长岩侵入。

勒门沟组在区域内的分布断断续续，在很多区域被第四系地层所覆盖，可细分为3段，下段为紫红色砾岩，中段为灰褐色含砾砂岩，上段为灰绿色长石岩屑杂砂岩。

牦牛山组主要在牦牛山、阿木尼克山和云雾山等地区出露，岩性为砾岩、岩屑、长石砂岩、粉砂岩、板岩、火山角砾岩、集块岩和凝灰岩，具有爆发相到喷溢相的韵律沉积特征，含不同量的砂岩和板岩等沉积岩，与下伏地层呈不整合接触。

阿木尼克组在阿木尼克山、欧龙布鲁克山等地区出露，主要由碎屑岩、少量的灰岩以及白云岩组成，但地层底部主要是砾岩，不整合或者假整合接触在牦牛山组地层之上。

城墙沟组在胜利口和阿木尼克山等地出露，主要由紫红色砾岩、石英长石砂岩、岩屑砂岩、粉砂岩组成，地层由下向上会逐渐变化，变为粉砂质灰岩、泥质灰岩白云岩、砂岩、页岩,整合接触在阿木尼克组之上。

克鲁克组在石灰沟和欧龙布鲁克山北坡等地出露,由砾岩、粗砂岩、灰色砂岩、粉砂岩、泥岩、灰岩和页岩组成,并且常常互层出现,下部的地层富含炭质,并且夹有煤层,假整合接触在下伏地层之上。

中吾农山群在柴达木山南麓、达肯大坂山北坡、红山北及大头羊沟等地区都有出露,岩性为白云岩、厚层巨砾岩和紫红色的粉砂岩,不整合接触在下伏地层克鲁克组之上。

2.2.6 中生界

区域内出露的中生界地层主要有三叠系江河组($T_2 j$)、大加连组($T_2 d$)、郡子河组($T_{1-2} jz$)、鄂拉山组($T_3 e$)、大煤沟组($J_{1-2} dm$)、采石岭组($J_2 c$)、红水沟组($J_3 h$)、犬牙沟组($K_1 q$)。

江河组地层分布的面积不大,它为一套长石石英砂岩,具体岩性可归纳为浅灰绿色细粒长石砂岩、岩屑长石粉砂岩夹灰绿色中细粒长石石英砂岩和细粒石英砂岩。

大加连组整体的展布情况受构造的控制极为明显,地层走向线与区域构造线的方向几乎一致。根据岩性组合差异可分为两段,下段岩性为灰色厚-中厚层状生物粉晶灰岩;上段岩性为灰白色块层状亮晶灰岩、含生物碎屑灰岩和肉红-灰红色角砾状灰岩,灰白色块层状亮晶灰岩

**图 2-9　灰白色块层状灰岩与含生物碎屑灰岩
互层现场照片**

和含生物碎屑灰岩二者互层产出(图 2-9)。

郡子河组在柴北缘出露较少,仅在塔塔楞河南岸少量出露。地层下部主要由灰色厚层白云质灰岩组成,内部含有腕足类化石;上部岩性主要为绿色的中厚层长石石英砂岩,含少量钙质砂岩和泥质灰岩,灰岩中常含有大量菊石。该地层整合接触在下伏地层之上,有时出现断层现象。

鄂拉山组在大煤沟等地出露,岩性主要为砾岩、砂岩、泥岩等碎屑岩,并含有

碳酸盐岩夹层。

大煤沟组主要在赛什腾山的红灯沟、云雾山南部、鱼卡盆地、达肯大坂山的大头羊沟、绿草山和大煤沟等地出露,在河流、湖泊、沼泽环境发育。该地层为一套含煤线的杂色碎屑岩,由杂色长石石英砂岩、粉砂岩、细砂岩和泥岩组成,内部含煤,泥岩中含有植物化石。

采石岭组主要在鱼卡、大煤沟、绿草山、阿木尼克山南部和采石岭等地出露,主要由砾岩、杂色砂岩、砾状砂岩以及暗棕红色泥岩、砂质泥岩组成,整合接触在下伏地层大煤沟组之上,但在采石岭为不整合接触。

红水沟组主要在鱼卡和红水沟等地出露,主要岩性为浅棕红色泥岩、含砂泥岩、粉砂岩、细砂岩,夹有少量的蓝灰色砂岩条带、团块,整合接触在下伏地层采石岭组之上。

犬牙沟组主要在路乐河、小柴旦以及达肯大坂山南、北山前等地出露,主要由棕红色粗碎屑岩、泥岩、粉砂岩、砂岩和泥灰岩组成,发育有暗棕色泥岩夹层,与下伏地层为不整合接触。

2.2.7　新生界

新生界地层是区域内分布最为广泛的地层,主要包括路乐河组($E_1 l$)、油砂山组($N_1 y$)、干柴沟组($E_3 N_1 g$)、狮子沟组($N_2 sz$)、七个泉组($QP^1 y$)和第四系(Q)。

路乐河组主要在柴北缘及东北缘一带出露,以山麓洪积相堆积为主,由砾岩、泥岩和粉砂岩组成,具有下粗上细的沉积特点。路乐河组一般与下伏地层犬牙沟组假整合接触,但在鱼卡等地区为不整合接触。

干柴沟组主要在柴达木盆地边缘出露,是柴北缘含油量最高的地层之一,以滨湖相和湖相沉积为主,次为山麓堆积相和河流相沉积等,岩性主要为砂岩、粉砂岩、页岩、砂质泥岩和泥灰岩。

油砂山组是柴北缘地区十分重要的矿产富集层,尤其是能源矿产常以此层作为含矿层,一般在盆地边缘出露,为河流三角洲相沉积,是柴北缘的最重要的储油层之一,主要由泥质粉砂岩、含油砂岩、泥岩和泥灰岩组成,部分地层含有石膏。它为一套湿润—半干旱气候条件下在陆相前陆盆地中沉积的陆相碎屑岩建造,在区域内它主要以北西—南东向的宽条带状展布,在岩性上以棕红色(粉)砂岩、泥质粉砂岩为主,并且夹有紫红色砾岩及砂岩。其顶部与新近系上新统狮子沟组呈整合接触关系;在傲唠河附近,整合接触在下伏地层干柴沟组之上。盆地边缘岩层颗粒较粗,主要由灰色砾岩、砾状砂岩组成,含有少量砂岩、砂质泥岩、杂色泥岩以及泥灰岩等。盆地中心岩石颗粒较细,主要由灰色泥岩、砂质泥岩以及泥灰岩组成。油砂山组常常与下伏地层上柴沟组连续沉积。

狮子沟组在区域内与油砂山组的展布特征一致,均以北西—南东向的宽条带状展布,地质构造上成单斜产出,向北东方向倾斜。其岩性组合以灰黄色、灰绿色砾岩和砂质砾岩为主,并夹有土黄色长石砂岩、浅灰色粉砂岩,部分地区也偶夹紫红色砾岩层。其顶部被第四系沉积物覆盖。该地层在柴达木盆地内分布较为普遍,主要在盆地的边缘出露,主要是河流相沉积和冲-洪积相沉积,岩性为灰色砾岩、砂岩、泥质粉砂岩、黄灰色砂质泥岩和钙质泥岩。其与下伏地层油砂山组为不整合接触。在部分地区含有丰富的脊椎动物化石。

七个泉组主要在云雾山南和达肯大坂山等地出露,由灰黄色砾岩、砂砾岩和泥岩组成,不整合接触在下伏地层狮子沟组之上。七个泉组是柴达木盆地重要的生物气储集岩。

第四系以松散沉积物为主,它在区域内十分发育,从北至南均有出露,在霍德生沟、柯柯、察汗诺、生格、高捷根好饶等地区大片出露,在一些小型的山间沟谷、陡坡上零散出露,既有粒度较粗的砂砾、角砾和漂砾石(图 2-10),也有细粒的砂土、黏土、腐殖土、亚砂土,在水系区还有沼泽淤泥。柴北缘内第四系堆积物分布面积较为

图 2-10　漂砾石宏观特征现场照片
(参阅封面左图)

广泛,主要包括中更新统冰川堆积,上更新统洪-冲积堆积,全新世湖沼相堆积,湖相堆积,盐类化学堆积,盐湖矿床、河道及河滩相松散砂砾石堆积和风尘沙等。其岩性主要为碎屑岩夹砂岩向砾石、黏土和膏盐层过渡。

2.3　区域构造

区域构造较为复杂,其地处柴北缘构造单元、宗务隆构造单元、南祁连构造单

元、西秦岭构造单元的结合部位(图 2-11),主体位于柴北缘构造单元和宗务隆构造单元内。此位置处于华北板块的柴达木地块和欧龙布鲁克地块的连接处,在地史上受到两侧大陆及周围小地块的作用力,使此区域的构造面貌呈现出复杂性。各个构造单元在不同的地质历史时期经历了不同的构造作用(碰撞造山、构造变形等)及发展阶段,故在区域内形成了多阶段复杂而独特的构造特征。

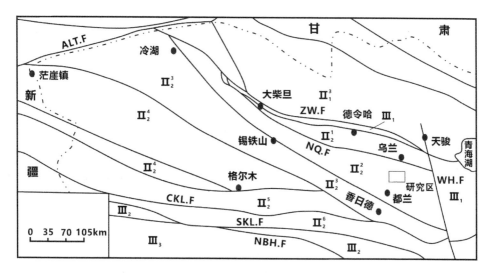

构造分区:II_1^3:南祁连;II_1^2:欧龙布鲁克;II_2^2:柴北;II_3^2:柴达木;II_2^4:昆北;II_2^5:昆中;II_2^6:昆南;III_1:宗务隆山;青海南山;III_2:阿尼玛卿;III_3:北巴颜喀拉;

断裂:ALT.F:阿尔金;WH.F:咀洪山;ZW.F:宗务隆山;NQ.F:柴北缘;CKL.F:昆中;SKL.F:昆南;NBH.F:北巴颜喀拉图

图 2-11 柴北缘-东昆仑地区构造分区分布图(据姚戈,2015)

柴北缘的赛什腾山、锡铁山和绿梁山成雁行排列逆冲于中新生代地层之上,在北西方向其雁行排列被阿尔金山截断。褶皱主要在达肯大坂岩群和牦牛山组地层中发育。赛什腾山的褶皱构造属于复向斜,轴向为 NW 向,发育在赛什腾山中部;绿梁山的褶皱构造属于倾伏背斜,轴向为 NW 向,轴部的地层主要是达肯大坂群下段地层;锡铁山的褶皱构造是复向,斜轴向为 NW 向,轴部的地层是达肯大坂群上段地层。

柴北缘地区发育有非常多的断裂构造,一般较密集,并且成束成带分布,按照断裂的切割深度和地质意义可以分为深断裂和地壳型断裂。按照展布方向主要可以分为三组,分别是 NW 向断裂、近 SN 向断裂和 NE 向断裂,这三组断裂是不同地质历史时期地球动力学演化的综合结果,控制着柴达木盆地及其周缘地质体的发展演化。柴北缘内断裂具有多期次活动的特点,走滑-挤压构造是主要的变形样式,主要的断层沿其走向滑动的距离比沿倾向冲断推覆的距离要远很多。

2.3.1 构造单元特征

《青海省区域地质志(1991)》将柴北缘构造带分成3个次级构造单元,分别是柴北缘台缘褶皱带、柴北缘残山断褶带和欧龙布鲁克台隆,也可以将这3个次级构造单元分别称为柴北缘早古生代结合带、宗务隆山晚古生代—早中生代裂陷带和欧龙布鲁克微陆块。王惠初综合前人对柴北缘的新认识,将原柴北缘构造带的3个构造单元重新划分,从北向南依次为欧龙布鲁克微陆块、滩间山蛇绿杂岩-岛弧火山岩带和鱼卡河—沙柳河高压-超高压变质构造带,其间都以断裂为界。

欧龙布鲁克陆块是双层结构,由基底和盖层两部分组成,基底是在古元古代结晶,盖层属于南华纪—震旦纪。滩间山蛇绿杂岩-岛弧火山岩带是由蛇绿杂岩、岛弧火山岩、弧后盆地火山-沉积建造和岛弧深成岩等岩石组合构成。鱼卡河—沙柳河高压-超高压变质构造带由新元古代花岗片麻岩、鱼卡河岩群变质表壳岩和榴辉岩等高压-超高压变质岩组成。

(1)柴北缘构造单元

该构造单元为一准原地系统,互相叠置,前期单元受后期构造的改造作用极其明显。此构造带具双层结构模式,基底主要为达肯大坂岩群,以不连续体出露,原岩为碎屑岩-碳酸盐建造;盖层以狼牙山组为主,也有一部分滩间山群,狼牙山组也为碎屑岩-碳酸盐建造。

(2)宗务隆构造单元

该构造单元在南祁连构造单元与柴北缘构造单元之间,西部被区域性深大断裂所截,为一窄条状。它的构造位置极为重要,其东部分割西秦岭构造带与南祁连构造造山带,西部又隔断柴达木地块与南祁连造山带。在此构造带内构造作用较复杂,物质的组成多变,这与其所处的特殊构造位置息息相关。此构造单元内的岩石组合有中变质的碎屑岩、碳酸盐和少量的基性火山岩,青海省地矿局在地质调查中又发现了一套蛇绿混杂岩。其构造形态以断裂为主,褶皱为辅。

2.3.2 断裂构造

(1)老虎口断裂

老虎口断裂位于伊克柯柯克特勒—肯德郭勒一带,断裂带的走向为北西—南东向,断裂的性质为逆断层。断面总体北东倾,倾角在 $50\sim70°$,该断裂对蓟县系狼牙山组和寒武-奥陶系滩间山群的控制作用较为明显。在断裂附近发育有宽 $30\sim50\ m$ 的断裂破碎带,在断裂破碎带内发育有糜棱岩、挤压透镜体、碎裂岩等,沿断裂带构造角砾岩也十分发育。

(2) 霍德生沟断裂

该断裂在区域上沿天峻—茶卡—温泉一线分布,断裂规模大,延伸较远,达 $210\ km$,在茶卡北与宗务隆—青海南山断裂相交,南部于温泉地区将东昆仑中断裂切错。断面倾向北东,倾角 $50\sim60°$。断裂附近形成了宽 $55\sim290\ m$ 的挤压破碎带,带内有断层泥等,局部地区可见长英质糜棱岩,在两侧发育有断层三角面、断层崖、破劈理等。此断裂的性质为挤压逆冲形断裂,它的影响深度极大,可能属于壳型断裂。断裂形成于晚古生代末期,在华力西期—印支早期活动性增强。

(3) 查汗郭勒断裂

查汗郭勒断裂的规模不大,延伸方向为北西向,错断了达肯大坂岩群的大理岩岩组。断面北东倾,倾角为 $50°$ 左右。在断裂带附近形成了由糜棱岩、断层角砾岩、断层泥、旋转碎斑、挤压片理、流劈理等构成的宽约 $120\ m$ 左右的挤压破碎带。据此断裂的特征分析该断裂为一条明显的左旋走滑断裂。

(4) 贡字特断裂

贡字特断裂分布于高捷根好饶南部的贡字特—敦德特一带,该断裂带的走向大致为北西—南东向,由宗务隆构造带的南界断裂和一些小规模的逆断层共同组成。断面总体为北东倾,倾角为 $43\sim65°$。断裂破碎带宽 $25\sim45\ m$,带内为脆性变形构造的产物,有挤压透镜体、糜棱岩、碎裂岩等,不同地段具有不同时代地层的构造岩,在断裂带内构造角砾岩十分发育。有记录表明,在断裂带附近近些年有 $1.0\sim2.9$ 级的地震发生,这说明该断裂带至今仍在活动。

(5) 高捷根好饶断裂

位于高捷根好饶地区,出露不明显,被第四系地层断续覆盖。在区域内切割山脊,并错断达肯大坂岩群的三个岩性组,迫使岩层的产状发生了大角度的偏转。断裂附近的岩石片理化严重,沿断裂带分布着断断续续规模不等的小型侵入体,且部分变质,其岩性主要是二长花岗岩和额肯片麻岩。

(6) NW 向断裂

NW 向断裂与区域主构造线方向是一致的,其中最为发育的断裂构造是 NW 向断裂,其形成时代比 NE 向断裂及近 SN 向断裂要早,主要包括图 2-12 中的北宗务隆山断裂带(I_4)、南祁连山山前断裂带(I_5)、欧龙布鲁克山—耗牛山断裂带

（I_6）和赛什腾山—锡铁山山前断裂带（I_7）。NW 断裂构造带一般形迹清晰，并且规模较大、延伸长，具有多期次活动的特点，力学性质属于压扭性。

（7）近 SN 向断裂

近 SN 向断裂断裂规模一般比较小，并且延伸不长，常错断 NW 向断裂，且在两组断裂交接处化探异常密集。该组断裂主要在大柴旦地区分布，局部控制了侵入岩的侵位。

（8）NE 向断裂

该组断裂规模最小、延伸最短。根据柴北缘内断裂本身力学性质、三组断裂的相互交切关系和沿断裂产出和切割的地质体等特征来判断，NE 向断裂可能是在南北向主压应力场作用下而形成的不同期次的构造形迹。

（9）韧性剪切带

柴北缘地区韧性剪切带发育广泛，是柴北缘地区古生代造山构造运动的产物。韧性剪切带东部宽西部窄，呈"S"形展布，柴北缘内达肯大坂岩群、万洞沟群和滩间山群等主要地层都受到了韧性剪切作用的影响，在地层中韧性剪切带主要发育在 NWW 向大型断裂的两侧。赋存于韧性剪切带中的部分矿床，其成因与韧性剪切带相关。柴达木盆地周缘断裂见图 2-12。

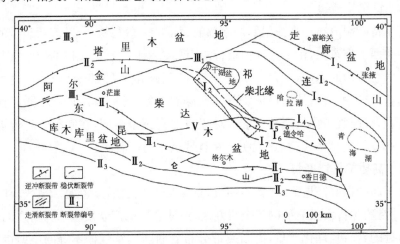

I_1：北祁连山山前断裂带；I_2：北祁连山南缘断裂带；I_3：中祁连山南缘断裂带；I_4：北宗务隆山断裂带；I_5：南祁连山山前断裂带；I_6：欧龙布鲁克山—牦牛山断裂带；I_7：赛什腾山—锡铁山山前断裂带；II_1：昆北断裂带；II_2：昆中断裂带；II_3：昆南断裂带；III_1：阿尔金南缘断裂带；III_2：阿尔金北缘断裂带；III_3：塔南隆起断裂带；IV：鄂拉山断裂带；V：甘森—小柴旦断裂带

图 2-12　柴达木盆地周缘断裂系统图（据赵志新，2018）

2.3.3　褶皱

（1）查汗山向斜

查汗山向斜位于老虎口盆地内,在霍德生沟断裂南部。该向斜为一开阔的宽缓褶皱,轴向的方向大致为北西向,核部近似箱状,出露寒武-奥陶系的地层,两翼分居南北两侧,出露的地层为寒武-奥陶系下岩组,其中向斜北缘被霍德生沟断裂严重破坏,仅存在一小部分,而南翼保存完好。向斜形成于晋宁期—加里东期。

（2）阿沙打复式向斜

位于霍德生沟断裂以北,为一复杂紧闭的线状褶皱,由一主向斜和多个轴向接近的小型向斜共同组成。主向斜轴向北西,倾角超过 $60°$,核部有岩体侵入,翼部为达肯大坂岩群片麻岩岩组;次向斜轴向近北西向,与主向斜近平行排列,规模有大有小,但均小于主向斜。

（3）多让叉沟北侧向斜

该向斜呈北西西—南东东方向延伸,延伸长度约 10 km,出露的地层主要为三叠系的大加连组。分为南北两翼,南翼倾向北东,北翼倾向南西,倾角均在 $40\sim50°$ 。在此向斜上还发育有轴面劈理及层间劈理等。该向斜形成于华力西期,该期构造的发育体现了北西—南东向的挤压作用。

2.4　区域岩浆岩

中酸性侵入岩在柴北缘构造带内极其发育,岩体整体在空间上呈现 NW—SE 向展布。通过研究柴北缘地区古生代花岗岩,可以查明此地区岩浆活动时代包括 5 个阶段:$460\sim475$ Ma、$440\sim450$ Ma、$395\sim410$ Ma、$370\sim380$ Ma 和 $260\sim275$ Ma。柴北缘地区岩石较多,区内自西段的赛什腾山、嗷唠山、绿梁山、大柴旦、锡铁山到最东端的都兰地区都有大量侵入岩产出,与主构造方向一致,岩体的规模比较小,多为小岩株;岩石类型主要是钙碱性花岗岩,在都兰一带也出露有少量中基性岩类。

区域内岩浆岩广泛分布,其中以中-酸性岩为主,而基性岩和超基性岩相对较少。岩石类型包括闪长岩、花岗闪长岩、二长花岗岩等,各类岩石在地表的出露均较好。岩浆岩主要产于柴北缘构造岩浆带内,其侵入活动受区域构造的控制较为明显,整体上呈北西-南东向展布。依据岩浆岩的岩石特征、侵位时代、化学特征等可将其划分为四个岩浆系列(表 2-5)。

表 2-5　岩浆系列划分

岩浆带	岩浆系列	岩体单元名称
柴北缘构造岩浆带	高捷根系列	高捷根镁铁-超镁铁岩
	查汗郭勒系列	阿斯霍特灰白色中细粒石英闪长岩
		尧妥灰白色细粒黑云母闪长岩
		孕子黑灰白色中粒花岗闪长岩
		霍德生沟灰白色闪长岩
	贡字特系列	莫特陇鄂阿灰白色黑云母花岗闪长岩
		哈夏托灰白色英云闪长岩
	阿移哈系列	沙勒贡肉红色不等粒二长花岗岩
		霍德生沟肉红色不等粒钾长花岗岩

(1) 高捷根系列

高捷根系列中岩体类型主要是镁铁-超镁铁质岩,它们主要分布于高捷根好饶南部的查汗郭勒地区。岩体的形态受断裂的控制较明显,最为主要的控岩断裂为查汗郭勒断裂,故岩体的展布方向与查汗郭勒断裂的延伸方向一致,均为北西向,岩体的展布形态为不规则的长条状。与达肯大坂岩群变质地层的接触关系为断层接触,且在断层附近存在较强的糜棱岩化现象。在岩体西北部可见查汗郭勒系列的花岗岩侵入,岩体外部有冷凝边。

(2) 查汗郭勒系列

此系列分为 4 个部分,分别为阿斯霍特灰白色中细粒石英闪长岩、尧妥灰白色细粒黑云母闪长岩、孕子黑灰白色中粒花岗闪长岩和霍德生沟灰白色闪长岩,岩体形态各异,有透镜状和椭圆状,也有长柱状。岩体侵入的最老地层为达肯大坂岩群,最新地层为石炭系地层。岩体侵入围岩的界线较清晰,在接触带上可见硅化现象,岩体中也可见大小不一、分布杂乱、形态呈次棱角状的捕虏体。在孕子黑灰白色中粒花岗闪长岩与围岩的接触带附近形成了长约几千米的石榴子石的矽卡岩带,有磁铁矿、黄铜矿等的矿化显示。该系列与贡字特系列和阿移哈系列呈超动式侵入接触(斜切式侵入接触),它的形成时代也早于这两个系列。

(3) 贡字特系列

此系列分布于柴北缘北部,由两个岩体单元(莫特陇鄂阿灰白色黑云母花岗闪长岩、哈夏托灰白色英云闪长岩)构成,以断裂为界与南祁连构造岩浆带相邻,展布形态以长柱状为主。岩体主要侵位于达肯大坂岩群中,有岩枝、岩脉穿插至围岩中,围岩具角岩化特征。该系列中捕房体发育,可见达肯大坂岩群、石炭系、查汗郭勒系列等的捕房体,它们多呈浑圆状或长条状。

(4)阿移哈系列

阿移哈系列包括沙勒贡肉红色不等粒二长花岗岩和霍德生沟肉红色不等粒钾长花岗岩两部分,出露面积相对较大。该系列侵位的最老地层为古元古界达肯大坂岩群,其同时也为侵位的主要地层,两者的界线清晰,在岩体中有含围岩的捕房体,捕房体的形态各异,其中以浑圆状和次棱角状居多,围岩内可见有岩体的岩脉和岩枝贯入其中。局部可见阿移哈系列侵位于贡字特系列的莫特陇鄂阿灰白色黑云母花岗闪长岩中,两岩体的接触部位凹凸不平,两侧的岩石色差较大(肉红色与灰白色),在接触部位可见褐铁矿化。

2.5　区域变质岩

柴北缘内变质岩广泛发育,且其类型广泛而且复杂,有区域变质岩、动力变质岩、气液变质岩、接触变质岩,但以区域变质岩为主。变质岩系(含变质侵入体)包括:古元古代达肯大坂岩群、中元古代的变质侵入岩体、新元古代的变质侵入体、晚泥盆世牦牛山组的浅变质岩地层。东部终于野马滩沙柳河地区,西部终于鱼卡落凤坡地区。该变质带总共可分为4个单元,分别是都兰榴辉岩片麻岩单元、绿梁山石橄榄岩高压麻粒岩单元、鱼卡落凤坡榴辉岩片麻岩单元、锡铁山榴辉岩片麻岩单元。

目前已发现的高压超高压岩石主要分布在都兰县境的野马滩和沙柳河、胜利口(绿梁山)等地。野马滩榴辉岩围岩副片麻岩锆石中发现柯石英包裹体,沙柳河榴辉岩的石榴子石中发现残留的柯石英,胜利口石榴橄榄岩锆石中发现金刚石包裹体,都说明柴北缘是由大陆岩石圈深俯冲形成的"大陆型"超高压变质带。

区域内变质作用时间跨度大,从古元古代到晚泥盆纪均有变质作用发生,结合区域地质特征分析,变质作用有5期:首期为吕梁期,形成角闪岩相的达肯大坂岩群;二期为四堡期,万洞沟群发生变质程度为低角闪岩相的区域动力变质作用;三期为晋宁期,新元古代侵入体发生动力变质作用,变质程度为绿片岩相;四期为加里东期,滩间山群发生区域变质作用达低绿片岩相;五期为华力西期,断陷变质作用使晚泥盆纪地层经历了低级变质达低绿片岩相。

区域内的变质岩整体上分布不算多,仅在部分地区有出露。在变质作用的类型上主要以区域低温变质作用和气液变质作用为主,相较于前两者,接触变质作用和动力变质作用极少。

区域低温变质作用及变质岩可根据变质变形特征分为两期,早期为震旦期,晚期为华力西期。变质岩类型有黑云钾长片麻岩、片岩(图2-13)、阳起石绿帘石岩、大理岩、板岩和千枚岩(图 2-14)。

图 2-13　区域低温变质作用形成的片岩现场照片

图 2-14　区域低温变质作用形成的千枚岩现场照片(参阅封底图②)

气液变质作用所形成的变质矿物有绿帘石、绿泥石、高岭石、蒙脱石等,矿物组合为泥化带、青磐岩化带,其与银等金属矿产的成矿关系极其密切,目前已在这些带内发现多条矿体。

动力变质作用主要分布在脆性断裂及韧性剪切带中,在柴北缘构造带中主要以中深部构造层次韧性剪切作用及变质岩为特点,而在宗务隆构造带中以中浅部构造层次韧性剪切作用变质岩为特点。岩石类型主要有碎裂岩、碎粉岩、揉皱绿泥钠长片岩、糜棱片麻岩等。区域地质简图见图 2-15。

接触变质岩在四种类型的变质岩中分布最少,出露断续,它主要以与岩浆侵入有关的硅化、角岩化、矽卡岩化岩石为主,岩石类型有角岩化花岗斑岩、堇青石角岩、矽卡岩等。

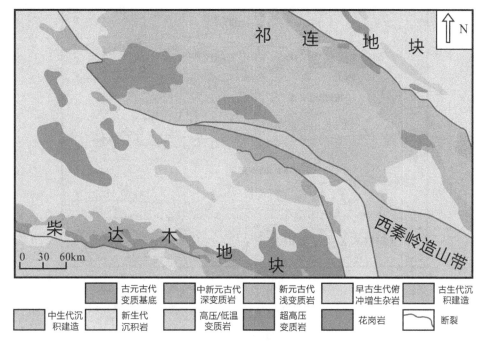

图 2-15　区域地质简图（据赵志新 等，2017）

（参阅封底勒口图②）

2.6　区域矿产

区域内已发现的矿产有铁、铜、金、钴、煤等，其中已发现的矿床和矿点中以金矿最具工业价值。研究区内沟里地区矿床(点)主要有扎哥尔沟磁铁矿化点、色德日磁铁矿点、果洛龙洼中大型金矿、按纳格金矿点、阿斯哈金矿、瓦勒尕金矿点及塔妥煤矿等(图 2-16)。柴北缘为秦祁昆成矿带的重要组成部分，区域内曾经历了复杂的造山过程和构造-岩浆活动，为矿产的形成提供了十分有利的条件。已知矿产包括黑色金属、有色金属、贵金属、稀有金属、非金属和能源矿产，矿产地 100 处左右，柴北缘沟里地区已成为我国西部重要得多矿种成矿带。

柴北缘沟里地区的东西两段矿产的分布存在差别，其中，东段主要为内生金属矿产，而西段为非金属矿产，这种差异反映出东、西两段的地质构造环境和成矿作用不是完全一样的。柴北缘地区在其构造演化的不同时期，发育有不同的成矿

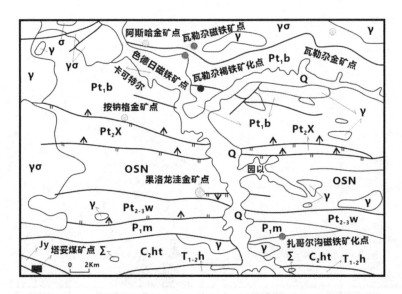

Q：第四系；Jy：侏罗世羊曲组；$T_{1-2}h$：早-中三叠世洪水川组；P_1m：早二叠世
马尔争组；C_2ht：石炭世浩特洛洼组；OSN：奥陶-志留世纳赤台群；$Pt_{2-3}w$：中
元古代万宝沟群；Pl_2X：中元古代小庙群；Pl_1b：古元古代金水口群白沙河组；
δ：闪长岩；γσ：花岗闪长岩；Σ：超基性岩；↖：断层；⊕、⊗、●：矿床（点）；ν：
花岗岩

图 2-16　沟里地区部分矿产分布图（据青海有色地勘局八队内部资料，2009）

类型和成矿系列。在元古代时期，发育有早期的稳定台型盖层沉积，该时期的成
矿系列与海相化学沉积岩有关，主要包括铁、石英岩、玉石矿床等成矿系列，但整
体上成矿作用较弱，除石英岩和白云岩有成形的矿床外，其他均为矿点，在矿床类
型上以沉积-变质型为主。早古生代时期，该区域内可能发生了局部的裂解与闭
合，在小范围的裂陷中形成了沉积矿产，以铁、石灰岩等沉积矿产为代表。到了晚
古生代-早中生代时期，在陆内造山作用的影响之下，此地区（尤其是东段）产生了
强烈的构造岩浆活动，伴随着这一活动形成了与中-酸性侵入岩类有关的钨、铋、
铜、铁、金、铍、铌、钽、钾长石矿床成矿系列，在矿床类型上主要为热液型和接触交
代型，与岩浆作用的联系较为密切。该类矿床主要分布在布赫特山、沙柳泉一带，
其中以沙柳泉铌钽矿床、尕子黑钨矿点为代表，是区内较为重要的矿床类型。

　　典型矿集区在大地构造位置上位于柴北缘和东昆仑的结合带，构造和岩浆作
用发育，是青海省乃至全国重要的金成矿区带。近年来在这里发现了大量的具有
经济价值的金矿床或金矿化点，达 16 处，但金矿床分布不均匀。柴北缘金矿床除

了东段赛坝沟金矿床以外,其余大多数集中在西段(小赛什腾山—锡铁山),且矿床总体以小型为主,少数为中型或大型。金矿床主要赋存在寒武-奥陶系滩间山群浅变质火山-沉积岩系和中元古代万洞沟群浅变质黑色碳质岩系及大理岩系,前者以小型矿床或矿点为主,如野骆驼泉金矿床、红柳沟金矿床、鱼卡金矿床、千枚岭金矿床、西金沟金矿床、瀑布沟金矿床、双口山金-银-铅矿床、结绿素金矿点、青龙滩北金矿点、求律特金矿点、阿移项岩金矿点、红灯沟金矿点等;后者以大型或中型矿床为主,如滩间山青龙沟金矿床、滩间山金龙沟金矿床等。此二者在区域上紧密联系,呈不整合接触。

东昆仑构造带素有"金腰带"之称,金矿床主要集中在东昆仑构造带东段。近几年在这里发现了大量的大型金矿床,逐渐形成富金成矿区带,如沟里地区逐渐形成大型-超大型金矿田雏形,金矿床主要有洛龙洼金矿、瓦勒尕金矿、按纳格金矿、阿斯哈金矿等。有色金属矿产为该区域内的优势矿产,矿种类型多样,矿产地也较多,主要以铅锌矿、铜矿、钨矿等为代表,铅锌矿分布最广,在锡铁山、阿木尼克、都兰、乌兰等地均发现有矿床(点),且资源储量较大;铜矿多与铅锌矿、钼矿等共/伴生,在柴北缘地区分布在赛什腾山—阿尔茨托山、乌兰尕顺等地区;钨矿是此区域内极具找矿前景的矿产,在沙柳河及周围地区成矿潜力巨大,已圈定有多个找矿远景区。贵金属矿产中以金矿为主,其中岩金多于砂金,在乌兰境内有赛巴沟金矿,锡铁山地区的金矿则以伴生金为主。黑色金属矿产有铬矿和铁矿,其中以铬矿为主,铁矿仅在与北部的祁连相连的部分地区有分布,而此区域内较少。青海省主要金矿床分布见表2-6。

非金属矿产既有冶金化工原料硫铁矿、自然硫和重晶石,又有建筑材料汉白玉、石膏,还有盐湖矿产钾盐、石盐、锂岩、芒硝等。其中盐湖矿产为该区域最具特色且最具发展前景的矿产之一,区内有柯柯盐湖、茶卡盐湖等有利地区,成矿多件也相对优越,在此区域内盐湖矿产具有储量大,共生组分多,分布地广的特征。能源矿产中有石油与煤,天然气分布极少,石油在柴北缘的西段有分布,煤矿的规模不大,在柴北缘的东、西段均有分布,主要以炼焦煤为主。此区域内稀有(土)金属矿产的勘探开发在近些年引起了广泛的关注,这里伟晶岩型稀有金属矿床的成矿条件较优越,成矿潜力巨大,找矿前景乐观,目前有柴北缘生格地区花岗伟晶岩型铌钽矿、沙柳泉伟晶岩型铍铌钽矿、查查香卡地区铀钍铌矿等。

表2-6　青海省主要金矿床一览表

成矿带	编号	矿床名称	规模
北祁连金成矿带	1	陇孔沟金矿床	小型
	2	红土沟金矿床	小型
	3	川刷沟金矿床	小型
	4	下沟—西山梁多金属伴生金矿床	小型
	5	骆驼河金矿床	小型
	6	铜厂沟金矿床	小型
	7	中多拉金卡矿床	小型
	8	松树南沟金矿床	小型
	9	团结沟金矿床	小型
拉脊山金成矿带	10	天重峡金矿床	小型
	11	泥旦沟金矿床	小型
	12	横山峡门金矿床	小型
	13	瓦勒根金矿床	中型
北巴颜喀拉金成矿带	14	东大滩(锦)金矿床	小型
	15	大场金矿床	大型
	16	加给陇洼金矿床	小型
	17	东乘公金矿床	小型
柴南缘金成矿带	18	青德可兑铁铅锌伴生金矿床	小型
	19	五龙沟金矿田	大型
	20	小甘沟金矿床	小型
	21	上红科金矿床	小型

成矿带	编号	矿床名称	规模
东昆仑南坡金成矿带	22	纳赤台金矿床	中型
	23	开荒北金矿床	中型
	24	骆驼沟钴金矿床	中型
	25	德尔尼铜钴伴生金矿床	中型
	26	果洛龙洼金矿床	中型
共和—同德金成矿区	27	谢坑金矿床	小型
	28	双朋西金矿床	小型
	29	岑确先金砷矿床	小型
	30	西藏丰金矿床	小型
	31	牧羊沟金矿床	小型
	32	满丈岗金矿床	小型
	33	金龙沟金矿	大型
	34	青龙沟金矿床	中型
柴北缘金成矿带	35	滩间山西金沟金矿床	小型
	36	红柳沟金矿	小型
	37	野骆驼泉金矿	小型
	38	千枚岭金矿床	小型
	39	赛坝沟金矿床	小型
	40	锡铁山多金属伴生金矿床	中型
	41	鱼卡金矿床	小型
	42	双口山金银铅多金属矿床	小型

2.7　本章小结

柴达木盆地为一封闭性的断陷盆地,柴北缘地区位于青藏高原的北部,整体部位在南祁连地块与柴达木地块的中间,是秦—祁—昆造山带的一部分。柴北缘内部构造格局呈现南北分带的形式,由南至北依次为南缘冲断带、中央坳陷及北部边缘冲断隆起带;其周缘以深大断裂与相邻构造单元相隔,断裂、褶皱等十分发育,典型断裂有阿尔金走滑断层、哇洪山断裂。柴北缘是由印支运动以来经过断裂、逆冲推覆和滑脱作用等演化阶段发展起来的。柴北缘和东昆仑造山带是一个具有复杂演化历史的多旋回复合造山带,具有多岛洋、碰撞和多旋回造山的特征。由于柴北缘的水平主应力的强烈挤压,造成地下潜伏构造和地面的背斜构造的大量出现,因此这些褶皱的轴向代表的是最小的水平主应力的方向。关键金属矿床的成矿物质来源和成矿作用最主要的热动力大多是岩浆活动提供的,岩浆活动也是关键金属矿床形成的重要条件。加里东期和印支期是关键金属成矿极为重要的两个时期。《青海省区域地质志(1991)》将柴北缘构造带分为3个次级构造单元,分别是柴北缘台缘褶皱带、柴北缘残山断褶带和欧龙布鲁克台隆。柴北缘构造单元北邻宗务隆构造单元,南接柴达木地块,呈近 EW 方向延伸,西端收敛,东部撒开,近似帚状。区域内已发现的矿产有铜、金、银、钴、锂、铍、铌、钽等多金属矿床或矿点,所以研究区关键金属矿产找矿前景远大。

第三章

研究区地质与矿床地质

3.1 研究区地质特征

　　研究区位于柴达木盆地北缘（简称：柴北缘），为呈北西向延绵的狭长地带，北为祁连地块，南为柴达木地块，由宗务隆构造带、欧龙布鲁克地块和沙柳河高压-超高压变质带组成。在研究区内地层与构造线展布的方向均为北西-南东向，区内构造十分复杂，岩浆活动频繁（图 3-1），从元古代、加里东期至海西期分别构成

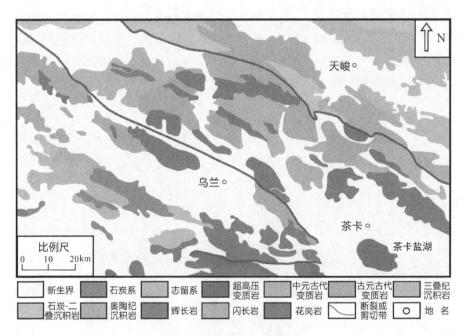

图 3-1　典型矿集区地质简图

（参阅封底勒口图③）

三个构造岩浆旋回。花岗伟晶岩脉也"成群"产出,密集分布于断裂带附近,受构造控制明显,与围岩突变接触界线清晰。

3.1.1　地层

典型矿集区内出露的地层属柴北缘地层小区和宗务隆地层小区,区内地层较发育,从元古界至新生界均有出露,包括古元古界达肯大坂岩群(Pt_1D)、蓟县系狼牙山组(Jxl),寒武-奥陶系滩间山群($\in_3 - O_3T$),奥陶-志留系纳赤台群(OSN),石炭系果可山组(C_3gk)、新近系油砂山组(N_1y)和第四系(Q)。

(1)达肯大坂岩群(Pt_1D)

达肯大坂岩群已残缺不全,支离破碎,主要原因是断裂构造被破坏,岩体、岩脉侵位及第四系覆盖等。达肯大坂岩群分为三部分:片麻岩岩组、片岩岩组和大理岩岩组。下部片麻岩段为深灰色条带状黑云斜长片麻岩,发育条带状、眼球状、条纹状构造。中部片岩段为一套碎屑岩组合,岩性为黑云石英片岩、角闪片岩、条纹状混合岩等。上部大理岩段为一套碳酸盐组组合,出露较好,岩性为灰白色厚层状白云质大理岩、含硅质条带透闪石大理岩及少量变粒岩、浅粒岩。此群曾遭受变质作用及深熔作用的改造,属低角闪岩相,地层中有大量的花岗伟晶岩脉侵入其中。

(2)金水口群白沙河组(Pt_1b)

出露于研究区北部清水泉以北的香日德—卡可特尔一带地区,属于中、高级变质岩系,发育大量变基性火山岩、变质陆源碎屑岩、变质镁质碳酸盐岩。下部以条痕-条带状混合岩、混合岩化黑云斜长片麻岩、眼球状混合岩为主夹白云岩及少量黑云变粒岩、石英岩;中部以条纹状、条带状混合岩为主夹黑云斜长片麻岩、大理岩、变粒岩及片岩;上部为混合岩化黑云斜长片麻岩为主夹白云石大理肉红色花岗岩,但该侵入体在本区出露较少,主要侵入于晚石炭世浩特洛洼组中,多以脉群、岩墙、小岩株产出。一般出露面积在 $1\sim2~km^2$,受北西向和东西向构造控制,岩体由单一的花岗岩组成,岩体局部含钾长石斑晶,形成似斑状结构、岩石中石英有乳白色和烟灰色两种,外接触带遭受混染,与粒度较细、鲜红色和乳白色石英与华力西期肉红色花岗岩相区别。

(3)狼牙山组(Jxl)

此地层为一套浅-中深变质岩系,可细分为碳酸盐岩岩段和碎屑岩岩段,岩性复杂,有片麻岩、片岩、混合岩等,可见古植物化石,与上伏地层为平行不整合接触。

(4) 小庙群(Pt_2X)

出露于研究区北部园以一带,呈 NWW 或近 EW 向分布,主要为黑云石英片岩、二云石英片岩、榴云片岩等和大理岩以及少量角闪岩岩石组合,大理岩一般呈透镜状产出。发育多期变形面理,层状无序,与白沙河组之间为韧性剪切带接触。该地层早期被命名为"金水口组"(青海区测队,1971),庄庆兴等(1986)又将该组上部片岩为主的变质地层划为"小庙群"。1997 年青海地矿局将金水口群和小庙群合并为"金水口岩群"。在区域 1:50 000 矿调报告(2007)中认为该地层划分为一个独立的岩群比较合适,为中元古界。中-新元古界万保沟群($Pt_{2-3}W$)出露于研究区的中南部,总体上呈 EW 向带状分布,该地层早先被归为纳赤台群中,后由朱志直等(1985)将其从该群中解体出来,创建了一个新的岩石地层单位。该地层在东昆仑区域由一套浅变质碎屑岩、火山岩和浅变质碳酸岩组成,姜春发等(1992)由下至上将其分为下部碎屑岩组、火山岩组、碳酸盐岩组和上部碎屑岩组。与该地层分布的整个区域相比,其在沟里地区仅有火山岩和碳酸岩,顶底界线不明,总厚度大于 4 100 m。该套地层在昆南带东部的部分曾被称为哈拉郭勒组,时代归属为早石炭统,《青海省岩石地层》将其归属为中-新元古界,并将其归并于万保沟群中。2007 年区域 1:50 000 矿调发现在区内白云质灰岩中产出丰富的叠层石,时代为 1 600~600 Ma。地层严格受构造控制,呈断块分布,与其他地层多呈断层接触,局部地段可见新地层不整合覆盖其上。该套地层为区内重要的金矿赋矿层位,如驼路沟钴金矿床、万保沟铜(金)矿点均产于此层中。

(5) 滩间山群($\in_3$-O_3T)

滩间山群分布较广,在赛巴沟、沙柳泉、阿木尼克、滩间山等地均有出露。主要岩性为灰色绿泥绿帘透闪斜长透辉片岩、大理岩、矿化矽卡岩、灰绿色钙质绢云绿泥石英片岩、中细粒变长石石英砂岩夹微晶大理岩等。

(6) 纳赤台群(OSN)

呈 EW 向分布于研究区的中部,昆中断裂以南。该地层为中基性火山熔岩、凝灰岩、变凝灰质千枚岩、板岩、砂岩、片岩、碳酸盐岩以及火山碎屑岩、凝灰砾岩等组成的绿片岩相中级变质系。下部为碳酸盐岩;中部为火山岩、碎屑岩、千枚岩、片岩及碳酸盐岩;上部以千枚岩、变砂岩板岩为主夹云母片岩及薄层灰岩,总厚度约 24 000 m。与上覆志留泥盆系地层呈整合接触,与下伏寒武系地层接触关系不明。该地层在研究区出露部位主要为中上部的玄武安山岩、凝灰质板岩、千枚岩、大理岩等,呈断块状产出。区内果洛龙洼金矿产于此地层。

（7）果可山组（C₃gk）

该地层在研究区内大致以北西—南东向展布，岩性主要为砂岩、灰岩和板岩，并且自下而上逐渐变细。岩石受区域变质作用的影响较为明显，糜棱岩化等发育，有石英闪长岩、英云闪长岩侵入。

（8）浩特洛洼组（C₂ht）

该组主要分布于研究区的南部，为一套碎屑岩、板岩、千枚岩、角闪片岩及灰岩或大理岩夹火山岩或碎屑岩的浅变质岩系。其与上、下地层均为不整合接触关系。该组南端主要为一套碎屑岩、中-酸性火山岩、碳酸盐岩等组成，厚度大于110 m，呈断块状产出。

（9）马尔争组（P₁m）

分布于研究区南部，该组曾经被归入二叠系布青山群。其在东昆仑地区为一套自下而上由碳酸盐岩、变火山岩夹碎屑岩、灰岩、硅质岩以及碳酸盐岩组成的岩层组合，《青海省岩石地层》将中部的变火山部分和上部的碳酸盐岩归为"马尔争组"。该地层在沟里地区与上、下地层均为不整合接触关系，为一套灰-灰绿色（变）火山岩、砂岩夹硅质岩、灰-深灰色与玫瑰色灰岩，含菊石动物、腕足类、蜓类等化石。孙丰月等（2003）在该地层中发现的福培氏蜂巢珊瑚多孔亚种化石为中志留世，说明对该组的厘定尚存一定争议。马尔争组是重要的含矿层，马尼特金矿点、马尔争铜（金）矿等赋存于该地层中。

（10）洪水川组（T₁₋₂h）

分布在研究区西南塔妥一带南部。下部为紫红色英安斑岩、砾岩，中部为砂砾岩、砂岩，上部为粉砂岩、粉砂质页岩夹薄层灰岩，厚 670 m。与下覆地层呈不整合接触，与上覆地层呈连续沉积关系。洪水川组由下至上由陆相沉积变为湖相、海相沉积，下部的火山岩和粗碎屑岩属于陆相火山-沉积建造，而且在出现火山岩的地段底砾岩不发育，在没有火山岩的地段底砾岩发育。

（11）羊曲组（Jy）

出露于研究区的西南部向外延伸，为一套含煤碎屑岩夹少量泥石膏的地层，属于中生代断陷盆地沉积。下部为灰色、灰绿色砾岩、砂岩、泥岩夹不稳定的煤线；上部为紫红、青灰色砂岩、泥岩夹含砾砂岩或砾岩，与上、下地层均为不整合接触关系，厚度约为 1 200 m。在含煤岩系中植物化石丰富，钙质泥岩中产淡水双壳类化石，另外有前人在该地层中发现具有三叠系特征的孢粉组合。在沟里地区出露的该地层层位靠上，区域 1∶50 000 矿调将其归为早侏罗统。

（12）油砂山组（N_1y）

油砂山组主要出露于阿木尼克山、沙柳泉地区，在研究区的其他地方也有零星分布，为一套湿润-半干旱气候条件下在陆相前陆盆地中沉积的山前陆相碎屑岩建造，以北西—南东向展布，主要岩性为粉砂岩与泥岩互层夹砂岩、砾岩、复成分砂砾岩组合。

（13）第四系（Q）

第四系在研究区内十分发育，从更新世到全新世各时代均有发育程度不等的堆积物，并且类型复杂多样，主要有冲积、洪积、风积、湖积、沼泽沉积和冰碛等。冲积、洪积等主要分布于河流流域、河床内，形态上常呈不规则的条带状、树枝状、裙带状，成分复杂；湖积分布于柯柯盐湖地区，分黏土层和粉砂质黏土层；风积由细-粉砂组成，砂粒粒度均一，分选性较好。

（14）脉岩类

区内脉岩种类较多，分布广泛，有细晶辉长岩、辉绿岩、细晶闪长岩、闪长玢岩、煌斑岩、花岗（细晶）岩、伟晶岩等。

从总体上看，中酸性侵入岩在该地区分布极广，在区域空间上占据主导地位，其特点是成群成带集中分布，呈"大范围"岩群出现，各岩群总体可视为数种主要岩性的"复合体"，由多期次岩浆活动叠加而成，变质程度差异显著，北为区域热流变质，南为区域动力变质。断裂北侧中酸性岩体成带出现，南侧则减少为呈零星状分布。该断裂控制着地层、岩浆岩、矿产分布。近年来，在昆中断裂北侧（如五龙沟地区）发现多条 NWW—NW 向或近 EW 向大型剪切带，控制着多个造山型金矿床（点）的展布。

3.1.2 构造

（1）构造带

研究区内历经多期（加里东、华力西、印支期等）洋陆、弧陆、陆内碰撞造山等构造活动。区内断裂发育且规模大，并具多期活动特征，其中，以近 EW 向的昆中断裂带规模最大，为早古生代昆仑洋盆向柴达木古陆俯冲形成的超岩石圈断裂，深达地幔，从加里东至燕山期均有不同程度活动。区内断裂以压性或压扭性断裂为主。柴北缘构造单元由欧龙布鲁克微陆块、滩间山岛弧造山带、沙柳河高压-超高压变质带组成（图 3-2）。

① 欧龙布鲁克微陆块。分布于全吉山—德令哈—乌兰一带，南邻滩间山岛

弧造山带,北以断层为界与晚古
生代-早中生代裂陷带相接。基
底的德令哈杂岩与达肯大坂岩群
的变质表壳层构成了此陆块基岩
的双层结构模式。

② 滩间山岛弧造山带。分
布于柴北缘中部,由三部分组成,
分别为:以滩间山群为主的滩间
山岛弧火山带,由超基性岩及部
分滩间山群组成的蛇绿杂岩带和由达肯大坂岩群组成的弧后盆地。

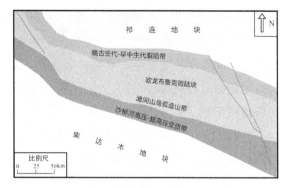

图3-2 柴北缘构造带构造单元划分简图

③ 沙柳河高压-超高压变质带

分布于滩间山岛弧造山带南侧,南西向以柴北缘断裂系为界与柴达木地块相
接。此变质带最为显著的特征是存在高压变质岩(榴辉岩和麻粒岩等),在晚期的
构造运动中由于逆冲推覆作用使得滩间山群中的部分岩片被挤入此变质带内。

(2)断裂

① 昆中断裂。昆中断裂从研究区中部穿过,西起博卡雷克塔格,东至鄂拉
山,中间穿过大干沟、清水泉、青根河等地,长度大于1 000 km,是昆北带和昆中带
的交界,地貌上表现为呈线状排列的山脊鞍部。断面多向南倾,倾角大体上为
$60\sim80°$,以逆断层为主,多条断裂平行排列,破碎带发育。受其影响,派生的次级
断裂也较为发育,主要有近EW向和NW—NNW向两组,断面有南倾也有北倾,
倾角陡,多在$50\sim70°$,一般密集成束分布。另外还有NW向、NE向次级断裂。
断裂对地层具有切割破坏作用,使地层连续性和完整性差。断裂两侧混合岩及各
岩石组合单元多以韧性剪切带接触。在卡可特尔河两岸主要为片麻岩及少量的
斜长角闪岩和大理岩。该地层为柴达木古陆的基底构造层,由于受不同时期侵入
体穿插破坏,地层比较破碎。该套地层在整个东昆仑地区被认为是最古老的地
层,为晚太古-古元古界(Ar_3Pt_1b),但在沟里地区出露的主要为片麻岩、斜长角闪
岩、大理岩和变粒岩组合,在该岩石组合中未发现太古代信息,获得的同位素年龄
主要有:斜长角闪岩Sm-Nd值1927—1929 Ma(1∶200 000塔鹤托坂日幅)、混合
片麻岩锆石U-Pb年龄限1850 Ma、金水口混合花岗岩Rb-Sr值1990 Ma(王云山
等,1987)等,本书按照区域1∶50 000矿调报告将其归为古元古界。

② 清水泉—那更断裂。位于研究区南部的清水泉—那更断裂,断裂带宽

20~40 m,呈近 EW 向,断裂带内碎裂岩、断层角砾岩、糜棱岩发育。该断裂同样具多期活动特征。断裂带西段(研究区西部清水泉一带)有超基性岩出露,其最新断裂面向北陡倾。清水泉—那更断裂北侧,为一系列近 EW 向的次级断裂,岩石糜棱岩化强烈,形成规模较大的近 EW 向糜棱岩化带和千糜岩带,显示为近 EW 向韧性剪切带。

③ 宗务隆山—青海南山断裂。该断裂为青海湖—北淮阳断裂的延伸,西端被阿尔金大断裂截断,东端至青海湖。其在研究区内沿北西向展布,位于乌兰县与天峻县之间,断裂性质为逆断层,倾角 55°左右,它控制着区域地层的分布及岩浆岩的侵入。

④ 土尔根大阪—宗务隆山南缘断裂。位于宗务隆山—青海南山断裂南侧,东起茶卡,西北被宗务隆山—青海南山断裂所切,北为宗务隆带,南为欧龙布鲁克带,它是这两带的分界线。其沿北西西向展布,在研究区北部与哇洪山—温泉断裂相交,为逆冲断层,断面倾角在 50~70°。

⑤ 柴北缘—夏日哈断裂。柴北缘—夏日哈断裂为柴北缘的界线,南侧为柴达木地块,北侧为柴北缘,位于研究区南侧。此断裂为隐伏断裂,断续出露,行迹不清。

⑥ 赛什腾—旺尕秀断裂。此断裂的东端在乌兰县境内被哇洪山—温泉断裂所截,出露于研究区的部分仅为该断裂的东段,在研究区内大致沿北西向延伸,倾角 60°左右,为逆冲断层,北东盘为元古界地层,南西盘为早古生界地层。

⑦ 哇洪山—温泉断裂。哇洪山—温泉断裂为一区域性的深大断裂,规模较大,走向为北西向。该断裂具挤压逆冲与走滑断层的特征,在断层的交切关系上,它切割宗务隆山—青海南山断裂、土尔根大阪—宗务隆山南缘断裂和赛什腾—旺尕秀断裂,故形成时间晚于这三个断裂。

从展布特征来看,研究区还有 NWW—EW 向断裂、NE、NW 和近 SN 向断裂等。该类型断裂属昆中大断裂控制的次级构造,主要分布于研究区中部以昆中断裂向南北两侧平行排列分布,大多数断裂横贯全区,倾向北,倾角 50~80°,局部断裂构造控制着侵入岩体的分布。与矿体关系密切,以压性或压扭性为主,矿体受其控制或产于其中,并且在局部地段也控制着岩体的产出。断裂带沿走向宽窄不一,发育构造角砾岩和断层泥,并见有硅化和黄铁矿化。这些断裂规模相对较小,主要分布于研究区的东、北部,形成也较晚,穿、错近东西向断裂和褶皱,导致本区的构造格局非常复杂。乌兰—都兰典型矿集区区域断裂示意图见图 3-3。

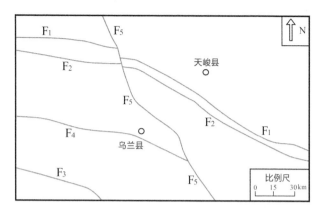

F_1：宗务隆山—青海南山断裂；F_2：土尔根大阪—宗务隆山南
缘断裂；F_3：柴北缘—夏日哈断裂；F_4：赛什腾—旺尕秀断裂；
F_5：哇洪山—温泉断裂

图 3-3　典型矿集区区域断裂示意图

（3）褶皱

研究区处于秦祁昆褶皱带的布赫特山褶皱系上，总体上褶皱构造较发育。区内早元古带地层南老北新，向北东倾斜，整体为一单斜构造，在较小范围内又发育有多个次级褶皱（图 3-4、图 3-5）。

图 3-4　次级褶皱现场照片
（参阅封面右图）

图 3-5　闪长岩脉现场照片
（参阅封底图④）

在阿木尼克地区，有阿木尼克山复式背斜，该背斜的轴向以北东为主，左翼陡，右翼缓。研究区北部的阿沙打复式向斜为一复杂紧闭的线状褶皱，主向斜的轴向为北西向，倾角超过 60°，核部有岩体侵入，次向斜的轴向近北西向，规模不等。查汗山向斜是晋宁运动与加里东运动所形成的向斜，为一开阔宽缓褶皱，轴向为北西向,出露地层为寒武-奥陶纪地层,北翼遭受破坏,南翼完好。

3.1.3 岩浆岩

研究区内岩浆活动十分剧烈,岩浆岩广泛分布,出露面积较大,构成区内岩浆活动的主体。侵入岩和喷出岩均较发育,主要发育华力西期、印支期侵入岩,加里东期侵入岩较少,岩性以中酸性为主。它们的分布严格受构造控制,一般局限于EW向构造带内,呈岩基或岩株状产出。区内已知矿产与相应之岩浆侵入有关,内生热液金属矿产主要与华力西期—早印支期中-酸性岩及脉岩关系密切,类型包括闪长岩、辉长闪长岩、花岗闪长岩、石英闪长岩、二长花岗岩、英云闪长岩等。各类岩脉也较发育,主要有花岗岩脉、花岗斑岩、石英脉、伟晶岩脉、斜长角闪岩脉(图 3-5),特别是花岗伟晶岩脉成群产出。岩浆活动分为古元古代期、加里东期、海西期三个时期。

(1) 古元古代期岩浆活动

该期从早到晚有超基性、基性、中性、酸性四次岩浆侵入活动,组成了一个由超基性到酸性的完整的构造岩浆旋回。该次岩浆侵入活动的规模和强度均不算大,形成深度较深,在空间展布上严格受断裂构造控制。岩脉、岩体均有,其主要侵入元古界地层中。在后期的地质作用中,该期岩浆岩与周围的地层同时受到变质作用的影响,故岩石变得破碎,它的产状与围岩的产状基本上是一致的。

(2) 加里东期岩浆活动

该期侵入活动主要分布于研究区内北部、卡可特尔河两岸和南部一带。岩体与围岩之间的侵入接触关系已经被改造,部分为断层接触。岩性主要为片麻状石英闪长岩和片麻状斜长花岗岩,二者未直接接触,从岩性分布特征看属同期不同相的产物。从早期到晚期由中性、酸性、酸偏碱性共三次岩浆侵入活动共同组成了区内第二个构造岩浆侵入旋回。这三次岩浆侵入活动的规模和强度都比较大,生成的侵入体和其派生的脉岩在区内分布最广。本期旋回亦是产生混合岩化、接触交代或岩浆期后热液蚀变等作用较强的岩浆侵入活动期。第一次(中性)和第三次(酸偏碱性)岩浆侵入活动分别生成闪长岩和钾长花岗岩、钾长花岗斑岩等,其中主侵入体的延伸方向与断裂带的走向较一致,严格受断裂的控制。闪长岩侵入元古界地层中,略具片理和轻微蚀变现象;钾长花岗岩和钾长花岗斑岩侵入元古界、奥陶系地层中。第二次(酸性)岩浆侵入活动的强度大于第一、三次,侵入古元古界中,生成灰白-浅肉红色花岗岩,混合岩化作用十分强烈,使古元古界中已遭受过区域性混合岩化作用的岩石普遍再次叠加混合岩化,形成各类混合岩、混合片麻岩和混合花岗岩等。

（3）华力西期—印支期侵入岩

研究区内分布最广泛的为华力西期—印支期侵入体,该期侵入岩构成研究区及其外围侵入岩的主体,其中都兰沟里地区侵入岩序次见表3-1。

表 3-1 都兰县沟里地区侵入岩序次一览

期	次	岩性代号	岩性	期	次	岩性代号	岩性
印支期	1	γ_5^a	肉红色花岗岩	华力西期	4	δo_4^d	浅灰绿色石英闪长岩
华力西期	6	γc_4^f	浅灰-灰白色角闪花岗岩			δ_4^d	浅灰绿色细粒闪长岩
	5	δ_4^e	浅灰绿色闪长岩		3	$\gamma\delta_4^c$	灰白色中-粗粒花岗闪长岩
		$\gamma\delta_4^e$	灰白色花岗闪长岩			γo_4^c	灰白色斜长花岗岩
		γ_4^e	灰白-肉红色花岗岩		2	δ_4^b	灰绿色闪长岩、角闪闪长岩
		$\pi\gamma_4^e$	灰白-肉红色似斑状花岗岩		1	Σ_4^a	灰绿-黑绿色超基性岩类
	4	$\gamma\delta_4^d$	灰白色花岗闪长岩	加里东期		γo_3	斜长花岗岩
		δ_4^d	闪长岩			δo_3	石英闪长岩

区内浅灰绿色石英闪长岩分布较广,比较零散,大部以单一性出现。该类岩体由于后期侵入岩的蚕食和破坏,较大的、完整的岩体很少,以小岩株状侵入金水口群白沙河岩组;大部分以较大的捕房体存在于后期岩体中,出露面积一般在 $1\sim5~km^2$。岩体长轴方向和所在地质构造方向基本一致。灰白色中-粗粒花岗闪长岩区内花岗闪长岩分布较广,侵入金水口群白沙河岩组,岩体内断层发育。岩体呈 NWW 向或近 EW 向平行于造山带分布,岩体与围岩之间呈侵入接触或断层接触,南界向南西陡倾,倾角在 $70°$ 以上,北界与斜长花岗岩接触,接触带清楚,向南西陡倾,接触变质现象不发育。南界外接触带常见混合岩化或发育密集的脉岩群,岩体由中-粗粒花岗闪长岩组成,北部和南部的局部边缘发育有细粒相带,在断裂附近岩石受挤压而破碎。岩体中普遍含有暗色岩石包体,包体直径一般为 $0.1\sim1~m$。包体岩性单一,几乎全部为闪长岩(本次研究将阿斯哈附近的该类型

岩石包体命名为角闪辉长岩)。包体最集中地段可占岩体体积的20％以上,单个包体一般为浑圆状或不规则状,多成堆成群随机分布,局部地段显示定向排列。本次研究的阿斯哈金矿床就产于该岩体中断裂破碎带内。

灰白-肉红色花岗岩、似斑状花岗岩与花岗岩、闪长岩相伴出露,空间上有着密切的共生关系,而且受构造控制明显,大致呈EW向展布。从岩浆活动强度来看,该次侵入是华力西期侵入活动的高峰,岩脉、岩墙、岩株、岩基都有。岩性一般也较复杂,有花岗闪长岩、斜长花岗岩、花岗岩、似斑状花岗岩等,但相带分异不完整。作为围岩的早期侵入岩体和地层普遍遭受同化混染和混合岩化,混合岩化强者则形成各种类型的混合岩。

肉红色花岗岩主要侵入晚石炭世浩特洛洼组中,多以脉群、岩墙、小岩株产出,一般出露面积在$1 \sim 2 \ km^2$,受北西向和东西向构造控制。岩体由单一的花岗岩组成,岩体局部含钾长石斑晶,形成似斑状结构,岩石中石英有乳白色和烟灰色两种,外接触带遭受混染。以粒度较细、鲜红色和乳白色石英与华力西期肉红色花岗岩区别。区内脉岩种类较多,分布广泛,有细晶辉长岩、辉绿岩、细晶闪长岩、闪长玢岩、煌斑岩、花岗(细晶)岩、伟晶岩等。

从总体上看,中-酸性侵入岩在该地区分布极广,在区域空间上占据主导地位,其特点是成群成带集中分布,呈大范围岩群出现,各岩群总体可视为数种主要岩性的"复合体",由多期次岩浆活动叠加而成。该期从早到晚由中酸性、酸性、碱性三次岩浆侵入活动组成一个构造岩浆侵入旋回。三次岩浆侵入活动的规模和强度均大于古元古代期的岩浆活动和加里东期的岩浆活动,在空间展布上受断裂构造的控制较为明显,岩浆同化混染作用较前两期活动减弱、接触交代作用则逐渐增强。

3.1.4　地球物理特征

(1) 重力场特征

从研究区$1 : 1 \ 000 \ 000$布格重力异常等值线图(图3-6)可以看出,影响本区重力场的主要为北西向的重力梯度带。异常的梯度界线比较清楚,在整个范围内存在较明显的异常分区,研究区的中部、西部均为正异常,而东北部和南部的部分地区为负异常,在南侧的柴达木盆地也存在负异常。研究区内重力梯度变化不大,重力异常的值为$-425 \times 10^{-5} \sim -405 \times 10^{-5} \ m/s^2$。

地壳浅层次的构造特征及演化规律往往与深部构造作用有着直接的联系。

在图的北缘部分,布格重力等值线相对密集,这表明该位置的重力场梯度大,反映出该部位可能为深大断裂所处位置,据布格重力等值线的变化形态推测,断裂的走向为近北西向,这与该地区存在的深大断裂的走向一致,故北缘布格重力等值线密集区为深大断裂的可能性极大。

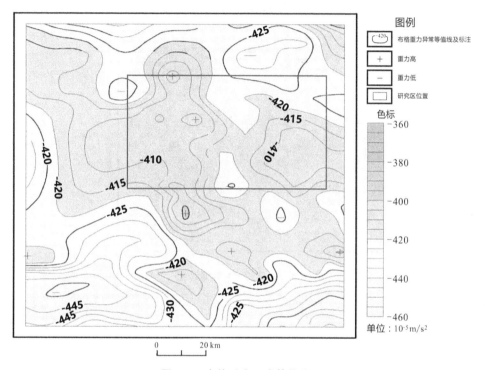

图 3-6　布格重力异常等值线图

(2) 航磁场特征

在地球物理场上,柴北缘构造带是比较重要的地球物理场梯度带,从研究区
1 : 1 000 000 航磁 ΔT 等值线图(图 3-7)中可以看出,轴向呈北西向展布,研究区内正负异常均存在,整体上存在明显的异常分区。

研究区的西南部分为正磁异常区,幅值一般为 0~100 nT,个别处达 150 nT,可能与中-酸性侵入岩和火山岩有关。研究区中部地区为负磁异常区,梯度较平缓,幅值变化不大,为 50~125 nT。研究区的东部地区异常较复杂,正负磁异常均存在,负异常的强度较大,幅值均超过了 100 nT,且面积较大,为该地区的主异常,正异常呈星点状分布,异常强度小,幅值的范围为 0~75 nT。从整体来看,研究区的西南部分为弱正磁异常区,东北部分为负磁异常区,且东部负异常强于中部负异常。研究区南部的柴达木盆地正负磁异常均存在,整体轴向也呈北-西向展布。

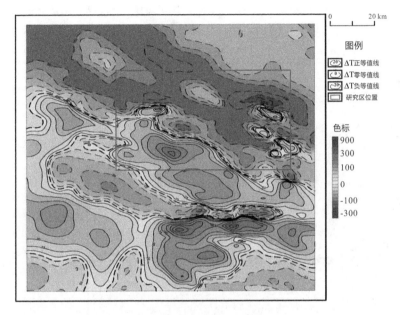

图 3-7　航磁 ΔT 等值线图
（参阅封底勒口图④）

3.1.5　地球化学特征

柴北缘地区成矿条件优越,成矿事实较多,在地球化学方面,元素组合复杂、套合良好,特征值明显,除该区的优势矿种 K、B、Mg 等盐类矿产外,其他矿产如 Li、Bi、Be、W 等元素也具有高的丰度或强的异化倾向,成矿潜力较大。该区丰度较高的元素包括 Sr、Ba、Bi、Be、Mo、W 等,异化倾向强的元素有 Bi、La、P、Be、Nb、Li、Ti 等。元素的丰度高表示其相对含量较高,具成矿的可能性;异化倾向强则表明存在密集区,在高值点富集成矿的可能性较大。总之,地球化学特征显示,柴北缘地区铋、铍、锂等成矿的可能性较大,为重要的潜在矿种。

（1）异常特征

研究区内存在包含 Be 在内的综合异常区,其中三处异常较明显。

在柯柯镇西侧,存在 W、Pb、Be、Ta、U、P、Nb(Ag) 多元素综合异常,各元素具较高的丰度和较强的离散型,为该区域的主要成矿元素。此异常总体形态为椭圆面状,轴向北西,内部结构比较有序,W、Pb、Be、U 四种元素套合构成异常主体,其余元素套合呈哑铃状嵌入 W 异常之内。异常坐落于古元古界达肯大坂岩群(Pt_1D)中,据异常展布特征分析,可能受到了北西向构造的影响。

研究区东部,察汗诺地区存在一 Li、Be 异常带,带内存在几处规模不算大的 Li、Be、La、Nb 综合异常区,异常区内以 Li、Be 异常为主。异常的强度较强,Li、Be 两元素套合好,在整体上呈北西向展布。

乌兰县北部地区也存在一处多元素综合异常区,异常元素包括 Pb、Bi、Nb、La、Be、Ta、Sn,其中以 Pb 元素和 Bi 元素为主异常元素。该异常无较规则的形状,呈不规则状分布,走向近东西向。异常特征组合中各元素组合复杂、相互套合较好,异常区的规模较大,强度也较高。异常区出露地层为古元古界达肯大坂岩群(Pt_1D),周围有花岗伟晶岩脉等的侵入。

（2）Be 元素分布

作为青海省内稀有(土)金属矿产的有利成矿区带,目前研究区内已发现有多处锂、铍、铌、钽、铷等稀有金属矿床(点),除此以外,也存在多处包含稀有金属元素在内的地球化学异常区。为了更直观方便地反映研究区内 Be 元素的分布与富集情况,本研究利用水系沉积物地球化学的方法来做分析研究。

从水系沉积物 Be 元素地球化学图(图 3-8)可以看出,研究区内有多处 Be 元素富集区,自东向西依次分布在察汗诺地区、生格北部以及阿木尼克周边。察汗诺地区 Be 元素富集区的形状为长条状,规模较小,但

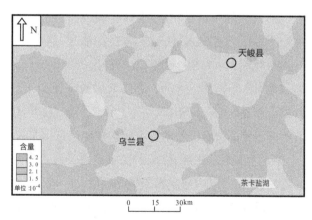

图 3-8　研究区水系沉积物 Be 元素地球化学图

含量相对较高。Be 元素富集区地处研究区北部,其形状为椭圆形,长轴方向北西向,规模大于察汗诺地区 Be 元素富集区,但 Be 元素的含量低于前者。阿木尼克周边 Be 元素富集区共包含三个富集区,其中位于中间的一个规模较大,是研究区内规模最大的一个 Be 元素富集区,它的形状也为椭圆状,另两个富集区的规模相对较小,其中处于最南部的富集区的 Be 元素含量高。

3.2　伟晶岩特征

花岗伟晶岩是锂、铍、铌、钽等重要稀有金属的主要成矿岩石类型之一,对其矿物学特征和地球化学组成的研究是目前稀有稀土金属领域的研究热点之一。在我国境内,以花岗伟晶岩为成矿类型的稀有金属矿床分布十分广泛,其在江南造山带、新疆阿尔泰、滇西—藏南等地区均有发育。同时,稀有金属作为一类重要的战略资源,在我国的经济发展和科学技术进步方面发挥着重要的作用,其凭借着优异的特殊性能,在国防军事、航空航天、冶金石化、生物医学、电气钢铁等诸多领域发挥着无可替代的作用。伟晶岩被看做是宝石之家,它一直以来是地质学家们研究的重要对象,为稀贵金属找矿领域最为关注的对象之一。在我国,伟晶岩型稀有金属矿床主要分布在西部地区,柴北缘成矿带内伟晶岩是找寻铍矿的主要勘查目标。通过对该地区岩石矿物学特征和岩石化学组成进行探讨,研究其对稀有金属矿产的影响,探究其在该地区的成矿潜力,具有显著的经济和地质意义。

研究区内伟晶岩发育,小赛什腾山、达肯大坂山、大柴旦、柯柯、察汗诺、茶卡北山等地区均有出露,伟晶岩脉在沙柳泉、察汗诺、茶卡北山等地区出露较好,呈现出带状展布、北西向延伸、成群产出的特点。伟晶岩脉中 Be、Nb、Ta、Li 等元素富集(图 3-9、图 3-10)。在柴北缘地区,前人已对伟晶岩做过研究,并且发现了沙柳泉伟晶岩型铍铌钽矿、茶卡北山锂铍矿点、夏日哈乌铌矿点、北山印支期含绿柱石锂辉石伟晶岩脉群等稀有金属矿成矿信息。尤其是乌兰地区,正好处于青海省中部、柴达木盆地东北部,位于欧龙布鲁克—乌兰华力西期稀有元素、钨(铋、稀土、宝玉石)成矿带。区内地层属于华北地层大区祁秦昆地层区的祁连—北秦岭地层分区以及东昆仑—中秦岭地层分区,跨越西秦岭地层小区、柴达木北缘地层小区、宗务隆山地层小区等多个分区。出露的地层主要有:下元古界达肯大阪群、蓟县纪狼牙山组、寒武-奥陶系滩间山群、石炭系土尔根大坂组和果可山组、三叠系郡子河组、隆务河组、新近系油砂山组、狮子沟组和第四系等。区内构造复杂多变,岩浆活动较为剧烈,其主要受到区域深大断裂的控制而就位于元古代地层,与围岩产状基本一致,其主要活动时期为华立西期以及印支期。乌兰县境内矿产资源丰富,大型、中型、小型矿床多达 17 处,矿点、矿化点 40 多处,矿种 30 多种。其中大型规模的矿床主要以池盐、芒硝长石、白云岩等为主,中型规模的矿床有铌钽矿和云母矿等。

图 3-9　含矿伟晶岩现场照片　　　　图 3-10　含矿伟晶岩脉现场照片
（参阅封底图③）

3.2.1　产出形态

　　柴北缘地区出露地层是从元古界到新生界，区内伟晶岩脉主要侵入古元古界的达肯大坂岩群和早古生界的滩间山群等地层中。根据构造环境判断柴北缘花岗岩种类为火山弧花岗岩或碰撞成因花岗岩，推断区内花岗岩形成于陆缘弧与碰撞造山并存的环境。区内伟晶岩脉出露广泛（图 3-11），一般顺层或者穿层侵入

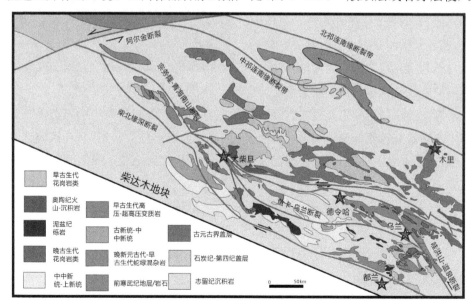

图 3-11　柴北缘地区花岗岩类分布示意图
（参阅封底勒口图⑤）

古元古界达肯大坂岩群、早古生界滩间山群等地层。伟晶岩脉具有成带、成群的产出特征,岩脉以不规则脉状、大小不一的透镜状、团块状为主,脉体的走向以北西向为主。地表土壤有植被覆盖,伟晶岩脉断断续续出露。铍、铌、钽等稀有金属矿主要在伟晶岩脉中赋存,铍主要产出于绿柱石中,铌钽主要赋存于铌钽铁矿中,绿柱石多产出于叠层状白云母和石英矿物之间。含矿伟晶岩脉主要在达肯大坂岩群大理岩组和片麻岩组中产出。在区内出现稀有金属的矿化现象。达肯大坂岩群片麻岩岩组主要是由角闪岩相变质的长英质片麻岩组成,并夹有少量的斜长角闪片岩和云母片岩类岩石。片岩岩组主要是由绿片岩相变质的云母片岩类变质岩组成。

　　研究区内出露大量的伟晶岩,岩脉断续产出。沙柳泉、阿木尼克、柯柯、生格、茶卡北山、察汗诺等地区的伟晶岩脉呈现出带状展布、密集成群产出的特点。断裂及其次级裂隙构造发育地段为伟晶岩脉密集分布地段,其中在土尔根大坂—宗务隆山南缘断裂、赛什腾—旺尕秀断裂东段等出露明显。伟晶岩脉的规模不一,

规模小的宽几厘米,长几十厘米;规模较大的宽度可达几十米,长度过千米。岩脉的展布方向以北西向为主,多呈脉状、串珠状、透镜状、瘤状等形态产出(图3-12),单脉居多,分叉较少,脉体不规整,有时粗大、有时狭窄。总体而言,伟晶岩脉的分布、形态、展布方向等均与断裂、裂隙、节理等的特征相吻合,即它的就位受构造的控制较为明显。

图3-12　伟晶岩脉现场照片

　　区内的伟晶岩脉主要侵入古元古界的达肯大坂岩群和奥陶纪的石英闪长岩体中。在研究区西部及中部地区,以侵入达肯大坂岩群较为常见;而在研究区东北部,以茶卡北山地区为代表,伟晶岩脉既侵入达肯大坂岩群中,又可见其侵入石英闪长岩体中。

3.2.2　矿物学特征

　　在研究区内,伟晶岩的类型多样,其中与稀有金属(以铍为主)成矿关系最为密切的为钠长石化白云母花岗伟晶岩、含绿柱石锂辉石伟晶岩、正长花岗伟晶岩(图3-12、图3-13)。伟晶岩的颜色有肉红色、灰白色,常为伟晶结构,块状构造,矿物成分中主要包括斜长石、石英、钾长石、锂辉石和钠长石,也会含较少量的云

母和其他矿物。本研究对采集的花岗伟晶岩样品进行了详细的矿物学特征观测。在所采集到的样品中,主要的矿物为钾长石、斜长石,石英、白云母和黑云母以及少量的金属矿物,另外在一些样品中也发现有石榴石发育,但其含量较低,普遍在1‰以下。各种矿物之间相互接触且界限较为清晰,显示出明显的共生关系(图3-14)。

图3-13 正长花岗伟晶岩现场照片

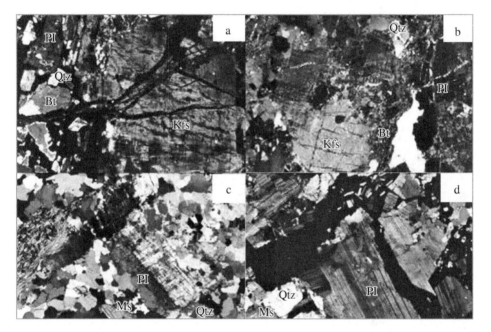

a:Bb-5;b:Bb-6;c:Bb-g1;d:Bb-g11;Qtz:石英;Pl:斜长石;Kfs:钾长石;Bt:黑云母;Ms:白云母

图3-14 正长花岗伟晶岩镜下照片

所采集的样品中共3件有钾长石发育,且均属钾长石的微斜条纹长石种属。钾长石晶型多为半自形的板状、板粒状、透镜状,少数表现出他形-不规则粒状,一些还具有碎裂状,可见明显的格子双晶及条纹结构,存在清晰的后期黏土化蚀变现象。钾长石含量在28%~52%,变化范围较大。在检测的样品中均有斜长石发育,含量在10%~63%,呈半自形板状、板条状,少数呈板粒状,发育有清晰的卡纳双晶和解理,其自形结晶程度高于钾长石,存在强烈的后期蚀变现象,其类型主要为绢云母和黏土化蚀变。石英在所检测的样品中均有产出,且分布稳定,含量在28%～33%,呈他形-不规则粒状,多以不规则粒状集合体产出,具波状消光及斑状消光现象,分布于钾长石和斜长石集合体间。在镜下照片中可见到由于后期重结晶作用生成的石英亚颗粒集合体,呈带状分布于岩石中。在所采集的样品中,云母的主要类别为黑云母和白云母。白云母晶型为鳞片状、片状,部分以鳞片状集合体的形式呈条带状定向分布排列,有的以粒度较大的碎斑状产出,含量在5%～10%;黑云母呈鳞片状、片状分布,属褐色种属,可见后期的脱铁蚀变以及绿泥石化蚀变现象,与钾长石和斜长石局部呈镶嵌接触,含量在5%～8%。

钠长石化白云母花岗伟晶岩脉在区内分布较多,它们大多沿大理岩裂隙侵入,多呈长条状和透镜状,且部分岩脉具分支复合现象。岩脉多数宽1～6 m,长15～50 m,规模较大者长近600 m,宽50 m。该类岩脉中局部钠长石化、片理化、白云母化、硅化,为主要的含稀有金属矿体的伟晶岩脉。

斜长花岗伟晶岩脉通常沿黑云石英片岩裂隙侵入,呈脉状产出,岩脉规模较钠长石化白云母花岗伟晶岩脉小,一般宽0.8～5 m,长不足百米。岩脉局部片理化,表明褐铁矿化,在接触带可见绿泥石化和绿帘石化。

含绿柱石锂辉石伟晶岩脉主要分布在研究区东部的茶卡北山地区,为浅灰白色,岩脉侵入古元古界达肯大坂岩群和奥陶系石英闪长岩体中,呈长条状、不规则状产出,常成群产出,规模大小不一,大者宽近5 m,长300 m左右,小者宽0.5 m,长不足10 m。在矿物成分方面,不同于上两种,该伟晶岩脉含有锂辉石、钠长石和少量的绿柱石,有时也可见电气石。

伟晶岩样品均采自柴北缘地区,显微镜下光薄片的磨制片工作在青海省地质调查院完成,岩矿鉴定与分析工作在青海大学地质工程系的岩石与矿物显微镜实验室进行,所用仪器为OLYMPUS-BX51显微镜。

研究区西部的伟晶岩以肉红色、浅肉红色居多,为块状构造、花岗结构和碎裂岩化结构。岩石成分主要为斜长石、石英、钾长石,其次为黑云母、白云母和角闪石,副矿物为石榴石,另外还有较少量的金属矿物(图3-15)。斜长石呈半自形板状、板粒状、少数呈粒状,有较强烈的蚀变现象,可见复合双晶和解理,但表面相对较模糊,故解理不是很清晰。石英呈他形-不规则粒状,具波状消光及斑状消光现象,分布于钾长石和斜长石集合体之间。钾长石呈半自形板状、板粒状,自形结晶程度弱于斜长石,在局部偶见格子双晶,具条纹结构,多属钾长石的微斜条纹长石种属,粒度相对较粗,有黏土化蚀变现象。

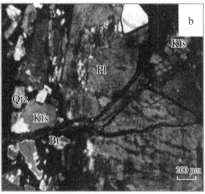

a. 块状构造　　　　　　　　　　b. 碎裂岩化结构

Kfs:钾长石;Pl:斜长石;Ms:白云母;Bt:黑云母;Qtz:石英;Hbl:角闪石

图 3-15　研究区西部伟晶岩镜下照片

白云母、黑云母主要呈鳞片状和片状,它们零散分布于岩石中,黑云母为暗色种属,主要表现为褐色,后期也存在一定的蚀变现象。角闪石呈柱状、柱粒状,为绿色种属。白云母、黑云母和角闪石与钾长石、斜长石的接触关系为在局部呈镶嵌接触。副矿物石榴石呈等轴粒状、圆粒状,正高突起,均质性,含量极低,零星分布。金属矿物呈他形-不规则粒状,有些以粒状集合体产出,少数呈隐晶质粉末状集合体,呈局部零星散状及稀疏浸染状分布于岩石中。岩石后期遭受应力作用,发生破碎及碎裂,在岩石中组成矿物的裂隙及裂纹发育,局部形成了粒度较为细小的同成分碎粒。

3.2.3　岩相学特征

研究区东部的伟晶岩以灰白色为主,其最大的特点是在矿物成分中除钾长石、石英、斜长石、云母之外,还含有一定量的钠长石、锂辉石和绿柱石(图 3-16)。钾长石颜色多变,呈半自形粒状、板粒状,具双晶结构,粒度较粗,有黏土化蚀变现象。斜长石呈半自形板状、板粒状和他形-不规则粒状,有强烈的蚀变的现象,表面较模糊,解理不清晰。石英大小不一,形状不规则,主要分布在与其他矿物体之间的空隙处。白云母呈片状和鳞片状,零散分布或以鳞片状集合体的形式呈条带状分布。钠长石为灰白色,多数呈半自形柱状或板状,少数为块状、长条状,可见聚片双晶。绿柱石的含量较少,颗粒细小,主要呈细小的长柱状,发育在钠长石周围,常与钠长石共生。锂辉石为白色-灰白色,呈板柱状和柱状,可观察到不规则的裂纹,分布在钾长石、斜长石等矿物的间隙处。

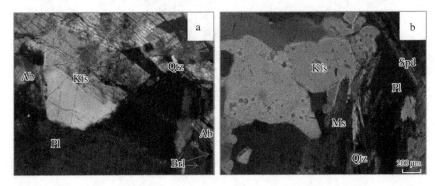

a. 含钠长石伟晶岩　　　　　　　　b. 含锂辉石伟晶岩

Kfs:钾长石;Pl:斜长石;Qtz:石英;Ms:白云母;Ab:钠长石;Brl:绿柱石;Spd:锂辉石

图3-16　研究区东部伟晶岩镜下照片

　　此外,研究区内还出露大量的花岗伟晶岩质糜棱岩,该类岩石为波纹条带状构造,糜棱结构,手标本颜色为肉红色,镜下特征显示由少量残留碎斑、碎粒及后期重结晶的矿物组成,另外也含有少量的金属矿物(图3-17)。碎斑的成分大多为钾长石,多呈不规则板粒状、透镜状和粒状,具特征的格子双晶及条纹结构,多属微斜条纹长石种属,蚀变现象较轻微,仅为黏土化蚀变。碎粒主要为长英质,成分上由微粒状的石英、钾长石和斜长石彼此镶嵌的集合体组成,并且可见重结晶的微粒石英亚颗粒集合体呈定向条带状分布,分布的暗色矿物为细小鳞片状的绿泥石集合体,主要呈定向波纹条带状。金属矿物呈他形-不规则粒状,有些以粒状集合体产出,少数呈隐晶质粉末状集合体,以局部零星散状、稀疏浸染状分布于岩石中。

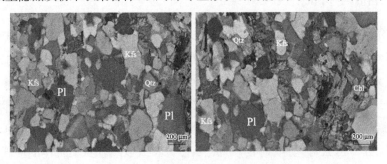

Kfs:钾长石;Pl:斜长石;Qtz:石英;Chl:绿泥石

图3-17　花岗伟晶岩质糜棱岩镜下照片

3.2.4　岩石化学组成

（1）主量元素

研究过程中，对在青海乌兰地区采集到的样品经过仔细观察和分析后，选取其中非常具有代表性的部分样品进行了主量元素测试，其分析结果见表 3-2。其中样品所包含的主要氧化物为 SiO_2、Al_2O_3、CaO、MgO、K_2O、Na_2O、TiO_2、P_2O_5、MnO、Fe_2O_3。通过分析测试数据，可以明确看到采集于青海乌兰地区的这 4 件样品的烧失量（LOI）极低，平均占比不超过样品总量的 1.2%。SiO_2 的含量在 71.19% ～ 74.44%，平均为 73.1%；全碱含量 $K_2O + Na_2O$ 的含量为 7.97% ～ 9.12%，平均为 8.5%；Al_2O_3 的含量较高，为 12.68% ～ 15.52%，平均为 14.11%；Fe_2O_3 的含量在 1.29% ～ 2.45%，平均为 1.903%；CaO、MgO、TiO_2、P_2O_5、MnO 的含量均极低，其中 CaO、MgO、TiO_2 的含量均低于 1.5%，P_2O_5、MnO 的含量均低于 0.5%。

通过岩石分类命名中的全碱-硅（TAS）分类图（图 3-18）可以看出，所测试的部分样品均落在亚碱性花岗岩区域，这与对样品的野外初步判断结果是一致的。在 A/CNK-A/NK 图解中（图 3-19），4 件岩石样本均落在过铝质区域。在 SiO_2-K_2O 图解中（图 3-20），一部分样本落在高钾钙碱性岩石系列，一部分样本落在钾玄岩系列和高钾钙碱性岩石系列交界处，一部分样本落在低钾（拉斑）岩石系列。

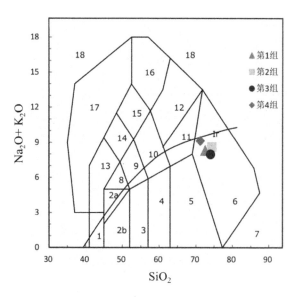

1：橄榄辉长岩；2a：碱性辉长岩；2b：亚碱性辉长岩；3：辉长闪长岩；4：闪长岩；5：花岗闪长岩；6：花岗岩；7：硅英岩；8：二长辉长岩；9：二长闪长岩；10：二长岩；11：石英二长岩；12：正长岩；13：副长石辉长岩；14：副长石二长闪长岩；15：副长石二长正长岩；16：副长正长岩；17：副长深成岩；18：霓方钠岩/磷霞岩/粗白榴岩

图 3-18　全碱-硅（TAS）分类图

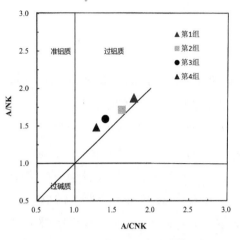

图 3-19　A/CNK-A/NK 图解

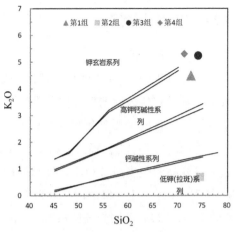

图 3-20　SiO₂-K₂O 图解

表 3-2　样品主量元素数据

组分	主量元素样品编号及分析结果(%)			
	花岗岩	花岗岩	花岗岩	花岗岩
	（第1组）	（第2组）	（第3组）	（第4组）
SiO_2	72.56	74.440	74.04	71.19
Al_2O_3	15.520	14.710	12.68	13.53
CaO	0.390	0.510	1.10	1.44
MgO	0.270	0.093	0.25	0.24
K_2O	4.490	0.680	5.23	5.30
Na_2O	3.820	7.920	2.74	3.82
TiO_2	0.900	0.010	0.24	0.20
P_2O_5	0.041	0.010	0.10	0.09
MnO	0.011	0.013	0.04	0.03
TFe_2O_3	1.800	1.290	2.45	2.07
LOI	1.060	0.240	1.15	2.11
总和	100.192	100.476	100.18	100.23
K_2O+Na_2O	8.310	8.600	7.97	9.12
K_2O/Na_2O	1.180	0.086	1.91	1.39

注：比值单位为1

（2）微量元素

对采集到的部分样本进行微量元素测试分析，其检测结果见表3-3。根据样品的分析结果数据并结合相关地质软件得到微量元素原始地幔标准化蛛网图（图3-21），分析图中结果可以清晰地了解到，来自研究区的部分件样品微量元素变化趋势较为相似，其中的高场强元素 Ta、Nb、Y 和低场强元素 K、Ba、Rb 相对富集，且 Ba、Rb 和 Ta 富集明显，而高场强元素 Ti 和低场强元素 Sr 相对亏损。

表3-3　部分样品微量元素数据

组分	微量元素样品编号及分析结果（$\times 10^{-6}$）			
	花岗岩 （第1组）	花岗岩 （第2组）	花岗岩 （第3组）	花岗岩 （第4组）
Rb	290.00	89.10	226.000	229.000
Ba	94.10	133.00	182.500	1665.000
K	3.67	0.53	4.300	4.240
Ta	3.86	11.00	1.060	0.630
Nb	53.00	22.10	15.800	12.000
La	16.60	4.51	61.100	44.200
Ce	27.80	8.46	121.000	88.600
Sr	33.40	20.80	93.600	139.000
Nd	18.30	4.16	50.800	39.100
Sm	4.46	1.91	11.250	8.790
Ti	590.00	71.00	0.152	0.124
Y	34.30	6.77	63.700	34.100
Yb	8.49	0.77	5.090	2.160
Lu	1.27	0.18	0.720	0.300

注：比值单位为1

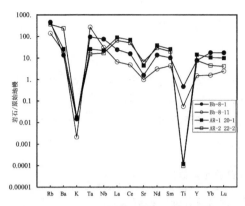 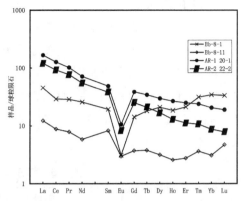

图 3-21 微量元素原始地幔标准化蛛网图   图 3-22 稀土元素球粒陨石标准化分布模式图

（3）稀土元素

通过对采集到的部分样品进行稀土元素测试分析，得到的结果见表 3-4。所测试的样品中的 ΣREE、LREE 和 HREE 差别较大，表明含矿花岗伟晶岩样品的稀土元素要更加富集。从部分样品的稀土元素球粒陨石标准化分布曲线具有右倾的特点和 La_N/Yb_N 的比值范围为 $3.96\sim13.83$ 可以看出，其轻重稀土存在较为明显的分异作用。LREE/HREE 比值为 $2.30\sim8.72$，表现出轻稀土富集、重稀土亏损的特点。δEu 为 $0.19\sim0.50$，表现为明显的负异常，δCe 为 $0.79\sim0.94$，表现为轻微负异常，同时稀土元素球粒陨石标准化分布模式图中的部分样品曲线显示出明显的负铕异常的"V"字形特点，表明岩浆在演化过程中斜长石发生了部分熔融和分离结晶作用（图 3-22）。

表 3-4 部分样品稀土元素数据表

组分	稀土元素样品编号及分析结果（$\times10^{-6}$）			
	花岗岩 （第 1 组）	花岗岩 （第 2 组）	花岗岩 （第 3 组）	花岗岩 （第 4 组）
La	16.60	4.51	61.10	44.20
Ce	27.80	8.46	121.00	88.60
Pr	3.94	1.08	13.95	10.55
Nd	18.30	4.16	50.80	39.10
Sm	4.46	1.91	11.25	8.79
Eu	0.27	0.26	0.92	0.71

（续表）

组分	稀土元素样品编号及分析结果（×10^{-6}）			
	花岗岩（第1组）	花岗岩（第2组）	花岗岩（第3组）	花岗岩（第4组）
Gd	4.35	1.14	11.80	7.66
Tb	1.05	0.22	1.99	1.21
Dy	7.93	1.21	11.30	6.41
Ho	1.57	0.22	2.27	1.10
Er	5.27	0.69	6.22	2.79
Tm	1.11	0.13	0.85	0.38
Yb	8.49	0.77	5.09	2.16
Lu	1.27	0.18	0.72	0.30
Y	34.30	6.77	63.70	34.10
$\sum$REE	102.41	24.94	299.26	213.96
LREE	71.37	20.38	259.02	191.95
HREE	31.04	4.56	40.24	22.01
LREE/HREE	2.30	4.47	6.44	8.72
La_N/Yb_N	1.32	3.96	8.11	13.83
δEu	0.19	0.50	0.24	0.26
δCe	0.79	0.88	0.94	0.94

　　柴北缘地区的花岗伟晶岩样品均表现出碎裂岩化结构的特点,其主要矿物的晶型为半自形或他形-不规则粒形,样品的石英、钾长石含量均较高(平均含量为65％),斜长石含量低,云母类矿物普遍发育,各种矿物均有不同程度的蚀变,钾长石表现为后期黏土化蚀变,斜长石具有绢云母化和黏土化蚀变,石英可见后期重结晶生成的石英亚粒集合体,云母则表现为后期的脱铁蚀变和绿泥石化。以上特征表明该地区的岩石后期经历了应力作用,发生了破碎和碎裂,并且蚀变普遍发育,说明该区域存在一个多期次、多阶段持续性的成矿过程,它能够极大地促进岩浆的演化和多次分异,导致成矿元素富集甚至成矿。

　　目前,学界广泛认同的花岗岩成因类型主要分为4种:Ⅰ型、S型、A型、M型。结合以上数据结果对其成因进行分析,可知在乌兰地区采集到的花岗岩主量元素具有高硅（SiO_2：71.19％～74.44％）、高钾（K_2O：4.49％～5.30％）、低镁（MgO：0.24％～0.27％）、低钙（CaO：0.39％～1.44％）、高全碱含量（K_2O+Na_2O：7.97％～9.12％）、过铝质等特征；微量元素具有强烈的负铕异常，高场强元素 Ta、Nb 富集，低场强元素 K、Sr 相对亏损，表明该花岗伟晶岩具有典型的 A 型花岗岩的全部特质，并且在 Whalen 等提出的判别图（图 3-23）上也落在了 A 型花岗岩区域，因此该部

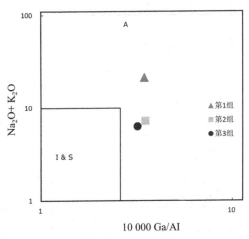

图 3-23　10 000 Ga/Al－（Na_2O+K_2O）图解

分样品属于典型的 A 型花岗岩。而部分样品的 SiO_2 含量较高，为 74.44％，K_2O/Na_2O＝0.086≪1，并且在 SiO_2-K_2O 图解中落在了低钾（拉斑）岩石系列，表现出明显的 M 型花岗岩特征，所以这部分样品属于典型的 M 型花岗岩。

柴北缘部分花岗伟晶岩岩石样本的稀土元素球粒陨石标准化分布曲线表现出明显的右倾斜特点，同时伴有强烈的负铕异常（δEu：0.19～0.26），表明花岗岩经历了高强度的演化过程，在该过程中斜长石的部分熔融和分离结晶作用发挥了重要的作用。其微量元素中 Sr、Ti 等元素亏损，Rb、Ta、Nb 等元素强烈富集。Ti 元素的强烈亏损表明岩浆中有地壳部分的参与，Sr 元素的亏损和强烈的负铕异常与斜长石部分熔融和分离结晶作用相关，Nb 等元素的富集表明其具有地幔物质来源的特征，也暗示了花岗岩的物质来源既与地幔有关又与地壳有关。Rb 元素的强烈富集则表明岩浆分异作用演化比较彻底，也进一步证明花岗岩的确经历了高强度的演化过程。

3.3　矿床地质特征

3.3.1　矿体特征

研究区内矿床的原生矿体是由蚀变花岗伟晶岩体组成。它一般处在中粗粒

白云母花岗岩体的顶部,并与其呈渐变接触,界线模糊不清,呈近椭圆形。花岗伟晶岩体本身又可细分为两部分。钠长石化细粒白云母花岗岩蚀变带,一般为白色、细粒块状,由斜长石、钠长石和石英、白云母组成,具变余花岗结构和变斑晶结构。副矿物有锰铝榴石、磷灰石、闪锌矿、黄铁矿以及十字石等。钠长石化白云母花岗岩向上部矿物颗粒会增粗以及微斜长石矿物含量逐渐增高而慢慢变化为蚀变带伟晶岩,但向下部,随微斜长石含量逐渐增高,粒度变细,钠长石含量降低,又渐变为中粗粒白云母花岗岩。

在研究区内已圈定多条稀有金属矿体,成矿元素包括 Li、Be、Nb、Ta、Rb,其中 5 条矿体含 Be 较高,且规模较大,将它们分别命名为 I_1 矿体、I_2 矿体、II_1 矿体、II_2 矿体和 III_1 矿体,其主要特征概况如表 3-5 所示。

表 3-5　含 Be 矿体主要矿体特征

矿体	长度/m	平均厚度/m	主成矿元素	伴生元素	产状	平均品位
I_1 矿体	100	14.18	Be	Nb、Ta、Rb	261°∠83°	BeO: 0.079%
I_2 矿体	130	14.19	Be、Rb	Nb、Ta	278°∠86°	BeO: 0.083% Rb$_2$O: 0.044%
II_1 矿体	150	5.03	Be、Li		249°∠75°	BeO: 0.064% Li$_2$O: 1.090%
II_2 矿体	110	3.97	Be、Li		252°∠79°	BeO: 0.068% Li$_2$O: 0.820%
III_1 矿体	90	18.60	Be	Nb、Ta	269°∠80°	BeO: 0.085%

I_1 矿体位于阿木尼克地区,在一条规模较大的伟晶岩脉中圈定。古元古界达肯大坂岩群的大理岩岩组(Pt_1D_3)中断裂发育,白云母花岗伟晶岩脉沿北西向、北东向断裂交汇部位侵入,岩脉以长条状和透镜状产出,规模较大,脉中形成一规模性的矿体。I_1 矿体长度 100 m,平均厚度 14.18 m,产状 261°∠83°,BeO 平均品位 0.079%,最高品位 0.098%,并伴生 Nb、Ta、Rb,其中 Rb$_2$O 平均品位 0.039%,(Nb,Ta)$_2O_5$ 平均品位 0.006%。

I_2 矿体位于阿木尼克地区,与 I_1 矿体相同,也是圈定于一条规模较大的伟晶岩脉中,在 I_1 矿体东侧。钠长石化白云母花岗伟晶岩脉侵入发育在达肯大坂岩群(Pt_1D)中的断裂中,岩脉中有硅化、钠长石化和白云母化,并形成铍矿体。I_2 矿体长度 130 m,平均厚度 14.19 m,产状 278°∠86°,成矿元素以 Be、Rb 为主,并伴生 Nb、Ta,BeO 平均品位 0.083%,最高品位 0.101%,Rb$_2$O 平均品位

0.044%,最高品位0.085%,$(Nb,Ta)_2O_5$平均品位0.007%。

II_1矿体位于茶卡北山地区,在含绿柱石锂辉石伟晶岩脉中圈定。岩脉主要分布在奥陶纪石英闪长岩体中,充填于张性裂隙内,长轴的方向较为杂乱。II_1矿体长度150 m,平均厚度5.03 m,产状249°∠75°,成矿元素为Li、Be,Li_2O平均品位为1.09%,最高品位达2.68%,BeO平均品位0.064%,最高品位0.091%。

II_2矿体位于茶卡北山地区,在含绿柱石花岗伟晶岩脉中。伟晶岩脉侵入古元古界达肯大坂岩群片岩岩组(Pt_1D_2)中,该类型的岩脉在茶卡北山地区较发育。II_2矿体长度110 m,平均厚度3.97 m,产状252°∠79°,成矿元素也以Li、Be为主,BeO平均品位0.068%,最高品位0.093%,Li_2O的品位明显低于II_1矿体。

III_1矿体位于沙柳泉东部地区,矿体产于花岗伟晶岩脉之中。该地区出露的地层主要为古元古界达肯大坂岩群(Pt_1D)和中元古界狼牙山组(Jxl),北西向的断层和北东向的小裂隙均十分发育,地层受北西向断层的控制。花岗伟晶岩脉沿断裂带侵入,与成矿关系十分密切。III_1矿体长90 m,平均厚度18.60 m,产状269°∠80°,BeO平均品位0.085%,最高品位0.099%,并伴生Nb、Ta,$(Nb,Ta)_2O_5$平均品位0.089%。

3.3.2 矿石质量

(1) 矿物成分

岩矿石样品主要是在查查香卡、茶卡北山等地区采集,对样品进行了镜下分析,观察了矿石的矿物组成、岩石组构。矿石的矿物成分主要包括钾长石、斜长石、白云母、石英和金属矿物,矿石样品及显微镜下照片见图3-24。

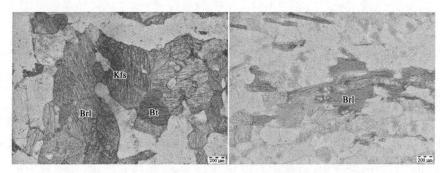

Brl：绿柱石；Kfs：钾长石；Bt：黑云母

图3-24 矿物组成镜下照片

研究区内矿床的矿石矿物主要有绿柱石和钽铌铁矿等。脉石矿物有白云母、石英、斜长石、钠长石、电气石、石榴石、磷灰石等。绿柱石呈淡绿色，一般为粒状，呈玻璃光泽到油脂光泽，绿柱石因为被云母、石英、钠长石等矿物交代，会呈现他形残余状。钽铌铁矿呈黑色，具有半金属光泽，粒度一般比较大。钽铌铁矿常常呈现出细粒浸染状，晶形往往呈板状、针状和柱状等。

（2）矿石结构

区内的矿石结构主要有变文象和中粗粒结构、块体结构、交代残留结构等。

① 变文象和中粗粒结构：变文象结构中石英在长石中呈现不规则排列。中粗粒结构由长石和石英构成，石英颗粒在矿体各个部分都有分布。

② 块体结构：一般在脉体中心处分布，主要由石英和微斜长石构成。石英晶体和长石晶体颗粒较小。

③ 交代残留结构：一般在中粗粒伟晶岩带中较多发育。交代残留结构会保留原有的没有被发生交代的残留体。一些矿物镜下特征如图 3-25 所示。

a. 矿石样品照片　　　　　　　　　b. 薄片镜下照片

Kfs：钾长石；Pl：斜长石；Ms：白云母；Qtz：石英）

图 3-25　矿石样品及薄片镜下照片

3.3.3　矿石构造

研究区内矿石构造以块状构造、浸染状构造、斑杂状构造等构造为主。矿石主要为原生矿石，据其自然类型可分为块状矿石（图 3-26）和斑杂状矿石（图 3-27）。

块状构造：是铍矿石最为常见的一种构造。绿柱石等矿物均匀分布，少量其他的矿物呈现出块状集合体或不规则集合体。

图 3-26　块状矿石现场照片

图 3-27　斑杂状矿石现场照片

浸染状构造：是绿柱石比较常见的构造，常常呈星散状分布于脉体内。

斑杂状构造：是绿柱石与晶体较大、自形程度较好的锂辉石等混合而形成矿石。

3.3.4　围岩蚀变

柴北缘地区的关键金属矿床受达肯大坂群地层层位的控制，但是造山带基底的结晶变质岩和一些隆起地区的达肯大坂群中的大理岩等都对区内的含矿母岩体找矿有明显的地质意义。如达肯大坂群云母片岩和石英片岩中的十字石等特征矿物，属于含矿伟晶岩脉的寻找标志。柴北缘内发生的蚀变主要包括钠长石化、硅化、电气石化、高岭土化等，这些蚀变与成矿关系较为密切。

围岩蚀变在局部大理岩与伟晶岩脉的接触带附近，偶见矽卡岩化；在花岗伟晶岩脉中有白云母化、钠长石化、硅化和碳酸盐化等；在角闪正长岩岩体与地层接触带附近偶见硅化、褐铁矿化等，但蚀变不均、蚀变带不连续；沿构造破碎带具有明显碳酸盐化、硅化、绿泥石化、绿帘石化等，也偶见孔雀石化。其中，与铍等稀有金属矿化关系最为密切的是在白云母花岗伟晶岩脉中的钠长石化和白云母化。

3.4　本章小结

研究区内历经多期（加里东、华力西、印支期等）洋陆、弧陆、陆内碰撞造山等构造活动。区内断裂发育，且规模大，并具多期活动特征，其中，以近 EW 向的昆中断裂带规模最大,为早古生代昆仑洋盆向柴达木古陆俯冲形成的超岩石圈断裂,深达地幔,从加里东至燕山期均有不同程度活动。区内断裂以压性或压扭性断裂为主。区内岩浆活动十分剧烈,岩浆岩广泛分布,出露面积较大,构成区内岩浆活动的主体,侵入岩和喷出岩均较发育,主要发育华力西期、印支期侵入岩,加里东期侵入岩较少,岩性以中酸性为主。地壳浅层次的构造特征及演化规律往往与深部构造作用有着直接的联系。在布格重力异常等值线图的北缘部分,布格重力等值线相对变密集,这表明该位置的重力场梯度增大,反映出该部位可能为深大断裂所处位置。据布格重力等值线的变化形态推测,断裂的走向为近北西向,这与该地区存在的深大断裂的走向一致,故北缘布格重力等值线密集区为深大断裂的可能性极大。柴北缘地区成矿条件优越,成矿事实较多,在地球化学方面,元素组合复杂、套合良好,特征值明显,除该区的优势矿种 K、B、Mg 等盐类矿产外,其他矿产如 Au、Ag、Cu、Li、Bi、Be、W 等元素也具有高的丰度或强的异化倾向,成矿潜力较大。作为青海省内稀有(土)金属矿产的有利成矿区带,在研究区内,伟晶岩的类型多样,其中与稀有金属(以铍为主)成矿关系最为密切的为钠长石化白云母花岗伟晶岩、含绿柱石锂辉石伟晶岩、正长花岗伟晶岩。目前研究区内还发现有多处金、银、锂、铍、铌、钽、铷等稀贵金属矿床(点),区内的岩矿石结构主要有变文象结构和中粗粒结构、变余结构、交代残留结构等。

研究区位于柴达木盆地北缘,呈北西向延绵的狭长地带,北为祁连地块,南为柴达木地块,由宗务隆构造带、欧龙布鲁克地块和沙柳河高压-超高压变质带组成。含矿花岗伟晶岩主要分布在青海省中部、柴达木盆地北缘地区,位于欧龙布鲁克—乌兰华力西期稀有、钨(铋、稀土、宝玉石)成矿带。本研究通过对该地区花岗伟晶岩矿物学和地球化学特征分析,探究该地区稀有金属的成矿潜力。研究结果表明,该地区花岗伟晶岩的矿石矿物为钾长石、斜长石、石英、白云母和黑云母以及少量的金属矿物和石榴石,其成因类型主要为 A 型花岗岩,具有高SiO_2、过 Al、富 Na、高全碱、富稀有及稀土元素的特点,并且稀土元素的富集程度差别较大,可达 4~12 倍,轻重稀土元素分异明显,轻稀土元素相对富集,重稀土元素相对亏损,Eu 和 Ce 均表现为负异常,微量元素 Sr、Ti 等元素亏损,Rb、Ta、Nb 等元素强烈富集,该研究认识对于理解该地区花岗岩成因及找矿方向具有重要的地质意义。

第四章

矿床地球化学特征

全岩地球化学样品完全依据采样标准采集,考虑到样品的代表性与典型性,本次研究共挑选了 27 件新鲜的近矿围岩样品和 25 件典型关键金属矿石样品进行了全岩检测分析,测试任务在具备资质的测试单位运用先进的专业仪器完成,测试结果具有极高的可信度。

4.1 测试方法

测试任务是在青海省地质矿产测试应用中心和广州澳实矿物实验室完成,测试方法包括 ME-MS81 熔融法电感耦合等离子体质谱测定和 P61－XRF26FsX 射线荧光光谱仪低硫低氟岩石主量分析。

ME-MS81 熔融法电感耦合等离子体质谱测定法所测定的对象为 15 个稀土元素和难熔元素(如 Ba、Rb、Sn、W、Zr 等)。具体步骤为往试样中加入硼酸锂 $(LiBO_2/Li_2B_4O_7)$ 熔剂,混合均匀,放于熔炉中,于 1 025℃熔融,待熔融液完全冷却后,用硝酸、盐酸和氢氟酸消解并定容,然后再用等离子体质谱仪分析。该过程所用的仪器为 Agilent－7900 电感耦合等离子质谱仪。此方法的精密度和准确度优于 10%。

P61－XRF26FsX 射线荧光光谱仪低硫低氟岩石主量分析法测定的是岩石的主次量的含量。其步骤为称取 3 份试样,一份试样用高氯酸、硝酸、氢氟酸和盐酸进行消解,蒸至近干后,采用稀盐酸溶解定容,用等离子体发射光谱(ICP-AES)粗测 S-Ca-Fe-Mn-Cr 含量,以确认所选的 XRF 流程是适用的,同时测定次量元素即成矿元素含量。若硫含量小于 3%～5%(具体视 Ca 等的含量),则继续称取另外两份试样进行本方法的 XRF 流程;若硫超量,应转执行专门适用于硫化物样或高含量矿样的流程，即 P61 - XRF15b 或 P61 - XRF15c。另取一份试样于 105℃ 烘干后，精确称取要求重量，置入铂金坩埚，加入四硼酸锂-偏硼酸锂-硝酸锂混合熔剂，确认样品与熔剂充分均混后，于高精密熔样机 1 050℃ 熔融，熔浆倒入铂金模，冷却形成熔片，确认熔片质量合格(熔片不合格的须重新称样熔融)，再用 X 荧光光谱仪(含氟模式)测定主量。为确保测试精度，ALS 采用较大规格的铂金模。同时精确称取另一份干燥后的试样，马弗炉 1 000℃ 有氧灼烧，冷却后再精确称重，试样灼烧前、灼烧后的重量差即烧失量(LOI)。烧失量(LOI)和 XRF 测得的元素含量(总量以氧化物表示)相加，即"加和"(Total)，对于常规样品，加和约等于 100%(99.01%～100.99%)，但对含硫的样品，加和不一定约等于 100%。所用的仪器包括 Agilent - 5110 电感耦合等离子体发射光谱和 PANalyticalX 射线荧光光谱仪(荷兰产)，此方法的精确度和准确度优于 10%。

4.2 主量元素地球化学特征

4.2.1 近矿围岩的主量元素特征

围岩主量元素的分析测试共选取了 9 件近矿围岩样品(WY-1、WY-2、WY-3、WY-4、WY-5、WY-6、WY-7、WY-8、WY-9)，测试结果如表 4-1 所示。

由表 4-1 所示的分析测试结果可知，9 件近矿围岩样品的烧失量介于 0.60%～2.61%，表明岩石曾遭受不同程度的变质或蚀变作用。SiO_2 的含量为 55.20%～75.78%，为中酸性岩，其中，除样品 WY-7、WY-8、WY-9 外，其余样品(WY-1、WY-2、WY-3、WY-4、WY-5、WY-6)的 SiO_2 的含量均大于 65.00%，属于酸性岩。全碱含量较高，K_2O+Na_2O 的值为 3.95%～9.04%，平均为 6.22%。Al_2O_3 的含量高，在样品 WY-1、WY-3、WY-5、WY-6、WY-9 中均超过 15.00%，其余样品中也接近或超过 10.00%，9 件样品中的平均含量为 14.24%。CaO 和 MgO 的含量有高有低，分别介于 0.14%～6.50% 和 0.11%～6.31%，在各个样品间差别较大，总体而言，在中性岩中含量较高，在酸性岩中含量较低。TiO_2、P_2O_5、MnO 的含量均比较低，分别为 0.01%～0.60%、0.03%～0.44%、0.01%～0.23%，平均值仅为 0.27%、0.14%、0.10%。

表 4-1 主量元素分析结果（10^{-2}）

氧化物\样品	WY-1	WY-2	WY-3	WY-4	WY-5	WY-6	WY-7	WY-8	WY-9	KS-1	KS-2	KS-3	KS-4	KS-5
SiO_2	69.78	75.78	75.19	73.74	73.98	67.15	55.20	59.34	59.29	72.70	74.80	70.50	73.88	75.25
Al_2O_3	15.80	9.70	15.25	13.84	15.05	17.38	12.59	13.14	15.40	15.55	14.78	12.05	15.22	13.47
CaO	1.11	2.88	0.14	1.20	1.27	1.52	4.51	6.50	6.16	0.39	0.51	1.25	0.52	0.25
MgO	0.86	3.07	0.20	0.32	0.11	1.64	6.24	6.31	5.28	0.27	0.09	0.74	0.18	0.93
K_2O	4.75	1.64	3.72	6.21	3.19	3.18	2.86	1.77	1.65	4.50	0.68	5.07	1.66	6.41
Na_2O	4.18	2.31	2.19	2.83	5.39	2.57	1.73	2.61	3.17	3.83	7.96	2.92	6.11	0.59
TiO_2	0.10	0.30	0.01	0.07	0.02	0.26	0.58	0.48	0.60	0.09	0.01	0.38	0.01	0.01
P_2O_5	0.44	0.09	0.07	0.08	0.03	0.06	0.16	0.23	0.14	0.04	0.10	0.09	0.12	0.14
MnO	0.17	0.07	0.03	0.02	0.01	0.23	0.15	0.13	0.11	0.01	0.01	0.05	0.04	0.03
$TFeO$	1.64	3.44	1.39	1.14	0.60	4.14	13.21	6.36	6.80	1.80	1.29	4.89	1.26	1.09
K_2O+Na_2O	8.93	3.95	5.91	9.04	8.58	5.75	4.59	4.38	4.82	8.33	8.64	7.99	7.77	7.00
K_2O/Na_2O	1.14	0.71	1.70	2.19	0.59	1.24	1.65	0.68	0.52	1.17	0.09	1.74	0.27	10.86
LOI	1.02	0.86	1.92	0.60	0.92	1.85	2.61	1.33	1.70	1.06	0.24	0.64	0.48	1.76

　　对近矿围岩进行分类命名,在近矿围岩火成岩系统全碱硅(TAS)分类图(图 4-1)中,样品均落在亚碱性岩区域,其中样品 WY-1、WY-2、WY-3、WY-4、WY-5 为花岗岩,样品 WY-6 为花岗闪长岩,样品 WY-7 为辉长闪长岩,样品 WY-8、WY-9 为闪长岩。

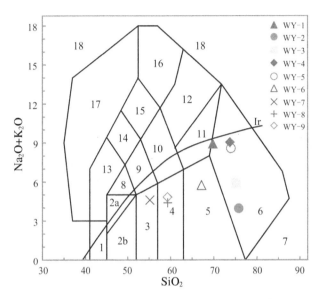

1;橄榄辉长岩;2a;碱性辉长岩;2b;亚碱性辉长岩;3;辉长闪长岩;4;闪长岩;5;花岗闪长岩;6;花岗岩;7;硅英岩;8;二长辉长岩;9;二长闪长岩;10;二长岩;11;石英二长岩;12;正长岩;13;副长石辉长岩;14;副长石二长闪长岩;15;副长石二长正长岩;16;副长正长岩;17;副长深成岩;18;霞方钠岩/磷霞岩/粗白榴岩;Ir;分界线(上方为碱性,下方为亚碱性)

图 4-1　近矿围岩火成岩系统全碱-硅(TAS)分类图(底图据 Middlemost E A K;1994)

4.2.2　矿石的主量元素特征

　　矿石主要元素的分析测试共选取了 5 件稀有金属矿石样品(KS-1、KS-2、KS-3、KS-4、KS-5),测试结果如表 4-1 所示。

　　矿石样品的烧失量介于 0.24%~1.76%,平均为 0.84%,表明岩石曾遭受的变质或蚀变作用相对较弱。SiO_2 的含量高,均超过 70.00%,平均为 73.43%,属于酸性岩。全碱含量较高,K_2O+Na_2O 的值为 8.33%、8.64%、7.99%、7.77%、7.00%,平均值达 7.95%。Al_2O_3 的值比较高,在样品中均超过 10.00%,其中在样品 KS-1 中高达 15.55%,在样品 KS-4 中也达到 15.22%。CaO 的含量较低,分别为 0.39%、0.51%、1.25%、0.52%、0.25%。MgO 的含量也比较低,在 5 件样品中均低于 1.00%,平均值仅为 0.44%。MnO 的含量极低,为 0.01%、0.01%、0.05%、0.04% 和 0.03%。TiO_2、P_2O_5 的含量也比较低,其中 TiO_2 的值介于 0.01%~0.38%,平均值为 0.10%;P_2O_5 的值介于 0.04%~0.14%,平均值为

0.10%。

在矿石火成岩系统全碱-硅(TAS)分类图(图4-2)中,所有样品均落在亚碱性岩区域,矿石样品均为花岗岩,这也与采样时的野外定名一致。

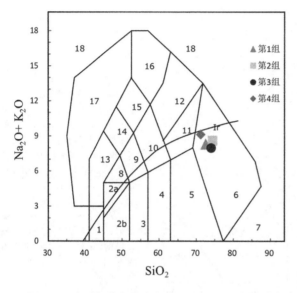

图4-2　矿石火成岩系统全碱-硅(TAS)分类图(底图据 Middlemost E A K,1994)

4.3　稀土元素地球化学特征

4.3.1　近矿围岩的稀土元素特征

9件近矿围岩样品(WY-1、WY-2、WY-3、WY-4、WY-5、WY-6、WY-7、WY-8、WY-9)的稀土元素分析测试结果如表4-2所示。

9件近矿围岩样品的ΣREE 变化范围较大,最高为 271.77×10^{-6},最低为 10.83×10^{-6},平均为 96.34×10^{-6}。La_N/Yb_N 的值为 14.67×10^{-6}、17.02×10^{-6}、6.10×10^{-6}、20.37×10^{-6}、4.75×10^{-6}、7.67×10^{-6}、6.69×10^{-6}、7.08×10^{-6}、11.45×10^{-6},平均为 10.64×10^{-6},LREE 的平均值为 85.69×10^{-6},HREE 的平均值为 10.66×10^{-6},LREE/HREE 的值介于 $4.63 \times 10^{-6} \sim 12.50 \times 10^{-6}$,平均为 8.40×10^{-6},表明轻稀土元素相对富集,重稀土略微亏损,轻重稀土分异较明显。在近矿围岩稀土元素球粒陨石标准化分布形式图(图4-3)中,稀土元素配分曲线

表 4-2　稀土元素分析结果（10^{-6}）

元素\样品	WY-1	WY-2	WY-3	WY-4	WY-5	WY-6	WY-7	WY-8	WY-9	KS-1	KS-2	KS-3	KS-4	KS-5
La	4.50	22.30	1.70	7.10	4.70	55.50	26.10	30.60	25.70	16.60	4.51	109.00	1.00	1.10
Ce	8.50	42.60	4.20	14.30	10.60	117.50	56.80	61.00	52.50	27.80	8.46	126.40	2.00	3.00
Pr	1.00	4.57	0.64	1.76	1.37	12.65	6.41	6.78	5.85	3.94	1.08	25.30	0.31	0.50
Nd	3.60	16.10	2.10	6.90	5.20	44.20	23.30	24.90	21.00	18.10	4.16	91.80	1.00	1.80
Sm	0.77	2.99	0.86	1.50	1.51	8.59	4.39	4.69	4.03	4.46	1.91	14.60	0.56	1.01
Eu	0.17	0.69	0.02	0.41	0.36	1.97	1.33	1.35	1.03	0.27	0.26	2.37	0.02	0.02
Gd	0.64	2.29	0.48	1.21	1.46	8.32	4.10	4.30	3.63	4.35	1.14	13.50	0.71	1.04
Tb	0.10	0.33	0.08	0.17	0.25	1.33	0.68	0.73	0.53	1.05	0.22	2.21	0.17	0.26
Dy	0.56	1.85	0.36	0.85	1.44	8.20	4.44	4.87	2.99	7.93	1.21	13.80	0.92	1.62
Ho	0.10	0.36	0.05	0.15	0.28	1.73	0.89	0.98	0.60	1.57	0.22	2.80	0.12	0.26
Er	0.25	1.05	0.11	0.41	0.80	5.00	2.67	2.90	1.65	5.27	0.69	8.25	0.25	0.78
Tm	0.06	0.17	0.02	0.05	0.09	0.83	0.44	0.47	0.26	1.11	0.13	1.25	0.07	0.20
Yb	0.22	0.94	0.20	0.25	0.71	5.19	2.80	3.10	1.61	8.49	0.77	7.38	0.45	1.42
Lu	0.03	0.15	0.03	0.04	0.10	0.76	0.46	0.51	0.24	1.27	0.10	1.15	0.06	0.18
Y	2.90	10.40	1.40	4.30	8.60	48.70	24.10	28.20	17.00	34.30	6.77	83.20	4.80	10.00
$\sum$REE	20.50	96.39	10.83	35.10	28.87	271.77	134.81	147.18	121.62	102.21	24.86	419.81	7.64	13.29
LREE	18.54	89.25	9.50	31.97	23.74	240.41	118.33	129.32	110.11	71.17	20.38	369.47	4.89	7.43
HREE	1.96	7.14	1.33	3.13	5.13	31.36	16.48	17.86	11.51	31.04	4.48	50.34	2.75	5.76
LREE/HREE	9.46	12.50	7.14	10.21	4.63	7.67	7.18	7.24	9.57	2.29	4.55	7.34	1.78	1.29
La_N/Yb_N	14.67	17.02	6.10	20.37	4.75	7.67	6.69	7.08	11.45	1.40	4.20	10.59	1.59	0.56
δEu	0.72	0.78	0.91	0.90	0.73	0.70	0.94	0.90	0.81	0.19	0.50	0.51	0.10	0.06
δCe	0.94	0.98	0.99	0.96	1.01	1.05	1.05	0.99	1.01	0.81	0.91	0.57	0.87	0.99

为右倾型曲线,整体表现出左高右低。δEu 的值为 0.72×10^{-6}、0.78×10^{-6}、0.91×10^{-6}、0.90×10^{-6}、0.73×10^{-6}、0.70×10^{-6}、0.94×10^{-6}、0.90×10^{-6}、0.81×10^{-6},均小于 1.00×10^{-6},表现出 Eu 负异常;δCe 的值介于 $0.94 \times 10^{-6} \sim 1.05 \times 10^{-6}$,表现出 Ce 正负异常均存在,但 δCe 的值都接近 1.00×10^{-6},即异常不太明显,这也反映出岩浆在演化过程中条件相对稳定。

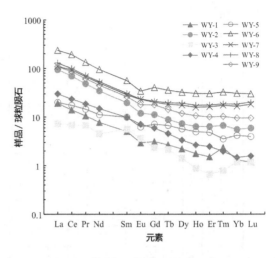

图 4-3　近矿围岩稀土元素球粒陨石标准化分布形式图(底图据 Sun S S et al., 1989)

4.3.2　矿石的稀土元素特征

5 件矿石样品(KS-1、KS-2、KS-3、KS-4、KS-5)的稀土元素分析测试结果如表 4-2 所示。

矿石样品的 ΣREE 变化范围很大,介于 $7.64 \times 10^{-6} \sim 419.81 \times 10^{-6}$,平均为 113.56×10^{-6}。La_N/Yb_N 的值分别为 1.40×10^{-6}、4.20×10^{-6}、10.59×10^{-6}、1.59×10^{-6}、0.56×10^{-6},LREE 的值介于 $4.89 \times 10^{-6} \sim 369.47 \times 10^{-6}$,平均为 94.67×10^{-6},HREE 的值介于 $2.75 \times 10^{-6} \sim 50.34 \times 10^{-6}$,平均为 18.87×10^{-6},LREE/HREE 的值为 2.29×10^{-6}、4.55×10^{-6}、7.34×10^{-6}、1.78×10^{-6}、1.29×10^{-6},除样品 KS-3 的 LREE/HREE 值相对不低外,其余样品(KS-1、KS-2、KS-4、KS-5)的 LREE/HREE 值均较低,表明整体上轻重稀土分异不明显。在矿石稀土元素球粒陨石标准化分布形式图(图 4-4)中,稀土元素配分曲线与常见的右倾型配分曲线

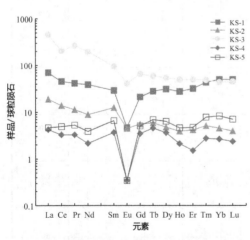

图 4-4　矿石稀土元素球粒陨石标准化分布形式图(底图据 Sun S S et al., 1989)

和一般花岗岩轻重稀土元素分异较明显的配分曲线有较大区别,该配分曲线具有稀土元素四分组效应的特点。稀土四分组效应指的是以元素 Nd/Pm、Gd 和 Ho/Er 为分界点,将稀土元素分为 La～Nd、Pm～Gd、Gd～Ho、Er～Lu 四组,构成 4 条下凹或上凸的曲线。具有四分组效应的花岗岩是高分异花岗岩的判别标志之一,它的产生往往是热液流体交代作用的结果,在找矿领域,此类花岗岩是找寻大型、超大型稀有金属矿床十分有利的线索。

4.4 微量元素地球化学特征

4.4.1 近矿围岩的微量元素特征

近矿围岩样品(WY-1、WY-2、WY-3、WY-4、WY-5、WY-6、WY-7、WY-8、WY-9)的微量元素分析测试结果如表 4-3 所示。对 Cs、Rb、Ba、Sr、Nb、Ta、Eu、Ce、Y、Ho、Lu 共 11 种微量元素进行了检测分析,在近矿围岩微量元素原始地幔标准化蛛网图(图 4-5)中,曲线整体上展现出右倾的趋势,个别点出现极值,除个别特殊点之外,9 条曲线整体的形态相似。在微量元素方面富集 Cs、Rb、Ba、Nb、Ta、Ce,相对亏损 Y、Ho、Lu、Eu。

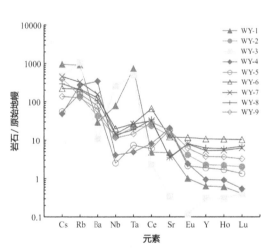

图 4-5 近矿围岩微量元素原始地幔标准化蛛网图(底图据 Mcdonough et al.,1989)

δEu 的 值 为 0.19 $\times 10^{-6}$、0.50$\times 10^{-6}$、0.51$\times 10^{-6}$、0.10$\times 10^{-6}$、0.06$\times 10^{-6}$,均小于 1.00$\times 10^{-6}$,且数值很小,表现出明显的 Eu 负异常,在图 4-4 的 Eu 处下凹幅度极其明显;δCe 的值为 0.81$\times 10^{-6}$、0.91$\times 10^{-6}$、0.57$\times 10^{-6}$、0.87$\times 10^{-6}$、0.99$\times 10^{-6}$,表现出 Ce 负异常,除样品 KS-3 的 Ce 负异常相对明显外,其余样品(KS-1、KS-2、KS-4、KS-5)均为轻微负异常。

表 4-3　微量元素分析结果（10^{-6}）

元素\样品	WY-1	WY-2	WY-3	WY-4	WY-5	WY-6	WY-7	WY-8	WY-9	KS-1	KS-2	KS-3	KS-4	KS-5
Cs	30.30	13.00	15.20	1.56	1.77	7.07	14.40	9.35	4.39	4.95	8.29	0.30	5.82	30.50
Rb	576.00	88.70	675.00	171.50	101.50	135.50	206.00	130.00	80.70	290.00	89.10	164.00	84.90	631.00
Be	204.00	300.00	75.20	2390.0	550.00	884.00	1096.0	733.00	440.00	94.10	133.00	1130.00	3.70	131.50
Nb	56.30	8.90	181.50	2.90	1.80	14.20	10.40	9.83	8.20	53.00	22.10	21.30	5.00	141.50
Ta	29.90	0.90	20.30	0.20	0.30	1.10	1.08	0.77	0.60	3.86	11.00	1.27	1.10	20.90
Ce	8.50	42.60	4.20	14.30	10.60	117.50	56.80	61.00	52.50	27.80	8.46	126.40	2.00	3.00
Sr	99.10	275.00	7.40	434.00	395.00	254.00	75.70	72.80	377.00	33.40	20.80	290.00	12.20	15.30
Eu	0.17	0.69	0.02	0.41	0.36	1.97	1.33	1.35	1.03	0.27	0.26	2.37	0.02	0.02
Y	2.90	10.40	1.40	4.30	8.60	48.70	24.10	28.20	17.00	34.30	6.77	83.20	4.80	10.00
Ho	0.10	0.36	0.05	0.15	0.28	1.73	0.89	0.98	0.60	1.57	0.22	2.80	0.12	0.26
Lu	0.03	0.15	0.03	0.04	0.10	0.76	0.46	0.51	0.24	1.27	0.10	1.15	0.06	0.18

4.4.2　矿石的微量元素特征

矿石样品（KS-1、KS-2、KS-3、KS-4、KS-5）的微量元素分析测试结果如表 4-3 所示。在矿石的微量元素研究中，共检测了 Cs、Ba、Rb、Sr、Nb、Ta、Eu、Ho、Ce、Y、Lu 共 11 种微量元素的含量，在矿石微量元素原始地幔标准化蛛网图（图 4-6）中，曲线整体上展现出左高右低的态势，个别点出现极值，大部分曲线的形态较相似。在微量元素方面整体上富集 Rb、Ta、Nb、Cs，相对较亏损 Sr、Eu、Ho、Y。

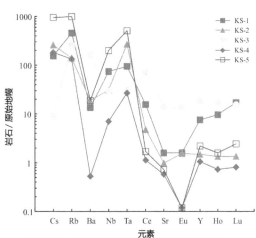

图 4-6　矿石微量元素原始地幔标准化蛛网图（底图据 Mcdonough et al.，1989）

4.5　成矿性分析

此次研究共分析测试了 14 件样品，其中包括 9 件近矿围岩样品，5 件铍矿石样品，通过地球化学测试数据分析认为柴北缘地区具有多矿种成矿的可能性。

柴北缘成矿带内有色金属、稀有金属等成矿元素富集，形成内生金属矿床的可能性极大。除铍矿床以外，在本次分析测试的 14 件样品中发现稀有金属元素 Rb、Cs、Nb、Ta 较富集，这暗示铍（Be）可能与 Rb、Cs、Nb、Ta 等共/伴生存在，该地区有铷、铯、铌、钽矿成矿的可能性。另外，Rb、Nb 在多数样品中显示出了高的丰度，说明除已发现的稀有金属铍矿床外，Rb、Nb 可能也是具有较大潜力的稀有金属成矿元素，该地区稀有金属成矿可能性较大。

目前，一些学者对柴北缘地区稀有（土）金属矿的成矿可能性也作过研究，比如在柴北缘茶卡北山地区发现了印支期锂辉石伟晶岩脉群、在沙柳泉发现了伟晶岩型铍铌钽矿、在石乃亥发现了铌钽铷矿点等。地球化学特征与勘探事实均证明在柴北缘地区稀有金属矿产成矿可能性较大，Be、Rb、Li、Cs、Nb、Ta 等为潜在的稀有金属成矿元素。

表 4-4 样品微量元素测试结果（10^{-6}）

样号	ZK801-2	ZK801-4	SLQ 6-1	SLQ 9-1	CCXK 21-1
Ba	204.00	884.00	75.20	2390.00	1915.00
Ce	8.50	117.50	4.20	14.30	186.00
Cr	50.00	30.00	<10.00	30.00	10.00
Cs	30.30	7.10	15.20	1.60	2.60
Dy	0.60	8.20	0.40	0.90	2.60
Er	0.30	5.00	0.10	0.40	0.70
Eu	0.20	1.30	<0.02	1.10	1.90
Ga	23.70	20.90	60.30	12.50	23.00
Gd	0.64	8.32	0.48	1.21	5.72
Hf	2.00	7.00	1.10	1.10	10.30
Ho	0.10	1.70	0.10	0.20	0.40
La	4.50	55.50	1.70	7.10	98.20
Lu	0	0.80	0	0	0.10
Nb	56.30	14.20	181.50	2.90	20.90
Nd	3.60	44.20	2.10	6.90	67.30
Pr	1.00	12.70	0.60	1.80	19.50
Rb	576.00	135.50	675.00	171.50	150.00
Sm	0.80	8.60	0.90	1.50	10.10
Sn	77.00	3.00	57.00	1.00	4.00
Sr	99.10	254.00	7.40	434.00	761.00
Ta	29.90	1.10	20.30	0.20	1.40
Tb	0.10	1.30	0.10	0.20	0.70
Th	1.90	20.90	7.10	0.60	39.00
Tm	0.10	0.80	0	0.10	0.10
U	2.10	3.60	0.30	0.80	3.80
V	32.00	35.00	<5.00	34.00	37.00
W	1.00	4.00	34.00	<1.0	1.00
Y	2.90	48.70	1.40	4.30	10.50
Yb	0.20	5.20	0.20	0.30	0.40
Zr	40.00	238.00	14.00	36.00	451.00
Al_2O_3	15.80	17.40	15.30	13.80	17.40
As_2O_3	<0.01	<0.01	<0.01	<0.01	<0.01

（续表）

样号	ZK801-2	ZK801-4	SLQ 6-1	SLQ 9-1	CCXK 21-1
BaO	0	0.10	0	0.20	0.20
Bi	<2.00	<2.00	<2.00	<2.00	<2.00
CaO	1.10	1.50	0.10	1.20	2.70
Cl	<0.01	0	<0.01	0	0
CoO	<0.01	<0.01	<0.01	<0.01	<0.01
Cr_2O_3	0	0	0	0	0
CuO	<0.01	<0.01	<0.01	<0.01	<0.01
F	<0.10	<0.10	0.10	<0.10	<0.10
TFe_2O_3	1.60	4.10	1.40	1.10	4.20
K_2O	4.80	3.20	3.70	6.20	4.70
MgO	0.90	1.60	0.20	0.30	1.40
MnO	0.20	0.20	0	0	0.10
Mo	<1.00	<1.00	<1.00	1.00	1.00
Na_2O	4.20	2.60	2.20	2.80	4.10
NiO	<0.01	<0.01	<0.01	0	0
P_2O_5	0.40	0.10	0.10	0.10	0.30
PbO	<0.01	<0.01	<0.01	<0.01	0
SiO_2	69.80	67.20	75.20	73.70	62.60
SnO_2	0	<0.01	0	<0.01	0
SO_3	0	0	<0.01	0	0
SrO	0	0	<0.01	0.10	0.10
TiO_2	0.10	0.30	0	0.10	1.00
V_2O_5	0	<0.01	<0.01	<0.01	<0.01
W	<10.00	<10.00	40.00	<10.00	<10.00
ZnO	0	0	0	<0.01	0
ZrO_2	<0.01	0	<0.01	<0.01	0.10
LOI1000	1.00	1.90	1.90	0.60	1.90

根据表 4-4 中所出数据可知,柴北缘岩体中 Na_2O 的含量介于 $2.2 \times 10^{-6} \sim 4.2 \times 10^{-6}$, K_2O 的含量介于 $3.2 \times 10^{-6} \sim 6.2 \times 10^{-6}$, SiO_2 的含量介于 $62.6 \times 10^{-6} \sim 75.2 \times 10^{-6}$, TFe_2O_3 的含量介于 $1.1 \times 10^{-6} \sim 4.2 \times 10^{-6}$, Al_2O_3 的含量介于 $13.8 \times 10^{-6} \sim 17.4 \times 10^{-6}$, CaO 的含量介于 $0.1 \times 10^{-6} \sim 2.7 \times 10^{-6}$, BaO 的含量介

于 $0 \sim 0.2 \times 10^{-6}$，MgO 的含量介于 $0.2 \times 10^{-6} \sim 1.6 \times 10^{-6}$，MnO 的含量介于 $0 \sim 0.2 \times 10^{-6}$，$P_2O_5$ 的含量介于 $0.1 \times 10^{-6} \sim 0.4 \times 10^{-6}$，$TiO_2$ 的含量介于 $0 \sim 1 \times 10^{-6}$，V_2O_5 的含量小于 0.01×10^{-6}。而根据 SiO_2 的含量分析，可得出柴北缘含矿岩体属于中性岩向酸性岩的过渡类型。柴北缘铍铌钽矿床明显富集 Nb（$2.9 \times 10^{-6} \sim 181.5 \times 10^{-6}$）、Ta（$0.2 \times 10^{-6} \sim 29.9 \times 10^{-6}$）、Hf（$1.1 \times 10^{-6} \sim 10.3 \times 10^{-6}$）等高场强元素，而亏损 Sr（锶）、Ba（钡）、Cr（铬）等低场强元素，说明柴北缘含矿岩体原始岩浆很有可能起源于地壳，并在演化过程中伴随有地幔交代作用。

根据样品分析结果来看，稀土总量上存在较为明显的差异，这有可能是样品采集的地理位置不同所导致的。但标准化图及蛛网图显示样品的各种元素行为特征都较为相似，都是具有 LREE 富集，Eu 元素轻微负异常的地球化学特征，表明样品在成因上应该具有一定的联系，暗示成岩过程可能有地壳物质加入。其中部分样品 REE 总量较低，可能是因为柴北缘岩体在成岩过程中经历了多期次矿物结晶分异作用。而部分样品 REE 总量较高，可能是由于含稀土元素的各种岩石矿物颗粒间或颗粒表面对稀土元素的吸附作用引起的。

矿区花岗岩样品 REE 元素总量在 $12.3 \times 10^{-6} \sim 404.22 \times 10^{-6}$，平均值为 160.04×10^{-6}，δEu 范围为 $0.08 \times 10^{-6} \sim 2.42 \times 10^{-6}$，平均值 0.90×10^{-6}。前人研究发现花岗岩 REE 元素特征为较强的 Eu 负异常，而柴北缘矿区花岗岩 δEu 范围为 $0.08 \times 10^{-6} \sim 2.42 \times 10^{-6}$，Eu 异常不是特别明显，且具有 LREE 富集，HREE 亏损的特征，Eu 轻微负异常。稀土元素分布形式较陡的元素特征，表明柴北缘含矿岩体成岩过程中可能伴随着结晶分异作用，而在柴北缘含矿区采集样品的地理位置的不同，也有可能导致其元素含量及性质具有显著的差别。

4.6　本章小结

测试任务是在青海省地质矿产测试应用中心和广州澳实矿物实验室完成，测试方法包括 ME-MS81 熔融法电感耦合等离子体质谱测定和 P61-XRF26FsX 射线荧光光谱仪低硫低氟岩石主量分析。花岗岩类 TAS 分类图和 A/NK-A/CNK 判别图等图解，通过对主量元素的简单分析，判断柴北缘地区铍（铌钽）矿床的属性、物源以及演化趋势，即柴北缘含矿岩体有由中性向酸性演化的趋势。原始岩浆可能起源于亏损地幔。柴北缘含矿岩体在演化过程中，可能伴随有角闪石等矿物的结晶分异作用。基于对微量元素的分析,认为柴北缘岩体明显富集 Nb、Hf、Ta 等高场强元素,而亏损 Sr、Ba、Cr 等低场强元素。由岩浆岩微量元素比值也可知,柴北缘含矿岩体原始岩浆很有可能起源于地壳,并在演化过程中伴随有地幔交代作用,而且柴北缘含矿岩体的物质来源并不是来自富集地幔,而是来自亏损地幔。通过对稀土元素的简单分析,可以得出柴北缘含矿岩体具有 LREE 强烈富集以及 HREE 相对亏损的特征,Eu 表现为较为微弱的负异常。

根据样品分析结果来看,稀土总量上存在较为明显的差异,这有可能是样品采集的地理位置不同所导致的。但标准化图及蛛网图显示样品的各种元素行为特征都较为相似,都是具有 LREE 富集,Eu 元素轻微负异常的地球化学特征,表明样品在成因上应该具有一定的联系,暗示成岩过程可能有地壳物质加入。其中部分样品 REE 总量较低,可能是因为柴北缘岩体在成岩过程中经历了多期次矿物结晶分异作用;部分样品 REE 总量较高,可能是由于含稀土元素的各种岩石矿物颗粒间或颗粒表面对稀土元素的吸附作用引起的。稀土元素分布形式较陡的元素特征,表明柴北缘含矿岩体成岩过程中可能伴随着结晶分异作用,而在柴北缘含矿区采集样品的地理位置的不同不同,也有可能导致其元素含量及性质具有显著的差别。

第五章

典型铍矿床成因分析

　　研究区在成矿区带上归属于东昆仑成矿省的欧龙布鲁克—乌兰锋(金、银、铋、稀有、稀土)成矿带,此成矿带为我国西部一个重要的成矿区域,是青海省内稀贵金属矿产的成矿有利地区。

　　该区域内有色金属、稀有(土)金属等成矿元素富集,成矿事实较多,这与成矿带内有利的成矿地质条件密不可分,正是因为该区域具备良好的成岩成矿地质条件,才使成矿物质迁移、富集、成岩、成矿。柴北缘关键金属矿床成矿的地质条件主要包括如下几个方面。

5.1　地层条件

　　地层对矿产的成矿作用主要体现在三个方面:一是不同时代的地层对不同成因类型的矿产和不同的矿种有着不同的控制作用,即柴北缘关键金属矿床与特定的地层、特殊的岩石或岩石组合有关;二是地层可以为成矿作用提供一定的成矿物质;三是地层的一些物理化学性质对成矿物质的运移、富集、成矿有很大的影响。

　　柴北缘地区的铍矿属于花岗伟晶岩型,此地区的伟晶岩脉主要以顺层的方式侵入古元古界达肯大坂岩群(Pt_1D)、早古生界寒武-奥陶系滩间山群($\in_3$-O_3T)、晚古生界石炭系中吾农山群果可山组(C_3gk)和中生界三叠系江河组(T_2j)等地层中,其次在裂隙等的薄弱部位也以穿层的方式侵入这些地层中,其中含铍矿的伟晶岩脉多产于古元古界达肯大坂岩群(Pt_1D)中。在察汗诺、生格等地区侵入达肯大坂岩群的片麻岩岩组(Pt_1D_1)和大理岩岩组(Pt_1D_3)的伟晶岩脉中有铍铌钽的矿化现象。古元古界达肯大坂岩群(Pt_1D)为研究区内铍矿的主要赋矿地层。古元古界达肯大坂岩群(Pt_1D)对柴北缘地区铍矿的运移、富集起着决定性的作用,它为主要的控矿因素之一。

含矿伟晶岩脉的展布方向以北西向为主,常呈脉状、透镜状和不规则状,多成群、成带产出。沿构造破碎带、地层裂隙等通道,富含挥发分的后期硅铝质岩浆侵入屏蔽性较好的达肯大坂岩群(Pt_1D)中,富集了伟晶质岩浆,该岩浆沿裂隙贯入,在迁移过程中迅速结晶分异,岩浆中稀有金属元素等聚集、迁移,最终富集成矿。研究区稀有金属地质简图见图5-1。

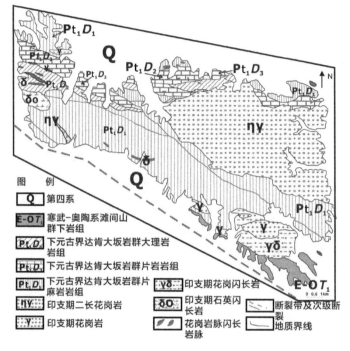

图5-1 研究区稀有金属地质简图

5.2 构造条件

构造与成矿的关系非常密切,它既可作为成矿流体运移的直接通道(导矿构造),也可作为矿体就位的成矿空间(容矿构造),还可以控制矿体的分布与展布(控矿构造)。不同等级的构造控制着不同的地质体,在不同的成矿过程中起着主导作用,各级构造又相互依存,相互影响,共同控制着成岩成矿。

5.2.1 深大断裂与成矿

目前,对于深大断裂与矿床形成关系的研究越来越多,深大断裂对于成矿有促进作用的观点已经得到了广泛的认可。现代矿床学研究表明,深部物质的加入、深部地质过程的参与对于很多矿床的形成起着十分重要的作用,而深大断裂往往为深部地质过程和深部物质参与成矿提供通道,起到桥梁作用。深大断裂为岩石圈尺度的一个薄弱带,一方面它可以为岩浆侵入、深部成矿物质运移、流体上升等提供通道,另一方面它也是地幔岩石圈和地壳岩石圈相互作用的基础。

根据本次研究,柴北缘地区铍矿床的物质来源既与地壳有关,又与地幔有关。前人的研究表明柴北缘赋矿(稀有金属铍铌钽)伟晶岩的起源具有壳幔深部热液流体的参与与结晶混合特征,这两者说明柴北缘铍矿床的成矿离不开深大断裂的存在与作用。

在研究区内,深大断裂有宗务隆山—青海南山断裂、哇洪山—温泉断裂和柴北缘—夏日哈断裂,这些断裂对于地层的展布、岩浆岩的侵入活动等的控制较为明显。柴北缘伟晶岩型稀有金属矿主要产出于早中生代,此阶段为印支运动时期。柴北缘印支期岩浆岩主要包括上地幔岩浆岩、下地壳岩浆岩和中上地壳岩浆岩。前人的研究表明,这一阶段该区域内为俯冲-碰撞的动力学背景,在此背景下,易引发幔源岩浆对下地壳的底侵作用。研究区内的花岗岩体中发育有暗色微粒包体,这暗示幔源岩浆不但为壳源岩浆提供了热源,而且幔源岩浆也作为一个端元参与了岩浆的演化。柴北缘地区中酸性岩的形成是由于镁铁质的岩浆底侵烘烤而使得不同深度的地壳部分熔融而产生长英质的岩浆,长英质岩浆在经历分离结晶和不同程度的幔源岩浆的混合后形成不同类型的中酸性岩。赋矿地层、侵入岩等受断裂的控制,伟晶岩脉常填充在断裂带及次级裂隙中。所以,深大断裂的存在是柴北缘铍矿床形成的重要条件。

5.2.2 构造与控矿、容矿

在深大断裂的作用及影响之下所形成的次级断裂构造对于柴北缘铍矿床主要起控矿及容矿作用。

研究区内主要发育有北西向、北东向、近东西向三组断裂,它们纵横交错、成群出现,具有多旋回、多期次活动的特点。赋矿地层、侵入岩、伟晶岩等受北西向和近东西向断裂的控制,其的产出、展布、就位均在断裂带内或受断裂的控制。沿断裂及其次级裂隙构造有大量的岩脉充填,其中与稀有金属成矿有关的伟晶岩脉较发育,后期在构造裂隙中热液充填可对稀有(土)、放射性元素等起进一步的富集作用,故铍矿可在构造裂隙或旁侧的地层及岩体中成矿。除此之外,由于构造运动的促进作用,可扩大成矿空间,在研究区北东侧地层与岩体接触带附近,断裂构造较为发育,相对脆性的角山正长岩体易于破碎形成破碎蚀变带,相对韧性的片岩地层易于沿片理形成韧性剪切带,石英岩脉、花岗伟晶岩脉可沿裂隙充填成矿。

由此可见,研究区内的北西向、近东西向断裂为铍矿的主要控岩构造,而北西向、北东向、近东西向断裂及其次级裂隙控制着含矿伟晶岩脉的产出状态,它们可作为容矿构造,铍矿可在其中或其附近成矿。

5.3 岩浆岩条件

岩浆岩与成矿的关系极为密切,它一方面可以为成岩成矿提供丰富的物源;另一方面,它是成矿作用最重要的热动力,可促进成矿作用进行。

柴北缘地区岩浆活动频繁,岩浆岩分布广泛,其中以中-酸性岩为主,与岩浆岩有关的成矿作用较显著。在研究区内与岩浆岩相关的铍矿等稀有金属矿床成矿类型为岩浆型矿床与伟晶岩型矿床。与稀有金属锂铍铌钽的成矿有关的岩浆岩主要为花岗岩类和伟晶岩(脉),在花岗伟晶岩的结晶分异边缘及后期的构造裂隙发育地段稀有金属元素、放射性元素等有所迁移、聚集,可富集成矿。岩浆岩的侵入活动受区域构造的控制较为明显,整体上呈北西—南东向展布。伟晶岩脉具有多期性,多以岩株状、透镜状等产出于侵入岩体中。在研究区内的夏日达乌等地区产出有与中性岩浆、酸性岩浆侵入活动有关的稀有金属矿床,主要为铍、铌矿床,该类矿床的类型以岩浆型为主,其成矿作用的强度较大,矿化也较普遍。在察汗诺等地区主要产出与印支期岩浆活动有密切联系的稀有金属矿床,主要为锂、铍矿床,岩浆活动中侵入岩的类型也同样为中-酸性岩,矿床类型以伟晶岩型为主。

岩浆作用对于柴北缘地区铍矿的形成最为重要的贡献是提供热源和物源条件。本次研究的近矿围岩样品和铍矿石样品的地化特征显示成岩成矿物质的来源有地幔岩浆的加入。在印支期该区域内俯冲-碰撞的动力学背景引发的幔源岩浆对下地壳的底侵作用促进了花岗质岩浆的大规模活动,它一方面使地幔物质与地壳物质混合上移,为后期的成岩成矿提供物质来源;另一方面深部运动产生的能量成为成矿热源的主要部分并使成矿流体、成矿物质上升运移。

5.4　成矿物质来源

成矿物质来源的推断是矿床研究中十分重要的内容,它对于认识矿床的形成条件、分布产出等非常关键。

δEu 值与 δCe 值的变化直接反映稀土元素 Eu 与 Ce 的异常情况,它们可反映体系内的地球化学状态,并可作为研究物质来源的重要参数。其中, δEu 的值可以反映整个体系的相对氧化还原程度,一般情况下,当氧逸度增加时, δEu 值增大;当氧逸度减小时, δEu 值减小。本次研究样品的 δEu 值和 δCe 值除极个别外均小于 1,这指示成岩成矿发生于相对氧化的环境中。

本次研究的样品中富含陆壳中丰度较高的 Rb、Ba 等不相容元素,这暗示物质来源与地壳有关。地壳岩石或其熔融体中具有的 TiO_2,研究区内的样品中 TiO_2 的含量低,平均值仅为 0.27%,这进一步说明物质来源与地壳相关。陈西京认为深成伟晶岩(白云母伟晶岩)形成的深度为 7～11 km,产于高压高温的铁铝榴石-角闪石变质相岩石中;中深伟晶岩(稀有金属伟晶岩)形成的深度为 4～7 km,产于低压-中高温的董青石-角闪石变质相岩石中。

研究区内的伟晶岩大多出露于古元古界达肯大坂岩群中,岩石类型为低角闪岩相,岩相学特征显示,白云母为伟晶岩岩石的主要矿物成分之一,故研究区内伟晶岩可能有中深-深成伟晶岩的特性,这与伟晶岩的物质来源与地壳有关的结论相一致。9 件样品的 Rb/Sr 值分别为 5.81、0.32、91.22、0.40、0.26、0.53、2.72、1.79、0.21,不完全位于壳源岩浆的 Rb/Sr 值范围内(壳源岩浆 Rb/Sr>0.5),说明物质来源不仅仅与地壳有关。微量元素 Sr 含量的范围为 7.40×10^{-6} ～ 434.00×10^{-6},平均为 221.11×10^{-6},此值与富集地幔 Sr 的值相差大,它介于亏损地幔 Sr 的值和下地壳 Sr 的值之间(富集地幔 Sr 值为 $1\,100 \times 10^{-6}$,亏损地幔 Sr 值为 20×10^{-6},下地壳 Sr 值为 290×10^{-6}),这说明岩浆的物质

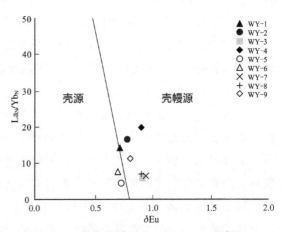

图 5-2　柴北缘地区 La_N/Yb_N-δEu 图解
(底图据陈佑纬,2009)

来源与深部地壳或者地幔有关。Nb/Ta 的值分别为 1.88、9.89、8.94、14.50、6.00、12.91、9.63、12.77、13.67,大部分位于下地壳 Nb/Ta 的值与地幔 Nb/Ta 的值之间(下地壳 Nb/Ta 值为 8.30,地幔 Nb/Ta 值为 17.70),这说明物质来源既与地壳有关又与地幔有关。在 $La_N/Yb_N - \delta Eu$ 图解(图 5-2)中,大部分样品落在了壳幔源所代表的区域内,这再次证明了物质来源既与地壳有关又与地幔有关。

综上所述,柴北缘铍矿床的成岩成矿发生于相对氧化的环境中,物质来源既与下地壳有关又与地幔有关。

5.5 成岩成矿时代

许多学者对柴北缘地区与稀有金属成矿有关的岩石做了成岩成矿时代的研究,并取得了相应的成果。吴才来等对柴北缘乌兰地区的花岗岩类做过分析,获得的锆石 SHRIMP U-Pb 年龄为 254～240 Ma(晚二叠世—早三叠世),又分为三次侵位,分别为 254～251 Ma、250～248 Ma、245～240 Ma,所对应的岩石组合为闪长岩、花岗闪长岩和花岗岩。王秉璋等对柴北缘茶卡北山地区的伟晶岩做了深入的研究,其测得的含稀有金属(铍与锂)伟晶岩锆石 U-Pb 成岩成矿年龄为 217 Ma(晚三叠世)。程婷婷对柴北缘乌兰地区的侵入岩进行了锆石 U-Pb 年代学研究,所得到的结果是辉长岩形成于 246±0.7 Ma(早三叠世)、闪长岩形成于 245±0.7 Ma(早三叠世)、花岗闪长岩形成于 242±0.8 Ma(早三叠世)、花岗岩形成于 241±0.9 Ma(早三叠世—中三叠世)。陈金对柴北缘生格地区的中-酸性侵入岩做了锆石 U-Pb 定年,测得钾长花岗岩体形成于 213.9±5.6 Ma(晚三叠世),这与强娟对该岩体定年所得出的结论基本一致,强娟测得的锆石 U-Pb 为 215±0.78 Ma(晚三叠世)。潘彤等对柴北缘地区稀有金属矿的成矿条件及找矿潜力进行了研究,得出的结论是柴北缘地区伟晶岩型稀有金属矿主要产出于早中生代,即 205～252 Ma。

5.6 构造环境

不同的构造环境下可形成不同类型的岩石,一些矿产又与特殊的岩石或岩石组合有密切的联系,构造环境的判别是岩石研究与成矿研究的重要内容之一。

在花岗岩方面,我国著名的岩石学家王德滋提出了 5 种构造岩浆组合类型:
①俯冲消减型;②碰撞型;③陆壳伸展减薄型;④类裂谷型;⑤裂谷型。本次研究
的样品由主量元素含量可以看出,样品的 K_2O 和 Na_2O 的含量较高,即全碱含量
较高,CaO 的含量除个别样品之外也相对较高,这与形成于大陆弧或板块碰撞环
境下的花岗岩的特征相似。在稀土和微量元素方面,δEu 的值均小于 1.00,表现
为 Eu 负异常,轻重稀土分异较明显,Sr、Y 亏损,Rb、Ce 相对富集,这与造山期形
成的碰撞型花岗岩的特征相似。地球化学特征暗示伟晶岩形成的构造环境可能
为板块碰撞环境。

在 Nb-Y 构造环境判别图(图 5-3)中,所有样品都落在 VAG + syn-COLG
(火山弧花岗岩和同碰撞花岗岩)所表示的范围内;在 $W(TFeO)$-$W(MgO)$ 构造
环境判别图(图 5-4)中,所有样品都落在 IAG + CAG + CCG(岛弧花岗岩、大陆弧
花岗岩和大陆碰撞花岗岩)所表示的范围内。

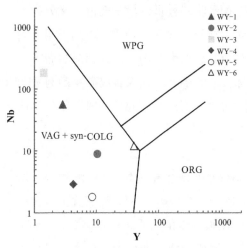

WPG:板内花岗岩;ORG:大洋脊花岗岩

图 5-3　Nb-Y 构造环境判别图
(底图据 Pearce J A et al.,1984)

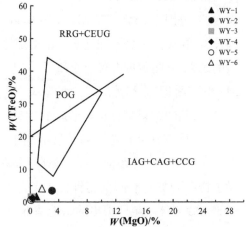

syn-COLG:同碰撞花岗岩;IAG:岛弧花岗岩;
CAG:大陆弧花岗岩;VAG:火山弧花岗岩;
CCG:大陆碰撞花岗岩;POG:后造山花岗岩;
RRG:与裂谷有关的花岗岩;CEUG:与大陆的造
山有关的花岗岩

图 5-4　$W(TFeO)$-$W(MgO)$ 构造环境判别图
(底图据 Batchelor R A et al.,1985)

柴北缘地区铍矿床的成岩成矿时代为三叠纪,柴北缘为一个经历了 4 次主要
构造旋回的具有复杂演化历史的多旋回复合造山带。潘彤等认为早古生代和晚

古生代—早中生代构造旋回与柴北缘金属矿床的形成关系密切,此区域的伟晶岩型稀有金属矿主要产出于早中生代,伟晶岩是早—晚三叠世此地区进入陆内碰撞造山后期岩浆演化的产物。邓晋福等指出 Pearce 等在 1984 年制定的 Rb-Y-Nb-Ta 系统构造环境判别图解中的 syn-COLG(同碰撞花岗岩)为陆内块体碰撞造山的花岗岩类,也为造山期较后阶段的碰撞花岗岩类,这表明同碰撞花岗岩即为陆内碰撞造山后期的花岗岩。

VAG 代表的是火山弧花岗岩,WPG 代表的是板内花岗岩,syn-COLG 代表的是同碰撞花岗岩,ORG 代表的是大洋中脊花岗岩。从图 5-3、图 5-4 中可以判断出样品分布于火山弧与碰撞区内,因此花岗岩种类为火山弧花岗岩或碰撞成因花岗岩,并且研究区内大部分花岗岩体形成时代为加里东造山作用时期,各岩石的形成与板块深俯冲和陆陆碰撞作用有密切的关系,因此推断区内花岗岩形成于陆缘弧与碰撞造山并存的环境。

柴北缘地区处于多旋回弧盆造山体系,区内和稀有金属矿的形成关联最为紧密的是早古生代和晚古生代—早中生代的构造旋回。柴北缘地区的伟晶岩脉不连续产出,西从阿尔金山龙尾沟开始,经过鱼卡河到乌兰县沙柳泉、青海南山等地区,长度可达 200 km 以上,具有在部分地区集中出露的特点。区内伟晶岩脉多侵入古元古界达肯大坂岩群和早古生界滩间山群等地层中,具有成带、成群的产出特征,岩脉以不规则脉状、大小不一的透镜状、团块状为主,脉体的走向主要是北西向。铍铌钽等稀有金属矿主要在伟晶岩脉中产出,铍主要在绿柱石中产出,铌钽主要赋存于铌钽铁矿中。柴北缘有着极其复杂的动力环境和长期存在的应变环境,多阶段构造的综合作用,多阶段不同构造体制的改变、不同的造山作用类型的更改和不同盆地种类的相互转换,连续发生的多阶段构造-热事件,多阶段地质发展史的演化推进等,都对本区矿产资源的形成有着控制作用,对本区矿床的种类、规模和赋存状态等也都会产生很大影响,从而形成构造-岩浆-成矿作用。

综上所述,伟晶岩形成的构造环境可能为陆内碰撞环境。

5.7　成岩成矿动力学条件

柴北缘地区所处的构造位置特殊,构造演化复杂,共经历了 4 个主要的构造旋回,包括前寒武纪古陆形成、早古生代造山、晚古生代—早中生代造山、中新生代叠复造山。其中,与研究区内金属矿床的形成关系较大的是早古生代造山和晚古生代—早中生代造山两个构造旋回。早古生代构造旋回可概括为在早古生代初期,欧龙布鲁克陆块瓦解,形成了一套陆缘碎屑岩;寒武纪末,古洋壳向北俯冲,并牵引柴达木地块的硅铝质地壳开始向北的陆壳俯冲,并发生部分熔融,其熔融物质上升运移,侵入陆块南缘形成花岗闪长岩;志留纪初,加里东第二运动相继发生,原槽型区褶皱、回升、固结成陆,并形成山系。晚古生代—早中生代构造旋回可概括为晚二叠世之前,柴北缘地区一直处于造山旋回阶段;晚二叠世,形成残余海盆;在三叠纪,东昆仑南造山带向北发生了俯冲作用,并引起柴北缘地区各构造带之间发生陆内走滑碰撞,导致大量的中酸性花岗岩侵位,这俯冲-碰撞的动力学背景也引发了幔源岩浆对下地壳的底侵作用。柴北缘地区中性岩和酸性岩的形成与底侵作用密不可分,幔源岩浆的底侵烘烤使不同深度的地壳部分熔融产生长英质岩浆,此岩浆在经历分离结晶和幔源物质的混合后最终形成了中酸性岩。

由此可见,寒武纪末柴达木地块向北部陆壳俯冲使物质熔融并上升、三叠纪俯冲作用引起研究区内各构造带间陆内走滑碰撞及幔源岩浆对下地壳的底侵作用这几个事件对成矿意义重大。柴北缘铍矿床的成矿物质来源既与下地壳有关又与地幔有关,铍矿床的成岩成矿时代为三叠纪,含矿伟晶岩形成的构造环境可能为陆内碰撞环境,则表明后两个地质事件与成矿的关系更为密切。柴北缘铍矿床形成的动力学背景与众多造山型矿床类似,即俯冲汇聚及碰撞引起挤压造山,在这一过程中伴随着岩浆的演化、流体的运动、壳幔物质的相互混合、成矿物质的运移等,并且这一过程也会促进铍等元素的活化、运移、聚集,它们使成矿所需条件逐渐成熟。在柴北缘地区,俯冲-碰撞的动力学背景还引发了幔源岩浆对下地壳的底侵作用,底侵作用有利于岩浆活动、壳幔混合与岩石形成,进一步促进铍矿床的成岩成矿。

5.8　本章小结

地层对矿产的成矿作用主要体现在三个方面:一是不同时代的地层对不同成因类型的矿产和不同的矿种有着不同的控制作用,即柴北缘关键金属矿床与特定的地层、特殊的岩石或岩石组合有关;二是地层可以为成矿作用提供一定的成矿物质;三是地层的一些物理化学性质对成矿物质的运移、富集、成矿有很大的影响。构造与成矿的关系非常密切,它既可作为成矿流体运移的直接通道(导矿构造),也可作为矿体就位的成矿空间(容矿构造),还可以控制矿体的分布与展布(控矿构造)。不同等级的构造控制着不同的地质体,在不同的成矿过程中起着主导作用,各级构造又相互依存,相互影响,共同控制着成岩成矿。

岩浆作用对于柴北缘地区铍矿的形成最为重要的贡献是提供热源和物源条件。本次研究的近矿围岩样品和铍矿石样品的地化特征显示成岩成矿物质的来源有地幔岩浆的加入,在印支期该区域内俯冲-碰撞的动力学背景引发的幔源岩浆对下地壳的底侵作用促进了花岗质岩浆的大规模活动,它一方面使地幔物质与地壳物质混合上移,为后期的成岩成矿提供物质来源;另一方面深部运动产生的能量成为成矿热源的主要部分并使成矿流体、成矿物质上升运移。研究区内的伟晶岩大多出露于古元古界达肯大坂岩群中,岩石类型为低角闪岩相。岩相学特征显示,白云母为伟晶岩岩石的主要矿物成分之一,故研究区内伟晶岩可能有中深-深成伟晶岩的特性,这与伟晶岩的物质来源与地壳有关的结论相一致。

本研究对柴北缘地区稀有金属矿的成矿条件及找矿潜力进行了研究,得出的结论是柴北缘地区伟晶岩型稀有金属矿主要产出于早中生代,即 205～252 Ma。柴北缘地区铍矿床的成岩成矿时代为三叠纪。柴北缘为一个经历了 4 次主要构造旋回的具有复杂演化历史的多旋回复合造山带。地球化学特征暗示伟晶岩形成的构造环境可能为板块碰撞环境。柴北缘地区所处的构造位置特殊,构造演化复杂,经历的 4 个主要构造旋回,为前寒武纪古陆形成、早古生代造山、晚古生代—早中生代造山、中新生代叠复造山。

柴北缘铍矿床形成的动力学背景与众多造山型矿床类似,即俯冲汇聚及碰撞引起挤压造山。在这一过程中伴随有岩浆的演化、流体的运动、壳幔物质的相互混合、成矿物质的运移等,并且这一过程也会促进铍等元素的活化、运移、聚集,它们使成矿所需条件逐渐成熟。在柴北缘地区,俯冲-碰撞的动力学背景还引发了幔源岩浆对下地壳的底侵作用,底侵作用有利于岩浆活动、壳幔混合与岩石形成,并进一步促进铍矿床的成岩成矿。

第六章

典型金矿床成因分析

　　研究区域内地层分区属秦祁昆地层区的柴达木南缘分区（Ⅰ7）、东昆仑—山南坡分区（Ⅰ8）、宗务隆—泽库分区（Ⅰ9）及巴颜喀拉—羌北地层区的阿尼玛卿山分区（Ⅱ1）。大地构造位置处于东昆仑前峰弧南侧复合拼贴带东段的北部；雪山峰—布尔汉布达造山亚带中的雪峰山—布尔汉布达华力西印支期钴、金、铜、玉石（稀有、稀土）成矿带东段的北部，该带为早古生代昆仑大洋板块向柴达木板块俯冲而形成的岩浆弧带。

　　研究区内地质构造复杂，断裂发育、岩浆活动频繁，地层受断裂和岩体影响出露残缺不全。研究区处于秦祁昆成矿域东昆仑成矿雪山峰—布尔汗布达山成矿带的东段与青藏北特提斯成矿域布喀达板—青海南山成矿省鄂拉山华力西—印支期成矿带智玉—铜峪沟成矿亚带的结合部位，区内矿产资源丰富。研究区位于昆中与昆南大断裂之间，历经加里东、华力西、印支等多期洋陆、弧陆、陆陆碰撞造山、叠加构造活动，为早古生代洋陆俯冲带，带内以大规模逆冲推覆断裂为主，表现为强烈的构造混杂特征。其断裂构造以近 EW 向为主，其次为 NW、NE 向，断裂延伸长，构造蚀变带宽，表现为早期韧性变形为主，晚期叠加脆性变形，具多期活动的特征。同时区内在主断裂的两侧发育有多条规模较大的 NW、EW 向韧性剪切变形构造带，剪切带内岩石破碎，各类脉岩发育，蚀变强烈，为各类热液矿床的形成提供了极为有利的条件。区内侵入岩体较发育，侵入体有加里东期中基性岩、华力西期的各类岩体及印支期侵入岩，岩性以中酸性岩体为主，可见少量基性、超基性岩。

6.1　瓦勒尕金矿床

6.1.1　矿区地质

瓦勒尕金矿位于东昆仑东段,大地构造位置处于东昆仑前峰弧南侧复合拼贴带东段的北部,昆仑前峰弧及昆仑前峰弧南缘古生代消减杂岩带两个Ⅲ级构造单元的结合部位。区内地层受断裂和岩体影响出露残缺不全,多以岩片、断块形式出现,为一典型的有层无序的构造混杂岩带,具典型的造山带地层构造特征。地层中均有基性火山岩、碳酸盐岩分布,局部地段有超基性岩脉产出(图6-1),瓦勒尕金矿床地质状况如图6-2。

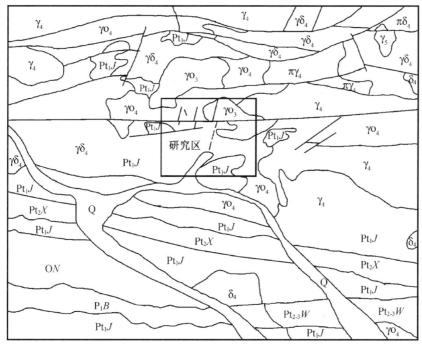

Q:第四纪冲洪积物　　　　Pt$_{2-3}$W:中-新元古代万保沟群　　　γ$_5$:印支期钾长花岗岩

πγ$_4$:华力西期似斑状花岗岩　　δo$_4$:华力西期石英闪长岩　　P$_1$B:二叠纪布青山群

Pt$_2$X:中元古代小庙岩组　　　δ$_4$:华力西期闪长岩　　　γδ$_4$:华力西期花岗闪长岩

γo$_3$:加里东期斜长花岗岩　　　ON:奥陶纪纳赤台群　　　Pt$_1$J:古元古代金水口岩群

γ$_4$:华力西期钾长花岗岩　　　γo$_4$:华力西期石斜长花岗岩　　 实测及推断岩层

图6-1　区域地质图

123

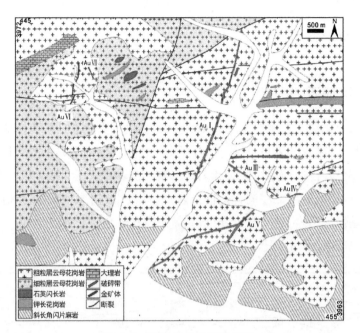

图 6-2　瓦勒尕金矿床地质图

（1）地层

典型矿集区内出露的地层主要为古元古代金水口岩群（$Pt_1 J$）的中、高级变质岩系，分布于勘查区南部，出露面积较广，发育大量变质基性火山岩（斜长角闪岩）、变质陆源碎屑岩（片麻岩类）、变质镁质碳酸盐岩。

（2）控矿构造

区内以断裂构造为主，主要是区域性断裂（昆中断裂）伴生的次级断裂构造，多为 NW、NE 向断裂，是金矿体的控矿、容矿构造，控制着金矿（化）体的产出。褶皱构造不发育。

① 东西向—近东西向断裂。此组受昆中断裂的控制，分布范围广、规模大、延伸远、延续时间长，具多期活动及多种性质的特点。断裂构造一般以压性为主，断面近直立，其与北西向与北东向两组断层多有交汇，交叉形成"X"形。断裂带内构造角砾岩和断层泥发育。该断裂控制矿化的形成和分布，可能是导矿构造，同时局部又是容矿构造。

② 北东和北西向断裂。出露于近东西向断裂之间，为近东西向构造的次级构造蚀变带，延伸不长。区内均有出露，呈雁列式分布，多为控矿和容矿构造。其中 AuⅡ、AuⅢ、AuⅣ 矿体均产于近东西向断裂 F5 次级构造交汇部位。此二组

断裂构造均具压扭性质,宽度一般在 1 米至几十米,延长一般在 2～3 km,倾向南,倾角一般为 70～75°,倾角沿倾伏方向变化较大。

③ 近南北向构造。近南北向构造出露主要有两条(F1、F2),出露于矿区中部,产于肉红色花岗岩、斜长花岗岩及花岗闪长岩岩体内,宽度一般在 1 米至十几米,延长约 5 km。走向 10～30°,倾向北北西,倾角 40～80°。构造蚀变带性质为先张后压扭,蚀变主要为强褐铁矿化,石英脉次之。其中 F2 断裂为 AuⅠ含金构造蚀变带,金矿(化)体呈透镜状、脉状。

（3）岩浆岩特征

研究区内侵入岩体较发育,主要有加里东期中基性岩、华力西期的各类岩体,多由岩株和岩基组成。其中加里东期侵入岩分布于测区东北角,位于东西向构造带卡可特尔复背斜的轴部,岩体为片麻状石英闪长岩和片麻状斜长花岗岩,二者未直接接触,属同期不同相的产物;华力西期侵入岩是勘查区及其外围侵入岩的主体,岩体侵入侏罗—白垩纪以前的地层中,岩石类型以中酸性为主,岩性以花岗闪长岩、闪长岩、石英闪长岩、斜长花岗岩为主。

6.1.2　矿体地质

（1）矿体特征

矿区内主要金矿体有 3 条(AuⅠ、AuⅥ、AuⅦ),沿 NNE 向断裂构造分布,三者呈平行分布,矿体分布特征见图 6-3,矿床矿体特征见图 6-4。

① AuⅠ矿体特征。AuⅠ矿带受 F4 断裂构造控制,长约 5 km,宽几米至几十米,走向 NNE 向,倾向西,倾角 40～80°,圈出 4 条金矿体,多呈脉状及小透镜状,矿体长 40～300 m,宽 0.94～1.86 m,金品位一般在 $(1.0～4.42)×10^{-6}$,最高含金 $12.92×10^{-6}$。

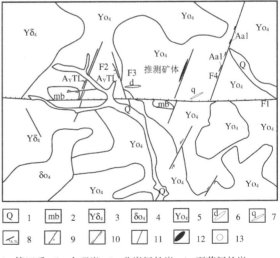

Q	1	mb	2	Yδ₄	3	δo₄	4	Yo₄	5	d	6	q	7

1：第四系；2：大理岩；3：花岗闪长岩；4：石英闪长岩；
5：斜长花岗岩；6：闪长岩脉；7：石英脉；8：金矿体位置；
9：逆断层；10：走滑断层；11：次级断层；12：推测成矿带；
13：钻孔位置

图 6-3　矿体分布特征

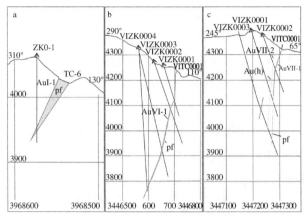

a：Au I -0 线剖面　　b：Au VI -0 线剖面　　c：Au VII -0 线剖面

1：钻孔；2：探槽；3：矿体；4：矿化带；5：破碎带；6：方位角

图 6-4　瓦勒尕金矿床矿体特征

② Au VI 矿体特征。Au VI 矿带受 F2 断裂构造控制，地表构造蚀变带长约 900 m，宽 3～8 m，走向 NE，倾向西，倾角约 75°。Au VI-1 矿体为 Au VI 矿带的主矿体，控制长约 600 m，最大控制斜深 590 m，真厚度一般在 0.5～2.05 m，金品位为 $(5.06～23.20)×10^{-6}$，最高 $90.20×10^{-6}$。Au VI 矿带两侧次级蚀变带发育，呈平行式密集分布，规模较小至中等，其形态特征、控矿因素与 Au VI 矿带相同，是变带矿带派生的次级蚀

③ Au VII 矿体特征。Au VII 矿体受 F3 断裂构造控制，位于 Au VI 矿带 NE 向，走向 NNW 向，倾向南西，蚀变带出露长约 500 m，宽 3～5 m。主矿体 Au VII-1 控制长 120 m，最大控制斜深 166 m，真厚度 0.82～1.18 m，平均真厚度 1.03 m，金品位 $(3.86～18.10)×10^{-6}$。

（2）主要矿物组成

矿石矿物以黄铁矿和毒砂为主，其次是黄铜矿、闪锌矿、方铅矿，偶见磁黄铁矿、黝铜矿、铅矾、银金矿微量。黄铁矿主要沿岩石裂隙呈细脉—浸染状分布。在其颗粒遍布有毒砂分布，有的地方见毒砂沿黄铁矿空隙分布，并交代黄铁矿。黄铁矿具轻微破碎现象，破碎裂隙有褐铁矿化现象。黄铁矿与金关系密切，是主要的载金矿物。毒砂在矿石中分布较广，含量在 1‰～8‰，他形粒状，粒径 0.03～0.65 mm，呈侵染状、星散状、细脉状等分布，主要位于黄铁矿颗粒间及破碎裂隙内，与银金矿关系密切，可见角粒状银金矿位于毒砂与石英颗

粒间。

（3）金的粒度及赋存状态

金的赋存状态有自然金和包裹金,以包裹金为主,占83%以上,裸露-半裸露的自然金约占17%,分布于黄铁矿与毒砂破碎裂隙粒间。主要形态有角粒状,其次有长半圆形、尖角粒状、次圆状、不规则角粒状,粒度范围 0.004 mm × 0.004 mm～0.052 mm × 0.052 mm。金矿石化学成分简单,主要为银金矿,金含量70.95%～80.97%,银含量 19.03%～29.05%,无其他杂质。其中铜、铅、锌硫化物包裹金约占53%,黄铁矿包裹金约占2%,石英和硅酸盐包裹金约占3%,碳酸盐包裹金约占14%,褐铁矿包裹金约占11%。

（4）主要矿石类型

矿体赋存于花岗岩内部构造蚀变带中,矿石类型主要为构造蚀变岩型,其次为石英脉型。

（5）蚀变类型

矿体产于花岗岩内部构造蚀变带中,蚀变带主要由蚀变花岗岩及石英脉组成,岩石破碎,蚀变较强。围岩蚀变主要为硅化、绿泥石化、褐铁矿化、高岭土化、绿帘石化等,靠近矿体的上盘蚀变较强。

6.1.3　成因类型

加里东造山期,沿昆中断裂带发育多条 NNW 向断裂带,含矿岩浆发育,导致成矿流体活化和成矿物质的初步富集。晚华力西—印支造山期,受构造作用影响,断裂带沿 NNW 向发生一系列继承性活动(具走滑特征),断裂带旁侧形成了一系列 NNE—NNW 向次级脆性断裂-裂隙,伴随区域热动力变质作用,深部成矿流体沿断裂带系统发生大规模迁移,沿途萃取金等成矿物质。当含金流体进入一级控矿容矿构造(脆性断裂系统)时,由于物理化学条件的变化,含金热液与岩石发生交代蚀变,最终形成金矿体。

瓦勒尕金矿床产于昆仑山北坡构造-岩浆岩带中,矿床的产出严格受区域性 NW 向断裂带控制;矿体定位于断裂带旁侧的 NNW—NNE 向脆性断裂内,矿体的形态、产状及分布均受断裂控制;矿石类型主要为构造蚀变岩型;围岩蚀变以黄铁矿化、绢云母化为基本特征。综上所述,该矿床主体应属构造蚀变岩型金矿床。

6.1.4 控矿因素

（1）地层与成矿

瓦勒尕地区成矿的基底金水口岩群为一套活动环境下的中-基性火山-沉积岩系，形成于地壳克拉通化的初始期，是壳-幔相互作用的产物。其中成矿元素 Au、Pb、Ba 等含量均大于地壳平均值，尤其是 Au 元素在该套地层的各类岩石中含量均高于地壳平均值 2～3 倍，含量变化为 $5.02 \times 10^{-9} \sim 10.00 \times 10^{-9}$，平均达 6.99×10^{-9}，因此该套地层为区内 Au 元素的高背景地层，从而为 Au 成矿奠定了物质基础。

（2）构造与成矿

瓦勒尕金矿体分布在区域性 EW—NEE 向含金构造蚀变带中，严格受断裂构造控制。断裂构造不但为成矿流体的流动渗透提供通道，也为矿体就位提供了有利的空间，断裂构造运动产生的热量也是成矿作用的热源之一。

（3）蚀变与成矿

矿区内围岩蚀变较强烈，主要有硅化、褐铁矿化、黄铁矿化、绢云母化、绿泥石化、绿帘石化、碳酸岩化、高岭土化等，硅化和褐铁矿化与金矿化关系密切。

（4）岩浆活动与成矿

瓦勒尕矿区内广泛发育华力西期斜长花岗岩及花岗闪长岩，在空间上与含金构造蚀变带关系密切。前人研究结果显示，岩石具有较高的 Au 含量，花岗闪长岩为 $(5\sim19) \times 10^{-9}$，斜长花岗岩中为 8×10^{-9}，是地壳平均值的 2～5 倍。这些岩体在地表出露面积大，不仅为成矿作用提供热液，其本身在热液活动中金被活化带出，为本区金成矿提供了热液、深部矿源和有利空间，对金成矿具有重要的控制作用。矿区北部的胭脂坝黑云母二长花岗岩体和南部的金家山角闪黑云斜长花岗岩体与金的成矿活动关系密切，岩浆活动对成矿物质的活化、迁移、交代、富集及叠加起了关键作用。

（5）地球化学组合异常

金的高异常区是找金的有利地区，各类化探异常区是本区找矿的重要方向，特别是多元素异常套合好，异常强度高，浓集中心明显的化探异常，是找金的有效标志。

6.2 阿斯哈金矿床

6.2.1 矿区地质特征

矿区出露地层简单,主要有古元古界金水口群白沙河组和第四系。

（1）古元古界金水口群白沙河组

主要分布于矿区东南部和西北部,北部也有少量分布。灰黑色-灰绿色黑云母斜长片麻岩中主要矿物有斜长石、石英、黑云母。斜长石为灰白色粒状,常富集成条带状,透镜状定向排列,含量约 30%。石英为浅灰或烟灰色,粒状,油脂光泽,平均含量约 35%。黑云母为黑色,片状,分布大体均匀,定向排列呈片麻状,含量约 30%。其他矿物含量约 5%。鳞片粒状变晶结构,片麻状构造,有些可见受挤压后呈眼球状构造。在构造破碎带处岩石发生碎裂,并有硅化、碳酸盐化等。

（2）大理岩夹长英粒岩

分布于矿区中南部,表现为白色大理岩夹条带状灰褐色的长英粒岩。大理岩呈白色,细粒结构,块状构造,主要矿物为石英、方解石。长英粒岩呈灰褐色,细粒结构,块状构造,主要矿物为石英、长石,局部有硅化、碳酸盐化等。

（3）第四系

主要为浮土、植被和残破坡积物,分布于沟谷和山岗。矿区山脉北坡浮土覆盖较厚,局部地段植被发育。

6.2.2 构造

矿区内构造主要由 4 组断裂构造组成,分别为 NNE 向、NE 向、NW 向和近 EW 向,具多期活动的特点。其中控制阿斯哈金矿Ⅰ号脉的 NNE 向断裂表现为张扭性特征,控制Ⅱ号脉的 NW 向断裂表现为压扭性特征。

（1）NNE 向（近 SN 向）断裂

主要分布在矿区的南部和中部,为张扭性或张性断裂,走向为 10~20°,倾角为 70~85°,长 600~2 400 m。在这些断裂内的蚀变带中常见褐铁矿化、硅化、碳酸盐化、高岭土化等,宽度在 5~10 m。围岩为灰白色中粗粒花岗闪长岩。

（2）NE 向断裂

主要分布在矿区的南东部和西部，为压扭性或压性断裂，走向为 30～50°，倾角为 65～75°，长 1 200～2 200 m。蚀变带宽度在 5～35 m，见有褐铁矿化、硅化、碳酸盐化、高岭土化等。围岩为花岗闪长岩、闪长岩。

（3）NW 向断裂

主要分布在矿区的中部和北部，为压性或压扭性断裂，走向为 315～325°，倾角为 50～80°，长 1 400～3 000 m。蚀变带宽度 1～45 m，常见硅质岩和蚀变闪长岩、断层角砾岩、断层泥，且有硅化、碳酸盐化、高岭土化、黄铁矿化等。围岩为花岗闪长岩、闪长岩。

（4）近 EW 向断裂

主要分布于矿区的西部和北部。为压性或压扭性断裂，走向为 90～100°，倾角为 65～75°，长 1 500 m 左右，大部分宽 1～30 m，最宽为 45 m。围岩为花岗闪长岩、闪长岩。

控制矿化形成和分布的断裂多为 NNE 向和 NW 向断裂，这两组断裂局部又是容矿构造。断裂带中含有铅、铜矿化的部位，金品位较高。金矿化还出现在碎裂岩和构造蚀变岩中，由此可见该矿区构造为成矿的重要因素。

6.2.3　岩浆活动

矿区内岩浆活动强烈，加里东中期、华力西期（早中晚）印支期和燕山早期岩浆岩均有发育，具期次多、分布广、规模大、岩类复杂的特点。其中，华力西—印支期侵入体最发育，岩石组合为中细粒石英二长闪长岩、中细粒石英闪长岩、中细粒英云闪长岩、中细粒花岗闪长岩、中细粒二长花岗岩、似斑状二长花岗岩。另外，矿区内云煌岩脉发育，空间上与矿脉密切伴生。

6.2.4　矿体特征

阿斯哈矿区分布有含金构造破碎带 10 条，金矿体 21 条，铜矿体 1 条。其中控制程度较高、产出规模较大、矿体相对稳定的有 4 条，分别为 Au Ⅰ-1、Au Ⅱ-1、Au Ⅵ-1 和 Au Ⅶ-3 矿体。

（1）Au Ⅰ-1 矿体

地表由 TCI-0301、ITC9 等探槽控制，浅部（3 463 m 中段）0～11 线采用坑探工程进行控制,长 310 m,真厚度 2.39 m,平均品位 7.34×10^{-6},最高 70.08×10^{-6},矿体产状 $115° \angle 80°$。

（2）Au Ⅱ-1 矿体

产于 Au Ⅱ含金构造破碎带中,位于 4～43 线间,由 6 条探槽、17 个钻孔和 3 430 m 中段 4～7 线按 80 m 间距用穿脉坑道控制。矿体连续性较好,是本区延长最大的一条矿体,矿体长 1 040 m,宽 0.80～3.5 m,平均真厚度 1.63 m,控制矿体最深标高 3 120 m,金平均品位 5.37×10^{-6},单样最高 32.90×10^{-6},矿体产状 $65° \angle 75°$。

（3）Au Ⅵ-1 矿体

产于 Au Ⅵ含金构造破碎带。Au Ⅵ-1 矿体地表利用 8 个探槽沿走向进行控制（ⅥTC1-7、ⅥTC9）,浅部在 25 线 3 463 m 中段施工 ⅥPD01 号坑道,在 49 线 3 503 m 中段施工 ⅥPD02 号坑道。矿体地表出露于 25～57 线,控制长度 850 m,宽 1～3.66 m,矿体产状 $110° \angle 75°$,金平均品位 5.82×10^{-6},单样最高 35×10^{-6}。在 3 463 m 中段矿体出露于 25～31 线间,控制长度 120 m,深部主要分布于 17～37 线。深部 37 线以西地段矿化强度变弱,变为矿化。矿体控制最大斜深 230 m,矿体在纵投影方向上呈长勺状。

（4）Au Ⅶ-3 矿体

产于 Au Ⅶ含矿破碎带中,盲矿体,由两个钻孔（ⅦZK03101、ⅦZK03501）控制,长 160 m,宽 6.33 m,延深 80 m,金平均品位 4.57×10^{-6},单样最高 18.50×10^{-6},矿体产状 $135° \angle 80°$,该金矿体是目前阿斯哈矿区发现厚度最大的金矿体,呈透镜状。

6.2.5　矿石类型

主要的矿石类型为构造蚀变岩型,其次为石英脉型。

（1）矿石结构、构造

矿石结构主要为半自形粒状结构、变晶结构、碎裂结构、粒状结构;矿石构造主要以块状为主,角砾状、蜂窝状次之。

（2）矿石矿物成分

矿石矿物以黄铁矿和毒砂为主,其次是褐铁矿和赤铁矿、臭葱石,其他（黄铁矿、黄铜矿、铜蓝、斑铜矿、白铁矿等）含量少,自然金和含银自然金微量。脉石矿物主要有石英、长石、黑云母,其次是方解石、绿泥石、绢云母、锆石等。矿石中与有用矿物金共、伴生的矿物主要是石英、长石、黑云母、黄铁矿、毒砂等,以及褐铁矿、磁黄铁矿、黄铜矿、铜蓝、斑铜矿、臭葱石等少量。

(3) 金的粒度及赋存状态

显微镜下构造蚀变岩型金矿石中的金粒外形多为浑圆状、长角粒状、角粒状,其次有线状、麦粒状、板片状,粒度范围 0.002 mm×0.002 mm～0.026 mm×0.035 mm,以小于 0.005 mm 为主,总体上金的粒度小于 0.01 mm。经电子扫描及能谱分析,金的化学成分简单。构造蚀变岩型金矿石中的金矿物的金含量为 77.71%～82.96%,银含量为 17.04%～22.29%,无其他杂质。本区金矿石中金的矿物为自然金和含银自然金。经物相分析,金的赋存状态主要为包裹金,主要与黄铜矿连生,包裹于黄铁矿中,其次为包裹于黄铜矿中;与毒砂连生,包裹于黄铁矿中,还有包裹于毒砂中。

6.2.6 蚀变类型

矿区围岩蚀变发育,主要蚀变类型有硅化、绢云母化、黄铁矿化、铁白云石化等。蚀变规模不大,一般出现在矿体旁侧的围岩中,宽度仅数厘米至数十厘米不等。

6.2.7 成因类型

阿斯哈金矿床产于昆仑山北坡构造-岩浆岩带中,受区域性东西向断裂带控制,金矿体分布严格受构造破碎带构造控制。金矿体均产于东昆仑东段华力西期灰白色中-粗粒花岗闪长岩体中,矿石类型主要为构造蚀变岩型。从该区地质条件和成矿地质环境、矿体特征分析,矿床成因类型应为构造蚀变岩型矿床。

6.2.8 控矿因素

(1) 成矿地层条件

矿区出露地层主要为晚古元古代金水口群白沙河组的灰黑色-灰绿色黑云母斜长片麻岩,具有中-高绿片岩相的变质。有学者研究显示,地层中具有低的 Au 和 Ag 含量,Au 平均含量为 $0.94×10^{-9}$、Ag 平均含量为 $0.033×10^{-6}$,均低于中国陆壳克拉克值。吴庭祥等(2009)通过对区域地层含矿性分析研究,认为该地层中局部有元素含量的高值点仅仅是矿化作用的结果,而没有证据表明金水口群是区域金矿的矿源层。虽然在变质过程中可能有大量的金被活化而起到成矿物质预富集的作用,但是由于变质时代与成矿时代相距太远,该地层可能很少为成矿提供成矿物质。

（2）成矿构造条件

构造活动不仅使成矿物质发生活化迁移,而且能为成矿提供赋存空间和导矿通道。阿斯哈金矿矿石类型以黄铁矿化构造破碎带矿体为主。金矿体无论在走向或在倾向上,其产状与破碎蚀变带产状一致,分布严格受破碎蚀变带构造控制。

目前区内所发现的 7 条金矿体均产于东昆仑东段华力西期灰白色中粗粒花岗闪长岩体中,且构造破碎带在本身的压扭性基础之上包含接触带构造特征。构造蚀变带中普遍具硅化、黄铁矿化、绿帘石化、绿泥石化等。矿体产于破碎带中,破碎带围岩为花岗闪长岩。组成矿体的岩石多呈碎块、粉末状。金矿体多呈脉状、似脉状集中,沿构造破碎带构造活动最强烈部位产出。在破碎蚀变带与碎裂岩交界处,即构造应力由强至弱的接合部位,或有脆性断裂叠加的构造空间是含金热液沉淀的最佳部位,易形成厚大的金矿体。在构造破碎带中,出现烟灰色网脉状石英、方解石细脉,形成以黄铁矿为主的多金属硫化物富集地段,且黄铁矿颗粒较细,以他形晶为主或晶形多样,常有较高品位的金矿体产出。带内出现硅化、黄铁绢英岩化、碳酸岩化、绿泥石化、绿帘石化、孔雀石化和多金属矿化强烈地段可形成较高品位的金矿体;而缺少以上矿化蚀变组合,较单一的强硅化体一般含金较低或不含金。

（3）围岩蚀变

矿区内围岩蚀变主要有硅化、绢云母化、黄铁矿化、绿泥石化、碳酸盐化、高岭土化等,其中与矿体关系密切的是硅化、绢云母化、绿泥石化、黄铁矿化。一般蚀变沿裂隙比较发育,近矿围岩蚀变分带明显,矿体中心或其近侧表现为硅化,并伴随有黄铁矿化,硅化程度强烈的地方矿化亦较强;再向外侧则主要表现为绢云母化、绿泥石化。

（4）岩浆活动与成矿

矿区内岩浆岩主要为早印支期花岗质侵入体,活动频繁而强烈,分布广泛。岩石类型以闪长岩、花岗闪长岩为主,其次是花岗岩和基性脉岩。矿化在时间上、空间上和成因上与形成于早印支期的酸性侵入体和基性脉岩有关,它们可能为成矿提供了驱动热源及部分物质来源。这些岩体在地表出露面积大,且在空间上与含金构造蚀变带形影相伴。阿斯哈金矿体均产于东昆仑东段华力西期灰白色中-粗粒花岗闪长岩体中。并且,阿斯哈金矿区煌斑岩(云煌岩)与成矿作用密切相关。另外,有学者研究发现,花岗岩类 Au 丰度值较高,花岗闪长岩为 $(5\sim19)\times$ 10^{-9},斜长花岗岩为 8×10^{-9},是地壳平均值的 $2\sim5$ 倍,它们为成矿提供了流体和部分物质来源。

6.3 果洛龙洼金矿床

6.3.1 矿区地质

矿区出露的地层由北向南依次为元古代金水口群云母石英片岩;纳赤台群千糜岩、千枚岩和变砂岩;牦牛山组变质砾岩夹变砂岩与千枚岩,局部还可见大理岩。

(1) 地层

① 金水口群。金水口群分布于矿区北部,岩性以片岩为主,局部可见含石榴子石片麻岩。根据矿物含量和矿物组合的不同,片岩又可分为黑云母长石石英片岩和二云母石英片岩。片岩中主要矿物为石英、长石、黑云母和白云母,片麻岩中主要矿物为石英、云母和石榴子石。整体上片状矿物可见明显定向,露头上部分片岩还保留了侵入体的产状,推测原岩可能为中酸性侵入体。根据矿物组合判定以上岩石是中高级变质作用的产物。

② 纳赤台群。矿区范围内该套地层包括灰黑-灰绿色千糜岩和灰黑色千枚岩与变砂岩互层。其中前者分布于矿区中部,后者主要分布于矿区北部。

③ 牦牛山组。矿区牦牛山组地层相对较为简单,主要为一套变砾岩夹变砂岩与千枚岩,另外在最南端还有少量大理岩出露。

(2) 岩浆岩

区内岩浆活动频繁,岩性主要为闪长岩、辉石岩、安山岩。矿区内基性脉岩发育(闪长岩、辉石岩),往往与金矿体在空间上密切伴生。

(3) 构造

矿区靠近昆中断裂,各类构造极其发育,包括脆性的断裂构造、节理构造、劈理构造以及韧性的剪切带构造、褶皱构造等(图6-5)。断裂构造主要发育于千糜岩中。根据断裂的产状,断裂构造可以分为近东西向、北西向、北东向和近南北向。其中,以北西西—近东西向断裂为主,次为北西向—北北西向、近南北向断裂。近东西向断裂构造断面南倾,倾角较陡,一般为 60～80°,断裂存在分支复合的现象,延伸远,规模大,控制了矿区内岩-矿体的空间位置、矿化及异常走向和倾向分布。受区域性断裂多期活动影响,断裂带内岩石破碎,各类脉岩发育,岩石发生强烈蚀变,千糜岩、糜棱岩发育,形成昆中断裂两侧的次级韧性剪切断裂带。近东西向断裂控制着矿体的产出,与矿体关系密切。北西向、北北西向和近南北向断裂分布于近东西向断裂两侧,一般规模不大,对矿体、矿化带具有破坏作用,多为成矿期后断裂。

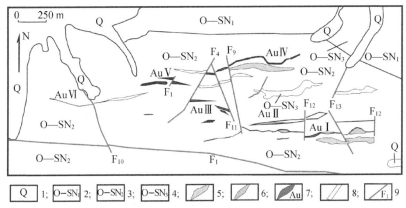

图 6-5　果洛龙洼金矿床地质图

1:第四系;2:绢云母绿泥石石英千枚岩;3:千糜岩;4:角闪片岩;5:闪长岩;
6:石英脉;7:金矿体及编号;8:破碎带;9:断裂及编号

节理构造多发育于矿区闪长岩体中,空间上存在三组共轭节理切割闪长岩。劈理构造在矿区范围内各种岩性中均广泛存在。韧性剪切带构造是矿区规模最大的构造,变形最强烈的地带位于纳赤台群和牦牛山组的接触界线,界线两侧可见揉皱石英条带、无根褶皱、旋转碎斑等记录韧性剪切运动特征的小微构造。根据野外构造的穿切和置换关系,可以将矿区构造划分为四个序次,第一序次和第二序次为韧性变形,第三序次和第四序次为脆性变形。

6.3.2　矿体地质

矿体严格受韧性剪切带控制,近东西向展布。矿体在形态上呈脉状、扁豆状、透镜状、不规则状,局部见膨缩、分枝现象。矿体总体产状随地层产状变化,一般南倾,倾角较陡,矿体长度在 80～1 100 m。

果洛龙洼金矿区目前共圈出 6 条金矿带(AuⅠ-AuⅥ),各矿带内矿体并不连

续,矿化极不均匀,矿体长度变化也很大(40~
1440 m)。各矿体走向与区域内昆中断裂基
本一致,为东西向或近东西向,矿体向南倾,倾
角变化较大(45~75°),总体上较陡。矿体多
为脉状或者透镜状,平面和剖面均可见分支复
合和尖灭再现的现象,可能与压扭性逆冲构造
有关。矿区勘探线地质剖面图见图6-6。

(1) Au Ⅰ 矿带

Au Ⅰ 矿带分布于矿区中部,为石英脉型
金矿,矿体东西向延伸,总体南倾。矿体形态
多呈透镜状及脉状(图版GL-3-4、GL-3-6、
GL-3-7),膨胀收缩及分枝复合现象明显。地
表由大量探槽控制,深部由钻孔控制。矿体品

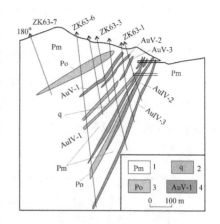

1:绢云绿泥石英片岩;2:破碎带;
3:含矿化石英脉;4:金矿体及编号

**图6-6 果洛龙洼金矿区勘探线
地质剖面图**(据王凤林 等,2011)

位变化较大,平均品位 9.002×10^{-6},一般为 $(2.03 \sim 18.75) \times 10^{-6}$,最高 182×10^{-6},浅部氧化矿局部见明金,多以细粒状、片状金产出。矿石矿物主要有黄铁矿、黄铜矿及方铅矿等,氧化带见褐铁矿。矿体局部受北东向或北西向后期断层影响有错动,断距约 10 m。

(2) Au Ⅱ 矿带

Au Ⅱ 矿带矿体分布于 Au Ⅰ 矿带以北,为石英脉矿体,地表出露长 1 050 m,宽 1.1~2.23 m,可能向深部有较大延伸。矿石特征与 Au Ⅰ 矿带相似,Au Ⅱ 矿带矿体产状 $190°\angle73°$,单样最高品位为 75.2×10^{-6},平均品位 10.306×10^{-6}。

(3) Au Ⅲ 矿带

Au Ⅲ 矿体群分布于矿区中部偏西,产状 $180°\angle68°$,为石英脉型,地表出露长 40 m,宽 0.7~1.5 m,往东西向有较大延伸,往深部矿体变宽趋势明显。而探槽见矿厚度较小,大多小于 0.8 m(可采厚度)。矿石矿物主要有黄铁矿、方铅矿等。单样最高品位为 7.88×10^{-6},平均为 5.055×10^{-6}。

(4) Au Ⅳ 矿带

Au Ⅳ 矿带矿体群为石英脉型矿体,位于 Au Ⅲ 矿带和 Au Ⅱ 矿带北侧,地表出露长 800 m,宽 0.7~4.87 m,矿体分枝复合、膨大收缩特征明显。金品位一般在 $(1.22 \sim 13.7) \times 10^{-6}$,平均品位 5.074×10^{-6},单样最高 80.75×10^{-6},往深部矿石金品位存在明显升高的趋势。

（5）AuⅤ矿带

AuⅤ矿带为蚀变千枚岩型矿体,位于 59～75 线间,矿体长 320 m,宽 1 m,延深约 150 m,由地表探槽和深部钻孔控制。金品位单样最高 11.69×10^{-6},一般在 $(0.87 \sim 3.95) \times 10^{-6}$。

（6）AuⅥ矿带

AuⅥ矿带位于矿区西部 69～131 线,为蚀变千枚岩型金矿带,矿带倾向南,倾角 55～75°,矿体具膨大收缩、分枝复合特点。北西向断层将其错开,错距在 5～15 m。

6.3.3　矿石类型

矿区矿石可以分为原生硫化物矿石和表生氧化型矿石。其中原生硫化物矿石又可以分为石英黄铁矿型矿石、石英多金属硫化物型矿石以及两者的混合型矿石。矿石组构按矿石氧化程度可分为原生矿石、氧化矿石及混合矿石,其中主要为氧化矿石,原生矿石及混合矿石较少,但向下呈明显增加的趋势,尤其是原生矿石。矿石中金属硫化物含量较低。

原生矿石矿化类型又分为石英脉型、蚀变千枚岩型(图版 GL-3-3)、构造破碎带型、脉岩型、风化淋滤富集型等(文雪峰 等,2006;杨宝荣 等,2007),主要为石英脉型和蚀变千枚岩型。

（1）矿石结构、构造

矿石结构主要包括自形结构、半自形-他形粒状结构、他形结构、脉状穿插或者网脉状结构、固溶体分离结构、碎裂结构、填隙结构、交代/交代残余结构、包含结构等。矿石构造有细脉浸染状构造、星点状构造、脉状构造、条带状构造、团块状构造、浸染状构造。

（2）矿石矿物成分

矿石矿物镜下观察主要有银金矿、自然金、黄铜矿、黄铁矿、磁铁矿、磁黄铁矿、赤铁矿、针铁矿、褐铁矿、方铅矿、闪锌矿、铜蓝等。金的赋存形式主要为裂隙金、粒间金和包裹金。

（3）围岩蚀变

矿区围岩蚀变多叠加在区域热变质和动力变质作用之上,部分热液蚀变矿物与区域变质矿物难以区分。主要蚀变类型包括含黄铁矿硅化、绢英岩化、绿泥-绿帘石化和石英碳酸盐化。

6.3.4 矿床成因

长期以来,人们对于果洛龙洼金矿的分类存在一定争议,如文雪峰等(2006)提出其为剪切带型金矿,杨小斌(2007)认为它是受岩浆-断裂叠加改造的韧性剪切带型金矿床,周凤等(2010)、胡国荣等(2010)认为其为中温热液石英脉型金矿床等。而王冠等(2012)通过研究认为,矿床成因类型为造山型金矿床,主要理由如下:①矿床位于拼贴带内,空间展布受控于区域性断裂的次级剪切带,矿床产出于挤压或扭压环境。②矿床形成与印支晚期幔源岩浆底侵运动形成的基性脉岩上侵有一定成因联系。③矿体赋存于石英脉或韧-脆性断裂带中,矿体的形态、产状、规模受构造控制明显,主要呈脉状产出。④主要成矿阶段成矿流体可能为高温低盐度富 CO_2 变质热液和低温中高盐度岩浆热液两个端元组成的混合流体。

6.3.5 控矿因素

(1) 地层与成矿

果洛龙洼金矿床赋矿地层为奥陶-志留纪纳赤台群。在矿体的两侧发育一定程度的矿化,矿化的近矿围岩中 Au 丰度值在 $(1.5 \sim 27.9) \times 10^{-9}$,平均达 10.0×10^{-9},高于中国陆壳克拉克值(表 6-1)。同时,矿区基性脉岩发育,与矿脉在空间上并存,胡荣国等(2008)通过研究认为其金质可能来源于富集地幔,由基性脉岩的侵入作用带入地壳成矿。

表 6-1 果洛龙洼金矿围岩微量元素分析结果($\times 10^{-6}$)

岩性	样品数	Au	Ag	Cu	Pb	Zn	W	Sn	Mo
纳赤台群		1.59	0.033	16.40	13.40	57.40	1.86		0.26
V_1		0.92	0.64	1.10	0.81	0.40	0.28		0.42
矿化围岩	18	10.00	0.83	62.10	18.70	57.30	1.70	0.60	2.60
V_2		53.20	1.70	7351.00	182.00	318.00	0.36	19.65	2.35
丰度		4.00	0.08	63.00	12.00	94.00	1.10		1.30

注:Au 的单位为 $\times 10^{-9}$。V 为变异系数,矿化围岩数据据张邵宁;纳赤台群数据据杨宝荣

(2) 控矿构造与成矿的关系

构造对矿床的形成有重要的作用,主要表现在三方面:一是为热液流通的通

道,起导矿作用;二是热液在构造裂隙中沉淀成矿,起容矿作用;三是使成矿物质活化转移(翟裕生 等,1993)。果洛龙洼金矿明显受区域性 NW 向大型剪切带旁侧的次级配套构造 NWW—EW 向含金构造蚀变破碎带控制,该次级构造形成较早、规模较大、发育程度较高,是主要容矿控矿断裂。赋矿围岩均为由韧性剪切作用形成的绿泥绢云千糜岩,局部夹有含炭质硅质板岩,岩石富含二氧化硅,且蚀变较强。矿区内所发现的矿体均产于下石炭统的变质岩中,矿体在遭受区域变质、动力变质和接触变质等作用以及岩浆活动所产生的热液作用下,使金活化转移、富集成矿。

(3) 成矿与蚀变关系

矿化与硅化、绢云母化、绿泥石化、黄铁矿化等热液蚀变关系密切。

(4) 岩浆与成矿

东昆仑成矿带岩浆活动比较强烈,其中以中-酸性岩浆活动为主,侵入期次有加里东、华力西、印支、燕山期,其中以华力西期最为发育,构成了一个多旋回复合岩带。区内岩浆活动频繁,金矿化明显受东西向展布的基性-酸性岩浆岩带影响,与岩脉(体)关系密切。另外,区内发育大量的基性岩脉,与金矿体在空间和时间上具有明显的联系,是金找矿过程中重要的找矿标志。

另外,区域受多期次构造活动的影响,伴随有基性和酸性侵入岩,主要有闪长岩、玄武岩、辉石岩、闪长(玢)岩,这些岩体脉岩在侵入过程中为金元素的活化、迁移、富集提供了热量来源。目前矿区发现的矿体大多位于闪长岩体的附近,且中-基性脉岩发育地段是金成矿的有利地段。在已发现的矿体中,玄武岩、辉石岩或闪长(粉)岩和金矿脉总是密切地伴生在一起。

6.4　红旗沟—深水潭金矿床

红旗沟—深水潭金矿床是在东昆仑成矿带上发现的大型岩金矿床,位于青海省都兰县诺木洪乡五龙沟地区,地处东昆仑中段北坡,行政区划属都兰县宗家镇管辖。大地构造位于东昆中陆块之东昆中岩浆弧带,介于昆中、昆北两深大断裂之间(张雪亭 等,2006),矿区构造位置见图 6-7。成矿带属伯喀里克—香日德印支期金、铁、铅、锌、石墨(铜、稀有、稀土)成矿带(Ⅲ12)、五龙沟金矿田(Ⅴ13)。

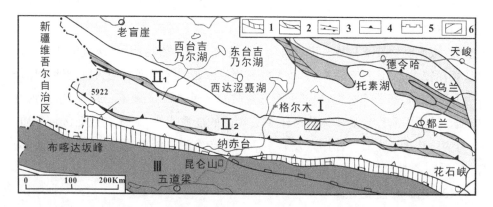

1：主缝合带；2：次缝合带；3：新元古代-早古生代结合带俯冲方向；4：晚古生代-早中生代缝合带俯冲方向；5：A型俯冲；6：矿区范围

图6-7　矿区构造位置图（据杨生德 等）

6.4.1　地层

区内出露地层以祁曼塔格群变火山岩组为主，小庙组及丘吉东沟组仅在水闸东沟段少量出露，沟谷内分布少量的第四系。

（1）中元古代长城纪小庙组

于水闸东沟南侧少量出露，岩性主要有斜长片麻岩、黑云斜长片麻岩、斜长角闪片岩。地层总体走向为北西—南东向，倾向北北东，测得地表倾角35～55°，向深部逐渐变陡，多在70°左右。该套地层与其北侧上伏的青白口纪丘吉东沟组、祁曼塔格群变火山岩组地层呈断层及不整合接触。

（2）中-新元古代青白口纪丘吉东沟组

出露于水闸东沟北西侧，走向北西—南东，倾向北东，地表倾角多在40～60°，深部逐渐变陡至65°左右。岩性为黑云石英片岩、绢云石英片岩，局部见少量大理岩，呈透镜状，长度100～300 m。与上伏祁曼塔格群变火山岩组呈断层接触，被晚三叠纪中-酸性侵入岩蚕食。

（3）下古生代奥陶纪祁漫塔格群变火山岩组

主要分布于Ⅺ号断裂带以北，呈北西—南东向带状展布，南北两侧为印支其侵入岩，倾向北东，地表测得倾角在50～60°，深部变陡后总体在67°左右。主要岩性为凝灰质板岩，夹有少量晶屑凝灰岩及硅质板岩。

6.4.2　构造

区内主要为断裂构造,呈北西—南东向。Ⅺ号断裂带是区内主干断裂带,限制于南北两条较大的断裂中,断裂带内见有众多的次级断裂和裂隙,受这些次级断裂的影响,断裂外侧几米至十几米的范围内岩石破碎且蚀变较发育。断裂带贯穿矿区中部,总体上沿晚三叠纪斜长花岗岩与奥陶纪祁曼塔格群变火山岩组、青白口纪丘吉东沟组地层的接触带分布,穿切岩体和地层。总长度大于 30 km,横贯整个金矿区,矿区内延伸长度 4.4 km,宽 30～120 m。平面上呈分支复合的辫状及网脉状,倾向亦具分支复合,断裂间相互交汇,主要由碎裂岩、构造角砾岩等组成,深部主要由糜棱岩、碎裂岩岩石及断层组成。该带两端呈撒开状,各断裂间的距离加大,其间的构造透镜体规模变大。

6.4.3　岩浆岩

区内以中-酸性侵入岩为主。三叠纪岩浆活动强烈,在区内总体呈北西—南东向展布,主要分布于祁曼塔格群变火山岩组的两侧,泥盆纪岩浆岩仅在黑石沟段有少量出露。主要岩石类型为斜长花岗岩、钾长花岗岩、辉长岩、辉石,多呈岩基状产出,辉长岩主要呈透镜状分布。表现出多期次、多类型的侵入活动特征。

6.4.4　矿体特征

金矿体主要赋存在Ⅺ号含矿破碎蚀变带中,由 120 条金矿体组成。矿体具分段集中的特点,主要集中分布于水闸东沟、黄龙沟、黑石沟三个矿段。

(1) 水闸东沟矿段主要矿体特征

矿体主要呈透镜状、条带状和脉状,矿体间近于平行排列,产状与Ⅺ号含矿破碎蚀变带产状基本相同,矿体倾向在 8～25°,倾角较陡,普遍在 75°左右,矿体沿走向具分支复合和波状弯曲现象,深部存在多处膨大部位。ZM5 主矿体赋存于Ⅺ号含矿断裂构造带水闸东沟 97～65 勘探线间,平行排列于 ZM3 号矿体南侧,两矿体相间 2～5 m。控制矿体长度 1010 m,呈条带状和似层状,具波状弯曲特征。控制的最大矿体斜深为 760 m,自北西至南东有侧伏的趋势(图 6-8)。矿体平均厚度 7.77 m,厚度稳定程度属较稳定级(91.41%)。矿体平均品位 3.44×10^{-6},有用组分分布较均匀(125.86%)。矿体倾向 10～52°,由浅部到深部倾角变化较大,总体在 65～80°。赋矿岩性主要为碎裂状斜长花岗岩、碎裂岩、糜棱岩化岩石、碎裂状黑云石英片岩、碎裂状凝灰质板岩。主要金属矿化为尖状毒砂矿化、细粒黄铁矿化、褐铁矿化，主要蚀变为硅化、绢云母化、高岭土化等。凝灰质板岩构成矿体主要的顶板围岩，其次为碎裂状斜长花岗岩，斜长花岗岩构成矿体主要的底板围岩，再次为黑云石英片岩。

（2）黄龙沟矿段矿体特征

主矿体呈似层状产出，零星矿体多呈透镜状、脉状产出，产状与破碎蚀变带产状基本一致，矿体倾向在 25～40°，倾角较陡，多在 65～85°，空间分布上膨大狭缩、分支复合及尖灭再现特征明显。该矿段规模最大的矿体为 LM8 其地表矿体分布于 35～21 勘探线，深部分布于 39～0 线，呈似层状，沿走向及倾向具波状弯曲和膨大、狭缩特点，且在空间上具多个分支。长 780 m，已控制的最大斜深近 800 m，倾向延伸大于走向长度。矿体平均厚度11.13 m，厚度稳定程度属稳定级（68.19%）。矿体倾向在 20～30°，平均品位3.4×10^{-6}，有用组分分布较均匀（132.29%），倾角较陡，多在 70～75°。矿体主要由碎裂岩、糜棱岩组成，少量为碎裂化斜长花岗岩、碎裂岩

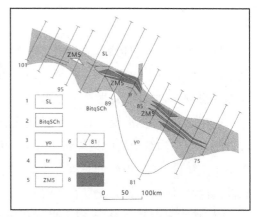

1：主缝合带；2：次缝合带；3：新元古代-早古生代结合带俯冲方向；4：晚古生代-早中生代缝合带俯冲方向；5：A 型俯冲；6：矿区范围

图 6-8　矿区构造位置图（据杨生德 等）

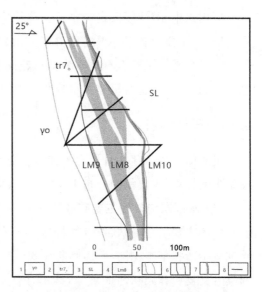

图 6-9　矿区勘探工程布置图

化凝灰质板岩，矿体中见少量同成分夹石，夹石多具金矿化现象。主要金属矿化是毒砂矿化、黄铁矿化、褐铁矿化、铅锌矿化，主要蚀变是硅化、绢云母化、绿泥石化、高岭土化。碎裂状斜长花岗岩、碎裂岩构成矿体主要的顶板围岩，碎裂岩、碎裂状凝灰质板岩构成矿体主要的底板围岩（图 6-9）。

（3）黑石沟矿段矿体特征

黑石沟矿段的矿体主要呈透镜状产出（图 6-10），零星矿体以脉状形态产出，矿体产状与含矿破碎蚀变带的产状基本相同，倾向多在 25～30°，地表向深部产状逐渐变陡，地表倾角 55～60°，深部倾角多在 70°左右。空间分布上膨大狭缩、波状弯曲及尖灭再现特征

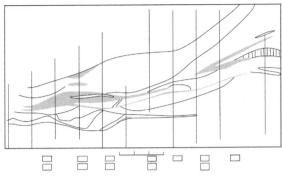

图 6-10　黑石沟段透镜状矿体示意图

明显。SM2 为主矿体，赋存于ⅩⅠ号含矿断裂构造带的北东端，黑石沟段 44～64 线，矿体地表控制长度为 636 m，矿体呈条带状或脉状基本沿蚀变斜长花岗岩或大理岩与片理化蚀变辉石岩间的断裂接触带分布。矿体的平均厚度达 5.68 m，厚度稳定程度属较稳定级（100.05%）。矿体的平均品位 2.53×10^{-6}，有用组分分布均匀（88.55%）。矿体倾向在 20～35°，倾角 55～81°。矿体主要由褐铁矿化绢云石英片岩、含碳质糜棱岩、含碳质大理岩、碎裂岩组成。主要矿化是黄铁矿化、褐铁矿化、毒砂矿化，主要蚀变是碳酸盐化、绢云母化以及高岭土化。片理化辉石岩、碎裂岩构成矿体主要的顶板围岩，大理岩及碎裂状斜长花岗岩构成矿体主要的底板围岩。

（4）矿石组成

红旗沟—深水潭矿床矿石物质组分简单，对金矿石中矿物的相对含量进行统计显示，矿石矿物以黄铁矿、磁黄铁矿以及毒砂为主，其次还有黄铜矿、磁黄铁矿、褐铁矿；脉石矿物主要有云母、石英、长石、方解石、绿泥石等。

6.4.5　矿石组构

矿石结构主要有他形粒状结构、他行—半自形粒状结构、自行—半自形粒状结构、压碎结构、乳浊状结构、包含结构；主要构造有浸染状、细脉浸染状、条带状、细脉状、网脉状。

6.4.6　金的赋存状态

主要载体金矿物为毒砂，一半以上的金矿物呈包体的形态包裹于毒砂矿物

中,两者的嵌布关系是最为紧密的。斜方砷铁矿亦是载体金矿物之一,但总体分布率较低。其余的金矿物主要嵌布于斜方砷铁矿和毒砂的颗粒间隙。矿床特征元素组合为 Au、As、Sb,毒砂矿化强弱与金矿化强度密切关联。

6.4.7 围岩蚀变

围岩蚀变类型主要有黄铁矿化、毒砂矿化、硅化、绢云母化、褐铁矿化。

6.4.8 矿石类型

根据赋矿岩性及其结构构造,金矿石可划分为 5 种工业类型:碎裂岩型金矿石、蚀变斜长花岗岩型金矿石、蚀变凝灰质板岩型金矿石、蚀变辉石岩型金矿石、糜棱岩型金矿石。以碎裂岩型金矿石、蚀度斜长花岗岩型金矿石为主。

6.4.9 矿床类型

成矿期属印支晚期—燕山早期,矿床工业类型为构造蚀变岩型,矿床成因类型属中低温岩浆热液型。

6.4.10 控矿因素

(1)岩浆与成矿

对区内出露的围岩中的地层及岩浆岩进行光谱似定量分析统计显示:地层中的金元素丰度为 4.43×10^{-6},略高于地壳中元素丰度值,岩浆岩比地层表现出更明显的富集特征,辉石岩和斜长花岗岩中浓集克拉克值分别达 6.32 和 4.55。含矿地层内未发现高品位的富集段,而含矿的斜长花岗岩内品位相对较高,可以推测晚三叠纪侵入岩在为成矿作用提供热液同时也提供了矿源。

(2)构造与成矿

区内金矿体主要赋存于构造蚀变带内及上下盘接触带附近,受构造穿切的岩体和地层形成有金矿体,充分说明了断裂构造是成矿和控矿的最主要因素,不仅为深部成矿热液的运移提供了通道,也是直接的储矿场所。

6.5 本章小结

勒尕金矿位于东昆仑东段,大地构造位置处于东昆仑前峰弧南侧复合拼贴带东段的北部,昆仑前峰弧及昆仑前峰弧南缘古生代消减杂岩带两个Ⅲ级构造单元的结合部位。区内地层受断裂和岩体影响出露残缺不全,多以岩片、断块形式出现,为一典型的有层无序的构造混杂岩带,具典型的造山带地层构造特征。瓦勒尕地区成矿的基底金水口岩群为一套活动环境下的中-基性火山-沉积岩系,形成于地壳克拉通化的初始期,是壳-幔相互作用的产物,成矿元素 Au、Pb、Ba 等含量均大于地壳平均值,尤其是 Au 元素在该套地层的各类岩石中含量均高于地壳平均值 2～3 倍,含量变化为 5.02×10^{-9}～10.00×10^{-9},平均达 6.99×10^{-9},为区内 Au 元素的高背景地层,从而为 Au 成矿奠定了物质基础。瓦勒尕金矿床产于昆仑山北坡构造-岩浆岩带中,矿床的产出严格受区域性 NW 向断裂带控制;矿体定位于断裂带旁侧的 NNW—NNE 向脆性断裂内,矿体的形态、产状及分布均受断裂控制;矿石类型主要为构造蚀变岩型;围岩蚀变以黄铁矿化、绢云母化为基本特征。综上所述,该矿床主体应属构造蚀变岩型金矿床。

阿斯哈矿区分布有含金构造破碎带 10 条,金矿体 21 条,铜矿体 1 条。其中控制程度较高、产出规模较大、矿体相对稳定的有 4 条矿体,分别为 AuⅠ-1、AuⅡ-1、AuⅥ-1 和 AuⅦ-3 矿体。阿斯哈金矿床产于昆仑山北坡构造-岩浆岩带中,受区域性东西向断裂带控制,金矿体分布严格受构造破碎带构造控制。金矿体均产于东昆仑东段华力西期灰白色中-粗粒花岗闪长岩体中,矿石类型主要为构造蚀变岩型。从该区地质条件和成矿地质环境、矿体特征分析,矿床成因类型应为构造蚀变岩型矿床。矿化在时间、空间和成因上与形成于早印支期的酸性侵入体和基性脉岩有关,它们可能为成矿提供了驱动热源及部分物质来源。

果洛龙洼金矿区靠近昆中断裂,各类构造极其发育,包括脆性的断裂构造、节理构造、劈理构造以及韧性的剪切带构造、褶皱构造等。果洛龙洼金矿床赋矿地层为奥陶-志留纪纳赤台群。在矿体的两侧发育一定程度的矿化,矿化的近矿围岩中 Au 丰度值在 $(1.5～27.9) \times 10^{-9}$,平均达 10.0×10^{-9},高于中国陆壳克拉克值。同时,矿区基性脉岩发育,与矿脉在空间上并存,胡荣国等(2008)通过研究认为其金质可能来源于富集地幔,由基性脉岩的侵入作用带入地壳成矿。

红旗沟—深水潭金矿床是在东昆仑成矿带上发现的大型岩金矿床,位于青海省都兰县诺木洪乡五龙沟地区,地处东昆仑中段北坡,区内主要为断裂构造,呈北西—南东向。金矿体主要赋存在Ⅺ号含矿破碎蚀变带中,由 120 条金矿体组成,矿体具分段集中的特点,主要集中分布于水闸东沟、黄龙沟、黑石沟三个矿段。成矿期属印支晚期—燕山早期,矿床工业类型为构造蚀变岩型,矿床成因类型属中低温岩浆热液型。区内金矿体主要赋存于构造蚀变带内及上下盘接触带附近。受构造穿切的岩体和地层形成有金矿体,充分说明了断裂构造是成矿和控矿的最主要因素,不仅为深部成矿热液的运移提供了通道,也是直接的储矿场所。

第七章

找矿标志与找矿方向

找矿方向的确定需要对矿床特征的综合掌握和对成矿信息的综合利用,概况来讲就是要在了解区域地质特征的基础上剖析典型矿床,掌握矿床地质特征,研究矿体的矿化特征、赋存位置,分析矿床的成矿条件、成矿物质来源、成矿时代、构造环境等,进而提取找矿标志,总结成矿规律。

7.1 锂铍矿床找矿标志

(1)地层标志

侵入古元古界达肯大坂岩群(Pt_1D)的白云母花岗伟晶岩脉是寻找铍矿的直接标志,古元古界达肯大坂岩群的片麻岩岩组(Pt_1D_1)和大理岩岩组(Pt_1D_3)是白云母花岗伟晶岩脉的主要赋存地层。

(2)构造标志

白云母花岗伟晶岩脉的分布受构造的控制极为明显,其中北西向、近东西向、北东向断裂对其的分布起决定性的作用,在构造的交汇部位成矿的可能性极大。含矿伟晶岩(脉)的走向受次级断裂或韧性剪切构造控制,伟晶岩脉沿次级断裂及剪切带较发育,故次级断裂和韧性剪切带为重要的找矿标志。

(3)岩浆热液标志

研究区内伟晶岩脉极为发育,并且具有多期性,为成矿提供了充足的热源和物源条件,目前已发现的矿体可以说明伟晶岩脉极易形成伟晶岩型稀有金属矿床。

(4)矿化标志

花岗伟晶岩脉中交代作用强烈,广泛发育,是稀有金属矿化的重要找矿标志。钠长石化是 Rb、Be、Nb、Ta 矿化的标志。白云母化包括两种情况,一种是原生结晶期在钾阶段末期钾长石水解的白云母,呈大片叠层状,常伴生有 Rb、Be 矿化;另一种是交代期的鳞片状白云母,常伴生有重要的 Be、Nb、Ta 矿化。

（5）地球化学标志

研究区内元素组合复杂,套合良好,特征值明显,有多处多元素综合异常区和 Be 元素富集区。区内 Be 等稀有金属元素具较高的丰度与较强的异化倾向,可形成铍矿体,这些区域内成矿的可能性极大。

（6）围岩蚀变

在柴北缘地区发育于花岗伟晶岩脉中的白云母化、钠长石化和沿构造破碎带发育的绿帘石化、绿泥石化为找矿的标志。

（7）矿物标志

达肯大坂岩群(Pt_1D)中的大理岩和片岩具有指示含矿伟晶岩脉的找矿意义,该地层片岩中的十字石、电气石为找寻含矿伟晶岩脉的矿物标志;茶卡北山新发现的绿柱石伟晶岩脉和含绿柱石锂辉石伟晶岩脉中 Li_2O、BeO 的品位较高,具锂铍矿成矿可能。故十字石、电气石、绿柱石、锂辉石可作为寻找铍矿的特征矿物。

7.2 金矿床找矿标志

7.2.1 瓦勒尕金矿床

（1）地层标志

瓦勒尕地区成矿的基底金水口岩群为一套活动环境下的中-基性火山-沉积岩系,含有较高的 Au、Pb、Ba 等元素,金矿化相对密集产出的地段常常与基底岩系紧密相伴,其可为成矿提供一定的 Au 元素。

（2）构造标志

矿体均产于区域构造的次级构造蚀变带内,构造不但为成矿流体的流动渗透提供通道,为矿体就位提供有利的空间,而且构造变动产生的热流也是成矿作用的热源之一。NNW、NNE 向构造及其派生的次级构造蚀变带是矿体的良好储矿空间,构造的交切、开启和产状变化部位是金矿富集的主要地段,构造蚀变带产状的变化对矿体的富集和厚度变化有重要的制约作用,往往造成矿体膨大、富化或矿体的尖灭、再现,是寻找该类金矿床的重要标志。

（3）岩浆标志

瓦勒尕矿区内广泛发育华力西期斜长花岗岩及花岗闪长岩，具有较高的 Au 含量背景值，在空间上与含金构造蚀变带关系密切。它既提供了热动力条件，也是成矿物质分异、运移、富集的载体，区域构断裂带以及岩浆活动派生出的次级构造环境则是成矿物质储存的空间。

（4）蚀变标志

矿体出露地表，遭受强烈的氧化作用，氧化带发育，具强褐铁矿化。另外，硅化和绢云母化发育，是直接找矿标志。

7.2.2　阿斯哈金矿床

（1）构造标志

构造的交切、开启和产状变化部位是金矿富集的主要地段，构造破碎带产状的变化对矿体的富集和厚度变化有重要的制约作用，矿区 NW 和 NE 向构造以及派生的次级构造蚀变破碎带是矿体的良好储矿空间，该类断裂构造是找矿重要的间接标志。在破碎蚀变带与碎裂岩交界处，即构造应力由强至弱的接合部位，或有脆性断裂叠加的构造空间都是含金热液沉淀的最佳部位，易形成厚大的金矿体。

（2）岩浆标志

矿区内岩浆岩主要为早印支期花岗质侵入体，岩石类型以闪长岩、花岗闪长岩为主，其次是花岗岩和基性脉岩。另外，前人研究发现，此地区花岗岩类和 Au 丰度值较高。阿斯哈金矿体均产于东昆仑东段华力西期灰白色中-粗粒花岗闪长岩体中，另外，此地区分布有少量的煌斑岩（云煌岩）脉，与成矿作用密切相关，它们是重要的找矿标志。

（3）蚀变标志

阿斯哈金矿矿体围岩蚀变有硅化、碳酸盐化、绢云母化、绢英岩化、绿泥石化等，硅化、绢英岩化为近矿的围岩蚀变，与成矿关系密切。尤其是黄铁矿化、褐铁矿化蚀变带是重要得多金属矿体含矿带。因此地表强氧化带发育，蚀变带地表呈黄褐色，负地形，且具强褐铁矿化、硅化和绢云母化是直接找矿标志。

7.2.3　果洛龙洼金矿床

（1）地层标志

本区含金石英脉产于奥陶-志留纪纳赤台群的绿泥绢云千糜岩，区内绿泥绢云千糜岩中的石英脉可作为找矿标志之一。

（2）构造标志

果洛龙洼金矿明显受区域性 NW 向大型剪切带旁侧的次级配套构造 NWW—EW 向含金构造蚀变破碎带控制,矿化均产于韧性剪切作用形成的绿泥绢云千糜岩中,故构造蚀变破碎带和剪切带是重要的找矿标志。另外,研究区构造交汇的锐角部位往往存在着一定的隐伏矿体,所以本区构造交汇的锐角也是找矿标志之一。

（3）蚀变标志

矿区蚀变带发育,金矿化均产自厚大石英脉和构造破碎带中的破裂蚀变岩中,石英脉呈厚脉状,厚度多大于 1 m,外表浅黄色、黄褐色、新鲜面烟灰色、钢灰色。碎裂蚀变岩宽大于 3 m,碎裂岩中石英脉破裂再胶结,并见后期细晶石英脉充填,具碳酸盐化。构造蚀变带中的碎裂蚀变岩含有一定品位金,尤其是硅化、绢云母化、绿泥石化发育地段,金矿化均较好。另外,后期的褐铁矿和孔雀石沿裂隙贯入是该区重要找矿标志。

（4）矿物标志

黄铁矿、黄铜矿等硫化矿物是金的重要载体矿物,也是重要的找金标志。本区以黄铜矿为代表的硫化物及其氧化形成的孔雀石等和金具有密切的关系,铜矿物出现的部位多有较高的金品位出现。

7.2.4 红旗沟—深水潭金矿床

（1）构造标志

根据金矿床产出规律和野外调查,金矿体无例外地均产在韧性剪切带中,金矿化受北西—南东向断裂控制,所赋存矿体占已知矿体的 92%,因此北西—南东向断裂是重要的找矿标志。

（2）岩浆标志

根据矿床定位产出规律,五龙沟地区 96% 的金矿体赋存于构造岩以及构造岩和岩体接触部位,晚三叠纪的侵入岩与成矿关系密切。因此,晚三叠纪的中-酸性侵入岩是该地区金矿找矿的岩性标志。

（3）矿化蚀变标志

蚀变主要有毒砂矿化、黄铁矿化、硅化、绢云母化、碳酸盐化等,前两者与金矿化密切相关。与金矿化密切共生的金属硫化物在氧化带中形成褐铁矿化、黄钾铁钒化,呈醒目的褐黄色带,是找矿的标志。

7.3　找矿前景分析

研究区在成矿区带上归属于东昆仑成矿省的欧龙布鲁克—乌兰钨(金、银、铜、稀有、稀土、稀散)成矿带,此带是青海省内铅、锌、金、银多金属及稀有、稀土矿的成矿有利地区,具有形成关键金属矿床的潜力。该地区独特的地理位置及特殊的构造环境致使区内岩浆活动强烈、构造运动频繁,为各类矿床的形成提供了有利的成矿地质条件。

古元古界达肯大坂岩群(Pt_1D)在研究区内出露较好,该地层是欧龙布鲁克被动陆缘上的区域性含矿层位,目前已发现的稀有金属铌钽铍锂矿化就主要赋存在侵入古元古界达肯大坂岩群(Pt_1D)地层中的白云母花岗伟晶岩脉中。在伟晶岩脉中,钠长石化、白云母化等发育部位是成矿的有利地段,形成有伟晶岩型稀有金属矿。区内构造破碎蚀变带发育,带内的岩石普遍碎裂岩化,在局部也可见断层泥、绿帘石化和绿泥石化等。研究区所处的构造位置特殊,区域性深大断裂发育,为在成矿过程中深部物质的加入和深部地质过程的参与提供条件。在深大断裂的影响之下,次级断裂构造及裂隙发育,断裂控制着侵入岩、赋矿地层、伟晶岩等的产出与分布,沿断裂带及次级裂隙构造有大量的岩脉充填,其中与稀有金属成矿有关的花岗伟晶岩脉发育,具有利的成矿条件。

由区域化探及水系沉积物测量在研究区内圈定了稀有、稀土元素等综合异常。Be异常区的规模较大,异常强度强,其中异常强度的最大值达 16.70×10^{-6},成矿可能性大。稀有元素异常范围与花岗伟晶岩脉较吻合,这与已发现稀有金属矿床的成矿事实一致。目前已发现的铍矿体大多产在伟晶岩脉中,而研究区内发育有多条花岗伟晶岩脉,具较有利的条件,在脉中圈定铍矿体的可能性极大。

7.4　锂铍等稀有金属找矿预测区

7.4.1　圈定依据

（1）地质依据

岩石的形成和矿产的成矿均要依赖于各个条件的成熟与满足,地质因素就是其中一个极其重要的条件,只有具备成岩成矿所需的地质条件,才有形成矿床的可能,所以在圈定找矿预测区时要充分考虑地质因素,依据矿床成矿所需的地质条件开展研究。柴北缘地区锂铍矿床的找矿工作要考虑地层、构造、岩浆等多个地质因素。在柴北缘地区稀有金属矿床的类型以伟晶岩型矿床为主,伟晶岩是找寻锂铍等稀有金属的主要勘查目标,故所圈定的预测区内需发育有大量的伟晶岩(脉)。古元古界达肯大坂岩群为欧龙布鲁克陆缘上的区域性含矿层位,目前在该地区已发现的锂铍矿床的赋矿地层均为达肯大坂岩群,且侵入该地层的伟晶岩脉中铍铌钽等矿化明显,为成矿的有利区域。伟晶岩脉的产出、展布受构造的控制较明显,断裂带及次级裂隙可作为成矿物质的富集场所,故构造发育区为成矿的有利地段。

(2) 地化依据

在地球化学方面,柴北缘地区元素组合复杂,除盐类矿产具有优势之外,Bi、Li、Be、W、Nb 等元素具有较高的丰度或较强的异化倾向。由水系沉积物测量可知,在研究区内有多处 Li、Be 元素富集区,富集区的分布与区域构造的关系紧密,受断裂等的影响显著,Li、Be 元素的含量相对较高,富集区规模较大。柴北缘地区也存在多处地球化学综合异常,异常区内 Li、Be 元素与其他元素套合良好,Li、Be 元素的丰度高、离散性强,出露于异常区的地层以达肯大坂岩群为主,这与该地区已知铍矿床的主赋矿层位一致。Li、Be 元素的富集和地球化学综合异常的存在均说明该区域有成矿的可能性,而富集区与异常区同时也是铍矿床成矿的潜在区域。

7.4.2 预测区特征

通过分析柴北缘地区锂铍矿床的成矿条件,并结合野外实际情况,共圈定 3 处找矿预测区(图 7-1),各找矿预测区有着各自的特征。

(1) 柯柯西预测区

该预测区位于乌兰县柯柯镇西侧,东距乌兰县城约 30 km,南侧 6 km 处为柯柯盐湖。茶德高速和青藏铁路均位于其南侧,区内有乡村便道,可供车辆通行,交通便利。预测区东西长 8 km 左右,南北宽 13 km 左右,面积约 100 km²。

出露地层包括古元古界达肯大坂岩群(Pt_1D)、中元古界狼牙山组(Jxl)、寒武-奥陶系滩间山群($\epsilon_3 - O_3T$)、新近系中新统油砂山组(N_1y)和第四系(Q),其中达肯大坂岩群(Pt_1D)和第四系(Q)出露最好,发育较广。达肯大坂岩群呈北西—

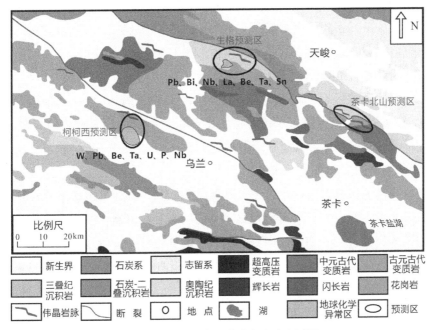

图 7-1　柴北缘地区铍矿床找矿预测图

南东向展布,曾遭受强烈变质作用的改造,属低角闪岩相;第四系主要以松散堆积物的形式分布。区内各时代地层整体向北东倾斜,为一单斜构造,此外还有小型背斜发育,共发育有北西向、北北西向、北东向三组断裂构造。岩浆岩分布广泛,出露较广,从酸性到超基性均有,其中以中-酸性侵入岩为主,基性岩出露不多,超基性岩仅以脉状出露少许。

此区域内各类岩脉较发育,主要包括花岗岩脉、花岗斑岩、斜长角山岩脉、闪长玢岩、伟晶岩脉和石英脉,尤其是与铍矿床成矿关系极为密切的伟晶岩脉特别发育。伟晶岩脉主要分布在断裂带中,在北西向断裂和北西西向断裂中较为常见,它常常侵入古元古界达肯大坂岩群内,规模有大有小,主要呈脉状、透镜状产出。花岗伟晶岩中交代作用较强烈,有白云母化、钠长石化、硅化和绢云母化,其中钠长石化和白云母化往往可以作为铍矿的找矿标志。预测区内除铍矿成矿条件优越外,其他稀有金属矿种(如铌和钽)也有成矿的可能性,此外,可作为上等建筑材料和雕刻材料的汉白玉也可成矿,目前已有一处进行开采。

区内存在多元素综合异常区,由 W、Pb、Be、Ta、U、P、Nb 元素组成,各元素具较高的丰度,且有较强的离散性。异常区出露地层为古元古界达肯大坂岩群中部的混合岩化黑云石英片岩夹石英岩段,异常呈椭圆状分布,轴向北西向。异常特征组合中各元素相互套合较好,异常强度较高,规模较大,Be异常的最小值为 6.50×10^{-6},最大值为 7.11×10^{-6},均值为 6.91×10^{-6}。

（2）茶卡北山预测区

茶卡北山预测区地处柴北缘东北端,北距天峻县约 20 km,西距乌兰县约 50 km,东南方向为茶卡镇。西和高速在该预测区西侧,区内有较陡的乡村便道,由于山势较险峻,故部分地区汽车无法通行,整体交通条件一般。预测区大致为椭圆形,长轴方向为北西—南东向。

此区内的地层有古元古界达肯大坂岩群（Pt_1D）、寒武-奥陶系滩间山群（$\in_3$-O_3T）、石炭系中吾农山群果可山组（C_3gk）、三叠系江河组（T_2j）和第四系（Q），除第四系地层外,达肯大坂岩群的片麻岩岩组（Pt_1D_1）和片岩岩组（Pt_1D_2）分布较广。区域性的深大断裂土尔根大阪—宗务隆山南缘断裂横穿该区域,此断裂为逆冲断层,断面较陡。预测区内的整体构造线方向为北西向,除区域性大断裂外,还发育有多条次级断裂,以北西向为主。区内岩浆活动频繁,岩浆岩分布较广泛。

此预测区内出露大量的伟晶岩,岩脉主要沿土尔根大阪—宗务隆山南缘断裂带呈带状展布,密集成群产出,北西向延伸,在地表的出露宽度为 0.3~6.0 m。伟晶岩脉侵入古元古界达肯大坂岩群和奥陶系石英闪长岩岩体中,在形态上多呈脉状、串珠状和透镜状,脉体不规整,有时粗大、有时狭窄,岩脉大多数不分叉,为单脉,但也存在部分分支的现象。它的就位受构造的控制较为明显,分布、形态及展布方向等均与区内的次级断裂、裂隙、节理等的特征相吻合。

该预测区成矿可能性较大的最主要原因是在此区域内发现了锂辉石伟晶岩脉群,岩脉群的发现对于柴北缘地区锂铍找矿具有重要意义。该岩脉群的产出主要受土尔根大阪—宗务隆山南缘断裂的控制,其展布方向与此断裂的展布方向一致,为北西西向,岩脉主要分布在断裂的北侧。前人对该岩脉群已做了研究,测得 BeO 的平均品位为 0.06%、Li_2O 的平均品位超过 2.00%,并推测该区域可能存在一个新的 Li-Be 成矿带。伟晶岩为浅灰白色,主要包括含绿柱石花岗伟晶岩和含绿柱石锂辉石伟晶岩,矿物成分有石英、白云母、钾长石、钠长石、电气石、锂辉石及绿柱石等。该地区具备成矿的地质背景,且已发现含矿伟晶岩脉,为下一步找矿的重点地区。

（3）生格预测区

此区地处柴北缘北部,位于德令哈市与天峻县之间,南距乌兰县 35 km。东侧 30 km 处为青藏铁路，315 国道、天峻—德令哈公路穿过该区，区内有简易便道，整体交通较便利。预测区的面积较大，东西长约 15 km，南北宽约 10 km。

预测区内出露的地层有古元古界达肯大坂岩群（Pt_1D）、中元古界狼牙山组（Jxl）、寒武-奥陶系滩间山群（$\in_3-O_3T$）、石炭系中吾农山群果可山组（C_3gk）、新近系中新统油砂山组（N_1y）和第四系（Q）。达肯大坂岩群和滩间山群分布最广，为主要地层。区内地质构造比较复杂，断裂、褶皱、节理都较发育，存在北西向、北北西向、近东西向三组断裂，褶皱包括小型背斜和背形，节理发育较多，使岩石发生了比较强烈的破碎。岩浆岩分布广泛，主要为侵入岩，喷出岩相对较少，侵入岩中以中-酸性岩为主，基性、超基性岩较少。

岩体的展布、就位等受构造的控制，北西向的主构造线方向造就了区内的主要地质体均以北西向或近北西向分布的特征。预测区内出露的伟晶岩脉数量众多，以单脉为主，分支极少，脉体的规模不大，但成群成带产出，交代作用较显著，包括硅化、钠长石化、白云母化、碳酸盐化等，据柴北缘已发现的铍矿床（点）和矿体特征可知，钠长石化和白云母化与稀有金属铍铌钽矿化息息相关，通常为稀有金属矿化的标志，可作为铍矿的重要找矿标志。伟晶岩脉主要分布在古元古界达肯大坂岩群中，其中断裂及岩体中的张裂隙为其的就位空间。伟晶岩的含矿比例较高，前人对区内伟晶岩做过含铌钽矿的统计，含矿伟晶岩占总数的 23% 左右，铍矿与铌钽矿为伴生关系，且该区域已有伟晶岩型铍矿成矿的事实，区域内铍矿成矿条件优越，故生格地区铍矿的成矿潜力巨大。

该区内有多元素组合的综合异常，异常呈不规则状分布，走向近东西向，异常区出露地层为古元古界达肯大坂岩群的片岩夹大理岩段。此异常以 Pb 和 Bi 为主元素，特征组合为 Nb、La、Be、Ta、Sn，还伴有 Rb、W。异常特征组合中各元素组合复杂、相互套合较好，异常区的规模较大，强度也较高。Be 异常的最小值为 6.98×10^{-6}，最大值为 16.70×10^{-6}，均值为 10.11×10^{-6}，异常明显，成矿的可能性较大。

7.5　本章小结

柴北缘锂铍等稀有矿床含矿地层侵入古元古界达肯大坂岩群（Pt_1D）的白云母花岗伟晶岩脉是寻找铍矿的直接标志，古元古界达肯大坂岩群的片麻岩岩组

(Pt_1D_1)和大理岩岩组(Pt_1D_3)是白云母花岗伟晶岩脉的主要赋存地层。在构造的交汇部位成矿的可能性极大,含矿伟晶岩(脉)的走向受次级断裂或韧性剪切构造控制,伟晶岩脉沿次级断裂及剪切带较发育,故次级断裂和韧性剪切带为重要的找矿标志。研究区内元素组合复杂,套合良好,特征值明显,有多处多元素综合异常区和 Be 元素富集区,区内 Be 等稀有金属元素具较高的丰度与较强的异化倾向,可形成铍矿体,这些区域内成矿的可能性极大。在柴北缘地区发育于花岗伟晶岩脉中的白云母化、钠长石化和沿构造破碎带发育的绿帘石化、绿泥石化为找矿的标志。十字石、电气石、绿柱石、锂辉石可作为寻找锂铍矿的特征矿物。

瓦勒尕地区成矿的基底金水口岩群为一套活动环境下的中-基性火山-沉积岩系,含有较高的 Au、Pb、Ba 等元素,金矿化相对密集产出的地段常常与基底岩系紧密相伴,其也为成矿提供了一定的 Au 元素;矿体均产于区域构造的次级构造蚀变带内,构造不但为成矿流体的流动渗透提供通道,为矿体就位提供有利的空间,而且构造变动产生的热流也是成矿作用的热源之一;NNW、NNE 向构造及其派生的次级构造蚀变带是矿体的良好储矿空间,构造的交切、开启和产状变化部位是金矿富集的主要地段;瓦勒尕矿区内广泛发育华力西期斜长花岗岩及花岗闪长岩,具有较高的 Au 含量背景值,在空间上与含金构造蚀变带关系密切。矿体出露地表,遭受强烈的氧化作用,氧化带发育,具强褐铁矿化;另外,硅化和绢云母化发育,是直接找矿标志。

阿斯哈金矿体均产于东昆仑东段华力西期灰白色中-粗粒花岗闪长岩体中,另外,该地区分布有少量的煌斑岩(云煌岩)脉,与成矿作用密切相关,是重要的找矿标志。地表强氧化带发育,蚀变带地表呈黄褐色,负地形,且具强褐铁矿化、硅化和绢云母化是直接找矿标志。

果洛龙洼金矿区含金石英脉产于奥陶-志留纪纳赤台群的绿泥绢云千糜岩,区内绿泥绢云千糜岩中的石英脉可作为找矿标志之一;构造蚀变带中的碎裂蚀变岩含有一定品位金,尤其是硅化、绢云母化、绿泥石化发育地段,金矿化均较好。另外,后期的褐铁矿和孔雀石沿裂隙贯入是该区重要找矿标志;黄铁矿、黄铜矿等硫化矿物是金的重要载体矿物,也是重要的找金标志;矿化均产于韧性剪切作用形成的绿泥绢云千糜岩中,故构造蚀变破碎带和剪切带也都是重要的找矿标志。

红旗沟—深水潭金矿区北西—南东向断裂是重要的找矿标志;晚三叠纪的中-酸性侵入岩是该地区金矿找矿的岩性标志;蚀变主要有毒砂矿化、黄铁矿化、硅化、绢云母化、碳酸盐化等,前两者与金矿化密切相关。与金矿化密切共生的金属硫化物在氧化带中形成褐铁矿化、黄钾铁钒化,呈醒目的褐黄色带,是找矿的标志。

关键金属矿产典型矿集区在成矿区带上归属于东昆仑成矿省的欧龙布鲁克—乌兰钨(金、银、铜、稀有、稀土、稀散)成矿带,此带是青海省内铅、锌、金、银多金属及稀有、稀土矿的成矿有利地区,具有形成关键金属矿床的潜力。该地区独特的地理位置及特殊的构造环境致使区内岩浆活动强烈、构造运动频繁,为各类矿床的形成提供了有利的成矿地质条件。岩石的形成和矿产的成矿均要依赖于各个条件的成熟与满足,地质因素为其中的一个重要的条件,只有具备成岩成矿所需的地质条件,才有形成矿床的可能,所以在圈定找矿预测区时要充分考虑地质因素约束条件。

第八章

典型锂矿床类型、分布特征及资源利用

8.1 典型锂矿床类型

锂金属作为全球高科技产业不可或缺的关键金属矿产资源之一,在军事、航空航天、芯片、合金、陶瓷、玻璃、农业、纺织、润滑脂、医药、焊接、空气处理和新能源等诸多领域发挥着显著作用,但至今还有 60% 左右的锂资源需要开发,仍需进一步加强勘探、开发及资源综合利用等诸多方面的研究。大多数学者把锂矿床按成因类型概括起来分为外生和内生两大类型。内生型锂矿床又细分为花岗岩型、花岗伟晶岩型、岩浆热液型以及云英岩型;外生型锂矿床包括地下卤水(盐湖)型、(沉积)盐湖型以及岩浆热液型;另外也可能存在含矿母岩经风化、沉积作用形成的锂矿床。我国的锂矿床类型大多是花岗岩型、花岗伟晶岩型以及盐湖型,这些锂矿床赋存于花岗岩、花岗伟晶岩和盐湖中,其他类型的锂矿床规模相对较小。通过对比分析,本书将典型锂矿床概括为花岗伟晶岩型和(沉积)盐湖型两大类。

8.1.1 花岗伟晶岩型矿床

锂作为自然界中最轻的碱性金属,其离子半径较小,化学性质十分活泼,有独特的物理性能,在循环中易于富集在上地壳。由于岩浆中富含大量的挥发性成分,锂矿床与钨、锡、铌、钽、铷等稀有金属矿产具有成因上的联系。分析认为,花岗伟晶岩型锂矿大多位于高分异过铝质-偏铝质花岗岩体的接触带外部,说明花岗伟晶岩型锂矿与酸性岩浆活动的联系较为密切。在大陆俯冲边缘与后期松弛移动过程中,地球深部软流圈所形成的岩浆上侵可能会导致上部物质的混合重熔,又促使深部岩浆发生多期次、多阶段侵位,进而形成富含锂元素的酸性岩浆,该岩浆逐步结晶分异出伟晶岩浆,高密度且富含挥发性成分的伟晶岩浆再经过一系列的分异演化就有可能形成矿床。

在该类型矿床形成过程中,可能是构造活动破坏了原有的酸性岩浆平衡系统,导致不同组分的含锂熔液沿着构造裂隙带按一定时间间隔持续上涌、不断充填容矿构造,最终形成不同成分的(花岗)伟晶岩,并随着温度和压力的逐渐降低,发生结晶、分异作用,析出富含锂元素的熔体。这些富含锂元素的熔体中也富含挥发性组分,挥发性组分向着(花岗)伟晶岩顶部运移,不同矿物元素发生交代作用,锂金属矿物逐渐析出并富集形成(花岗)伟晶岩型锂矿床。如果富含锂元素的(花岗)伟晶岩浆从地表喷发出来,形成了一系列火山岩,再经过风化、剥蚀、搬运及沉积作用,可能会为(沉积)盐湖型锂矿床的形成提供丰富的锂物质来源,其中部分锂元素在搬运过程中可能会被黏土类矿物再次吸附。

8.1.2 （沉积）盐湖型矿床

部分沉积型铝土矿、煤矿、高岭土矿床中伴生有锂元素,分析认为锂元素主要被黏土类矿物吸附。温汉捷等学者对锂矿床(沉积型)进行了多年的研究和探索,已经发现在倒石头组地层与九架炉组地层中锂金属元素十分富集(云南中部和贵州地区),经过初步估算该地区有可能形成超大规模锂矿床,其富集特点是锂元素主要以吸附形态赋存在蒙脱石相中,以及封闭的(滨海)陆相盆地更加有利于锂元素的富集等,这些现象表明沉积环境对锂元素的富集具有重要的控制作用。盐湖中锂金属一般赋存于地表或地下的卤水或蒸发岩中,盐湖沉积物中也会含有一定量的锂元素,这部分锂元素可成为(盐湖)卤水中锂元素的补给源。

在世界已探明的锂矿总资源量中卤水锂矿占比约65%,西藏中北部和柴达木盆地盐湖中卤水锂(LiCl)资源量约为2 330万t,由于其易于开采利用,成本相对较低,所以其锂盐产品能达到总量产品的75%左右。刘成林团队认为,在白垩纪和古近纪地质时期,华南地区分布有富含钾元素的卤水和大量的蒸发类岩层,其成矿物质来源于白垩纪和古近纪时期的火山活动,因此推断,盐湖(卤水)锂的来源通常与火山喷发岩息息相关且在成因上联系密切。一般情况下,认为盐湖锂矿床的形成要具备两个充分必要条件:①从地表喷涌出的酸性火山岩必须富含锂元素;②蒸发量必须大于补给量,这样才会使锂元素在盐湖(卤水)中慢慢富集。

喜马拉雅期的构造活动引起了欧亚板块和印度洋板块之间的剧烈碰撞,并诱发了地球深部的构造强烈活动,导致深部锂等稀有金属元素沿构造活动断裂通道上涌到地表或接近地表,经过风化剥蚀和运移,最终汇集到盐湖沉积盆地中,再经过长期的蒸发和沉淀作用,便形成了(沉积)盐湖型锂矿床。另外,燕山地壳运动也造成了我国东部地壳快速隆升和地壳变形,并形成了海拔 3 500～5 000 m 的东部山脉,这些沿海山脉阻挡了太平洋上空的潮湿气流向陆内流动,结果陆内形成了半沙漠化以及较为干旱的气候地理环境。

部分学者研究认为,从白垩纪直到古近纪早期,古华南地区的地形地貌可能造成了华南白垩纪和古近纪盐湖盆地的形成和不断变化。按照这种研究认识,可推测出华南地区可能分布有几十个中—新生代盆地,如吉泰盆地、江汉盆地等,其深部地层中可能蕴藏着富锂等稀有金属元素的卤。目前已验证了江陵凹陷、江汉盆地等深层卤水中富含铯、铷、锂、钾等稀有元素。通过取样及化验分析可知,这些元素品位已达到工业或综合利用水平,例如,江陵深层卤水中锂金属元素的含量约 52 mg/L,这些富含锂元素的深层卤水主要赋存在泥岩、砂岩及火山岩孔隙、裂隙之中,预测锂资源量可能达到大型矿规模水平。在吉泰盆地深层卤水中,Li元素含量约为 125 mg/L,工业品位很高,江西 902 地质大队已大致查明了该勘查区内的锂资源储量。

郑绵平等(2012)学者在二十世纪八十年代就观测到,新生代时期的火山岩可能对青藏高原(沉积)盐湖锂富集成矿做出了贡献。譬如,扎布耶盐湖位于青藏高原北部,扎布耶盐湖锂矿床可分为固体锂矿和液体锂矿两种,目前其年产量基本在 5 000 t 上下,是我国当今开采锂矿的最大型盐湖锂矿床。诸多专家学者及相关技术工程人员研究发现,盐湖型锂矿床主要分布在青海、西藏和新疆等地区,我国已开采的盐湖型锂矿床主要为硫酸盐型锂矿床和碳酸盐型锂矿床。

8.2　典型锂矿床岩性组合

一般认为,花岗伟晶岩锂矿床含矿地层类型复杂多样,大部分锂矿床主要形成于伟晶岩脉中,但花岗伟晶岩锂矿床的容矿岩石种类比较少,主要为蚀变花岗岩和花岗伟晶岩;岩性大多为石英-锂辉石、钠长石-锂辉石、钠长石化花岗岩和云英岩、石英闪长岩、二长花岗岩、花岗闪长岩等。例如,柴北缘地区岩浆岩主要为碱长花岗岩、二长花岗岩、花岗闪长岩、花岗伟晶岩脉、石英正长岩、正长花岗岩、花岗片麻岩以及大理岩等。

雅江—马尔康大型锂成矿区带上,侵入岩体多呈岩脉、岩枝及岩株状产出,与岩浆活动相关的富锂伟晶岩脉主要有钠长花岗岩、二云二长花岗岩、花岗斑岩脉、花岗伟晶岩脉、黑云钾长石花岗岩、黑云二长花岗岩、二云花岗岩、花岗细晶岩脉、闪长岩脉、石英片岩、石英脉、长英质角岩、石榴黑云片岩、二云母石英片岩、斜长角闪片岩、黑云变粒岩、角闪透辉黝帘石角岩、二云变粒岩、钙质变粒岩、粉砂质板岩、红柱石十字石石英片岩、条带状大理岩、含碳质绢云板岩等中浅变质岩系。华南地区,如江西锂矿床成矿有利区带,含矿岩体主要为中粗粒斑状黑云二长花岗岩、中细粒少斑黑云二长花岗岩及细粒正长花岗岩,矿体为花岗伟晶岩脉,岩性主要是钠长石花岗伟晶岩、钠长石-锂辉石伟晶岩,主要含锂矿物为锂辉石等。

8.3 典型锂矿床分布特征

我国锂矿床分布在空间上具有区域性,主要分布在青藏高原。已探明储量的锂矿床分布在 10 多个省(自治区),中国发现的锂矿床资源储量约占全球的22.9%,主要以青海、西藏、新疆、内蒙古、四川及湖北的卤水(盐湖)型锂矿和新疆、西藏、青海、江西、四川、福建、河南和陕西等省(自治区)的固体型锂矿为主(重叠地区表明两大类锂矿床均有分布)。中国锂矿资源集中分布在我国西部地区,如青藏高原、甘孜州、阿坝州、阿尔泰、阿尔金、秦岭等地区,此外我国的中东部地区如河南、陕西、江西、湖北、湖南、福建等也有分布,这些地区的锂资源约占全国锂资源总量的 96%。富含锂金属元素的盐湖大多位于构造活动较为活跃的区域,我国盐湖锂矿床主要位于柴达木盆地、西藏中北部盆地、可可西里、潜江盆地、吉泰盆地、罗布泊等众多凹陷盐湖内或盆地沉积物中。据已有数据可知,卤水(盐湖)中锂资源储量约占 62.6%,硬岩矿石中锂资源储量约占 37.4%。

花岗伟晶岩型锂矿床主要集中产出于阿尔泰—西昆仑锂成矿有利区、秦岭锂成矿有利区、华南锂成矿有利区、川西锂成矿有利区等;(沉积)盐湖型锂矿床主要分布在潜江凹陷锂成矿有利区、藏北锂成矿有利区、新疆罗布泊锂成矿有利区、四川盆地锂成矿有利区、柴达木锂成矿有利区等。其中,最重要的(沉积)盐湖锂矿大多蕴含在青藏高原的盐湖中,其中富含锂资源的盐湖约有 80 余个,其他盐湖锂矿床主要分布在四川、新疆、江西及湖北等地的沉积盆地中。尤其是柴达木盆地,它是我国四大内陆盆地中唯一的高原盆地,盐湖主要分布在中西部,有近 30 个,蕴藏着丰富的盐湖矿产资源,锂资源储量主要分布在别勒滩、一里坪和吉乃尔等盐湖中,约占我国盐湖锂资源储量的 80%,其战略资源地位十分重要。这些盐湖中锂的来源可能与火山喷发、构造缝合带和河流补给有紧密联系。

8.4 锂金属资源利用探讨

世界锂储量的来源主要有:封闭盆地盐湖型矿床约占 58%,花岗伟晶岩型矿床约占 26%,富锂的黏土约占 7%,油田卤水约占 3%,富锂沸石约占 3%,以及地热卤水约占 3%,其中封闭盆地盐湖锂资源是锂矿床储量最主要的来源。2020 年 USGS 最新数据显示,截至 2019 年底,全球锂资源储量约为 8 000 万 t,锂资源探明储量约为 1 700 万 t,其中(沉积)盐湖型和硬岩型锂矿储量分别约占 88% 和 12%。1990—2019 年,全球锂消费量从 0.9 万 t 增长到 5.8 万 t,增长了约 5.4 倍,累计消费量约 62 万 t,消费增长趋势十分明显。

我国锂矿资源相对丰富,探明资源量约 649 万 t,锂矿资源储量位于世界第三,主要来源于盐湖卤水型和硬岩型两大类,其中硬岩型锂矿又分为花岗伟晶岩型和花岗岩型。我国锂矿资源主要集中在西藏、青海、新疆、四川、湖北、湖南和江西等地区,成矿时代主要集中在中生代、新生代和第四系,成矿大地构造背景以造山运动之后的稳定环境为特点。据已有数据统计可知,锂矿床共 153 个,其中超大型 3 个,大型 10 个,中型 15 个,小型 13 个,矿点 112 个。从长远来看,从卤水中生产锂的成本相对低廉,所以卤水锂资源将是锂的最主要来源。

花岗岩型锂矿床品位大多数都比较低,分布较广且开采难度相对较大,所以伟晶岩型锂矿床资源的开采相对地受到技术条件、交通运输、采矿、选矿配套设施等因素的制约。工业上使用的锂矿石原料主要有锂辉石、锂磷铝石、锂云母、透锂长石及铁锂云母等。锂矿石提取锂包括选矿、提取以及加工 3 个主要步骤,选矿的主要技术包括重选、磁选和浮选。选矿完成后,主要用酸法工艺、碱焙烧法、氟化学法、高温氯化工艺以及盐焙烧工艺、压煮法等来提取锂产品。锂辉石提锂的主要方法有浮选法和浸出法等;锂云母矿提取锂金属主要是采用硫酸盐焙烧工艺、化学浸出工艺、氯化焙烧工艺等。当前,锂提取技术已比较成熟,由于其他开发技术步骤复杂或成本高等,锂金属提取一般采用硫酸法,先对原矿进行研磨,浮选分离,焙烧改变锂辉石晶相,之后进行浸出、萃取等操作,最终生产出符合要求的锂化合物。

盐湖锂矿床提取锂元素成本较低,提取工艺程序相对简单,且对环境造成的污染较轻等,因此越来越受到重视。盐湖锂提取工艺主要包括盐析法、沉淀法、溶剂萃取法、碳化学法、煅烧浸取法以及离子吸附法等。应用于工业生产的技术工艺基本上是沉淀法、煅烧浸取法和碳化学法等。新型的方法有 LiSX 法、POSCO法、吸附法、真空法、MRT 法等。对于锂金属,工业上大都采用日晒、蒸发、分步、结晶等程序生产碳酸锂。由于受盐湖型锂资源的地理位置以及其他因素的影响,其储量虽然丰富,但产量提升仍比较缓慢,目前,工矿企业开采最多的是碳酸盐型和硫酸盐型盐湖卤水,其开发成本相对较低。由于从盐湖卤水中提取锂具有耗能少、成本低等优点,所以其产能约占到我国所有锂资源产能的 80%,其中,柴达木盆地的盐湖中蕴藏 230 万 t 的锂。扎布耶盐湖锂矿床主要采用"除碱—蒸发—浓缩—升温析锂"技术工艺开展锂资源产品的提取和利用,该技术方法生产成本低、简单可行,且产出的产品质量较好,能够产生良好的社会经济效益,该矿床已进行工业化生产。

据资料分析可知,自 2010 年以来中国国内的锂电材料消费正处于逐年上升的阶段,中国对锂资源的需求量正在大幅度上升,成为世界第一锂消费大国已呈现出必然趋势。截至 2018 年,我国锂产量已经超过了 21 万 t,而随着锂资源的大规模消耗及国内锂资源产量的下降,中国需要从国外大量进口锂资源,以弥补国内空缺,2017 年锂资源对外依存度高达 80%。中国作为全球最大也是增长最快的新能源汽车市场之一,预计 2030 年锂资源的消费量可能达到 144 万 t。因此,随着锂资源需求量的不断增加,目前重点开展锂金属的物质来源、迁移富集过程、成矿机理、分布特征及勘探与开发等系统性的研究工作,这对于锂金属矿产的综合有效利用具有更加重要的经济意义和战略意义。

8.5　本章小结

通过对比分析,将我国典型锂矿床概括为花岗伟晶岩型锂矿床和(沉积)盐湖型锂矿床两大类。花岗伟晶岩型锂矿大多位于高分异过铝质-偏铝质花岗岩体的接触带外部,说明花岗伟晶岩型锂矿与酸性岩浆活动的联系较为密切。在该类型矿床形成过程中,可能是构造活动破坏了原有的酸性岩浆平衡系统,导致不同组分的含锂溶液沿着构造裂隙带按一定时间间隔持续上涌、不断充填容矿构造,最终形成不同成分的花岗伟晶岩,并随着温度和压力的逐渐降低,发生结晶、分异作用,析出富含锂元素的熔体。如果富含锂元素的花岗伟晶岩浆从地表喷发出来,形成了一系列火山岩,再经过风化、剥蚀、搬运及沉积作用,可能会为(沉积)盐湖型锂矿床的形成提供丰富的锂物质来源,其中部分锂元素在搬运过程中可能会被黏土类矿物再次吸附。发生于喜马拉雅期的构造活动,引起了欧亚板块和印度洋板块之间的剧烈碰撞,并诱发了地球深部的构造强烈活动,导致深部锂等稀有金属元素沿构造活动断裂通道上涌到地表或接近地表,经过风化剥蚀和运移,最终汇集到盐湖沉积盆地中,再经过长期的蒸发和沉淀作用,便形成了(沉积)盐湖型锂矿床。

　　一般认为,花岗伟晶岩锂矿床含矿地层类型复杂多样,大部分锂矿床主要形成于伟晶岩脉中,但花岗伟晶岩锂矿床的容矿岩石种类又比较少,主要为蚀变花岗岩和花岗伟晶岩,岩性大多为石英-锂辉石、钠长石-锂辉石、钠长石化花岗岩和云英岩、石英闪长岩、二长花岗岩、花岗闪长岩等。例如,柴北缘地区岩浆岩主要为碱长花岗岩、二长花岗岩、花岗闪长岩、花岗伟晶岩脉、石英正长岩、正长花岗岩、花岗片麻岩以及大理岩等。花岗伟晶岩型锂矿床主要集中产出于阿尔泰—西昆仑锂成矿有利区、秦岭锂成矿有利区、华南锂成矿有利区、川西锂成矿有利区等;(沉积)盐湖型锂矿床主要分布在潜江凹陷锂成矿有利区、藏北锂成矿有利区、新疆罗布泊锂成矿有利区、四川盆地锂成矿有利区、柴达木锂成矿有利区等。

　　我国锂矿资源相对丰富,探明资源量约 649 万 t,锂矿资源储量位于世界第三,主要来源于盐湖卤水型和硬岩型两大类,其中硬岩型锂矿又分为花岗伟晶岩型和花岗岩型。我国锂矿资源主要集中在西藏、青海、新疆、四川、湖北、湖南和江西等地区,成矿时代主要集中在中生代、新生代和第四系,成矿大地构造背景以造山运动之后的稳定环境为特点。花岗岩型锂矿床品位大多数都比较低,分布较广且开采难度相对较大,所以伟晶岩型锂矿床资源的开采相对受到技术条件、交通运输、采矿、选矿配套设施等因素的制约。盐湖锂矿床提取锂元素成本较低,提取工艺程序相对简单,且对环境所造成的污染较轻等,因此越来越受到重视。因此,随着锂资源需求量的不断增加,目前重点开展锂金属的物质来源、迁移富集过程、成矿机理、分布特征及勘探与开发等系统性的研究工作,这对于锂金属矿产的综合有效利用具有更加重要的经济意义和战略意义。

第九章

讨论与认识

9.1 讨论

柴达木盆地为封闭性的断陷盆地,柴北缘地区属于青藏高原的北部,整体部位在南祁连地块与柴达木地块的中间,是秦—祁—昆造山带的一部分。柴北缘成矿带内矿产资源丰富,成矿事实较多,有色金属、铁、铬及锂、铍、铌、钽等稀有金属成矿元素较富集,具有形成内生金属矿产的良好物质基础。已知矿产包括黑色金属、有色金属、稀贵金属和非金属,其主要的矿种为铅、锌、铜、铁、金、银、钨、钼、锂、铍、铌、钽、稀土及硫铁矿、黄铁矿、菱镁矿、石灰岩、白云岩、重晶石、食盐等20余种,矿产地有100处左右。都兰—乌兰关键金属矿集区位于青海省中北部,区内断裂构造较发育,主要由北西、北东和近东西向三组断裂组成。其中以北西向断裂最为发育,其控制了区内地层、岩浆岩的展布;其次为北东向断裂,其构造单元边界由隐伏断裂控制,历经早古生代洋陆俯冲—弧陆/陆陆碰撞—超高压折返等多旋回、多期次复杂构造作用过程,褶皱、断裂构造较为发育。但目前对于柴北缘都兰—乌兰关键金属矿集区的研究却相对薄弱,前人对柴北缘地区关键金属矿床成因所做的研究工作十分有限。

柴北缘内部构造格局呈现南北分带的形式,由南至北依次为南缘冲断带、中央坳陷及北部边缘冲断隆起带,其周缘以深大断裂与相邻构造单元相隔,断裂、褶皱等十分发育,典型断裂有阿尔金走滑断层、哇洪山断裂。柴北缘由印支运动以来经过断裂、逆冲推覆和滑脱作用等演化阶段发展起来。柴北缘和东昆仑造山带是一个具有复杂演化历史的多旋回复合造山带,具有多岛洋、碰撞和多旋回造山的特征。柴北缘的水平主应力的强烈挤压,造成地下潜伏构造和地面的背斜构造大量出现,因此这些褶皱的轴向代表的是最小的水平主应力的方向。关键金属矿床的成矿物质来源和成矿作用最主要的热动力大多是岩浆活动提供的,岩浆活动也是关键金属矿床形成的重要条件。从形成时期来看,从加里东期到喜山期均有断裂活动,区内断裂以压性或压扭性断裂为主。矿集区次级断裂或韧性剪切带为稀贵金属矿床的主要找矿标志之一。加里东期和印支期是关键金属成矿极为重要的两个时期。区域内已发现有铜、金、银、钴、锂、铍、铌、钽等多金属矿床或矿点,所以研究区关键金属矿产找矿前景远大。

《青海省区域地质志》(1991)将柴北缘构造带分为 3 个次级构造单元,分别是柴北缘台缘褶皱带、柴北缘残山断褶带和欧龙布鲁克台隆。柴北缘构造单元北邻宗务隆构造单元,南接柴达木地块,呈近 E—W 方向延伸,西端收敛,东部散开,近似帚状。研究区位于柴达木盆地北缘,为呈北西向延绵的狭长地带,北为祁连地块,南为柴达木地块,由宗务隆构造带、欧龙布鲁克地块和沙柳河高压-超高压变质带组成。研究区内历经多期(加里东、华力西、印支期等)洋陆、弧陆、陆内碰撞造山等构造活动。区内断裂发育,且规模大,并具多期活动特征,其中,以近 EW 向的昆中断裂带规模最大,为早古生代昆仑洋盆向柴达木古陆俯冲形成的超岩石圈断裂,深达地幔,从加里东至燕山期均有不同程度活动。

区内岩浆活动十分剧烈,岩浆岩广泛分布,出露面积较大,构成区内岩浆活动的主体,侵入岩和喷出岩均较发育,主要发育华力西期、印支期侵入岩,加里东期侵入岩较少,岩性以中酸性为主。地壳浅层次的构造特征及演化规律往往与深部构造作用有着直接的联系,在布格勒等值线图的北缘部分,等值线相对密集,这表明该位置的重力场梯度增大,反映出该部位可能为深大断裂所处位置。据布格重力等值线的变化形态推测,断裂的走向为近北西向,这与该地区存在的深大断裂的走向一致,故区域北缘布格重力等值线密集区为深大断裂的可能性极大。作为青海省内稀有(土)金属矿产的有利成矿区带,柴北缘地区成矿条件优越,成矿事实较多,在地球化学方面,元素组合复杂,套合良好,特征值明显,除该区的优势矿种 K、B、Mg 等盐类矿产外,其他矿产如 Au、Ag、Cu、Li、Bi、Be、W 等元素也具有高的丰度或强的异化倾向,成矿潜力较大。在研究区内,伟晶岩的类型多样,其中与稀有金属(以铍为主)成矿关系最为密切的为钠长石化白云母花岗伟晶岩、含绿柱石锂辉石伟晶岩、正长花岗伟晶岩。目前研究区内还发现有多处金、银、锂、铍、铌、钽、铷等稀贵金属矿床(点)。

样品测试在青海省地质矿产测试应用中心和广州澳实矿物实验室完成,测试方法包括 ME‐MS81 熔融法电感耦合等离子体质谱测定和 P61‐XRF26FsX 射线荧光光谱仪低硫低氟岩石主量分析。根据花岗岩类 TAS 分类图和 A/NK-A/CNK 判别图等图解,通过对主量元素的简单分析,研究柴北缘地区铍(铌钽)矿床的属性、物源以及演化趋势,即柴北缘含矿岩体有由中性向酸性演化的趋势,原始岩浆可能起源于亏损地幔。基于对微量元素的分析,认为柴北缘岩体明显富集 Nb、Hf、Ta 等高场强元素,而亏损 Sr、Ba、Cr 等低场强元素。由岩浆岩微量元素比值也可知,柴北缘含矿岩体原始岩浆很有可能起源于地壳,并在演化过程中伴随有地幔交代作用,而且柴北缘含矿岩体的物质来源并不是来自富集地幔。通过对稀土元素的简单分析,可以得出柴北缘含矿岩体具有 LREE 强烈富集以及 HREE 相对亏损的特征,Eu 表现为较微弱的负异常。

根据样品分析结果来看,稀土总量上存在较为明显的差异,这有可能是样品采集的地理位置不同所导致的。但标准化图及蛛网图显示样品的各种元素行为特征都较为相似,都是具有 LREE 富集,Eu 元素轻微的负异常的地球化学特征,表明样品在成因上应该具有一定的联系,暗示成岩过程可能有地壳物质加入。部分样品 REE 总量较低,可能是柴北缘岩体在成岩过程中经历了多期次矿物结晶分异作用所致。部分样品 REE 总量较高,可能是由于含稀土元素的各种岩石矿物颗粒间或颗粒表面对稀土元素的吸附作用引起的。稀土元素分布型式较陡的元素特征,表明柴北缘含矿岩体成岩过程中可能伴随着结晶分异作用,而在柴北缘含矿区所采集的样品所处的不同地理位置,也有可能导致其元素含量及性质的显著的差别。

地层对矿产的成矿作用主要体现在 3 个方面:①不同时代的地层对不同成因类型的矿产和不同的矿种有着不同的控制作用,即柴北缘关键金属矿床与特定的地层、特殊的岩石或岩石组合有关;②地层可以为成矿作用提供一定的成矿物质;③地层的一些物理化学性质对成矿物质的运移、富集、成矿有很大的影响。构造与成矿的关系非常密切,它即可作为成矿流体运移的直接通道(导矿构造),也可作为矿体就位的成矿空间(容矿构造),还可以控制矿体的分布与展布(控矿构造)。不同等级的构造控制着不同的地质体,在不同的成矿过程中起着主导作用,各级构造又相互依存、相互影响,共同控制着成岩成矿。

岩浆作用对于柴北缘地区铍矿的形成最为重要的贡献是提供热源和物源条件。本次研究的近矿围岩样品和铍矿石样品的地化特征显示成岩成矿物质的来源有地幔岩浆的加入,在印支期该区域内俯冲-碰撞的动力学背景引发的幔源岩浆对下地壳的底侵作用促进了花岗质岩浆的大规模活动,它一方面使地幔物质与地壳物质混合上移,为后期的成岩成矿提供物质来源;另一方面深部运动产生的能量成为成矿热源的主要部分并使成矿流体、成矿物质上升运移。研究区内的伟晶岩大多出露于古元古界达肯大坂岩群中,岩石类型为低角闪岩相。岩相学特征显示,白云母为伟晶岩岩石的主要矿物成分之一,故研究区内伟晶岩可能有中深-深成伟晶岩的特性,这与伟晶岩的物质来源与地壳有关的结论相一致。

本次研究柴北缘地区稀有金属矿的成矿条件及找矿潜力进行了探究,初步认为柴北缘地区伟晶岩型稀有金属矿主要产出于早中生代,大约在 $205\sim252$ Ma。柴北缘地区稀有矿床的成岩成矿时代为三叠纪,大致经历了 4 次主要构造旋回的具有复杂演化历史的多旋回复合造山带,包括前寒武纪古陆形成、早古生代造山、晚古生代—早中生代造山、中新生代叠复造山。柴北缘稀有矿床形成的动力学背景与众多造山型矿床类似,即俯冲汇聚及碰撞引起挤压造山,在这一过程中会伴随岩浆的演化、流体的运动、壳幔物质的相互混合、成矿物质的运移等,并且这一过程也会促进铍等元素的活化、运移、聚集,它们使成矿所需条件逐渐成熟。在柴北缘地区,俯冲-碰撞的动力学作用还引发了幔源岩浆对下地壳的底侵作用,这一作用有利于岩浆活动、壳幔混合与岩石形成,它进一步促进了稀有矿床的成岩成矿。

柴北缘铍矿床含矿地层侵入古元古界达肯大坂岩群(Pt_1D)的白云母花岗伟晶岩脉是寻找铍矿的直接标志,古元古界达肯大坂岩群的片麻岩岩组(Pt_1D_1)和大理岩岩组(Pt_1D_3)是白云母花岗伟晶岩脉的主要赋存地层。在构造的交汇部位成矿的可能性极大,含矿伟晶岩(脉)的走向受次级断裂或韧性剪切构造控制,伟晶岩脉沿次级断裂及剪切带较发育,故次级断裂和韧性剪切带为重要的找矿标志。研究区内元素组合复杂,套合良好,特征值明显,有多处多元素综合异常区和 Be 元素富集区,区内 Be 等稀有金属元素具较高的丰度与较强的异化倾向,这些区域内成矿的可能性极大。柴北缘地区发育于花岗伟晶岩脉中的白云母化、钠长石化和沿构造破碎带发育的绿帘石化、绿泥石化为找矿的标志。十字石、电气石、绿柱石、锂辉石可作为寻找铍矿的特征矿物。

瓦勒尕地区成矿的基底金水口岩群为一套活动环境下的中-基性火山-沉积岩系,含有较高的 Au、Pb、Ba 等元素,金矿化相对密集产出的地段常常与基底岩系紧密相伴,后者可为成矿提供一定的 Au 元素;矿体均产于区域构造的次级构造蚀变带内,构造不但为成矿流体的流动渗透提供通道,为矿体就位提供有利的空间,而且构造变动产生的热流也是成矿作用的热源之一;NNW、NNE 向构造及其派生的次级构造蚀变蚀变带是矿体的良好储矿空间,构造的交切、开启和产状变化部位是金矿富集的主要地段;瓦勒尕矿区内广泛发育华力西期斜长花岗岩及花岗闪长岩,具有较高的 Au 含量背景值,在空间上与含金构造蚀变带关系密切。矿体出露地表,遭受强烈的氧化作用,氧化带发育,具强褐铁矿化;另外,硅化和绢云母化发育,是找矿直接标志。

阿斯哈矿区分布有含金构造破碎带 10 条,金矿体 21 条,铜矿体 1 条。其中控制程度较高、产出规模较大、矿体相对稳定的有 4 条,分别为 AuⅠ-1、AuⅡ-1、AuⅥ-1 和 AuⅧ-3 矿体。阿斯哈金矿床产于昆仑山北坡构造-岩浆岩带中,受区域性东西向断裂带控制,金矿体分布严格受构造破碎带构造控制。金矿体均产于东昆仑东段华力西期灰白色中-粗粒花岗闪长岩体中,矿石类型主要为构造蚀变岩型。从该区地质条件和成矿地质环境、矿体特征分析,矿床成因类型应为构造蚀变岩型矿床。矿化在时间上、空间上和成因上与形成于早印支期的酸性侵入体和基性脉岩有关,它们可能为成矿提供了驱动热源及部分物质来源。

果洛龙洼金矿区靠近昆中断裂,各类构造极其发育,包括脆性的断裂构造、节理构造、劈理构造以及韧性的剪切带构造、褶皱构造等。果洛龙洼金矿床赋矿地层为奥陶-志留纪纳赤台群。在矿体的两侧发育一定程度的矿化,矿化的近矿围岩中 Au 丰度值在$(1.5\sim27.9)\times10^{-9}$,平均达 10.0×10^{-9},高于中国陆壳克拉克值。同时,矿区基性脉岩发育,与矿脉在空间上并存,胡荣国等(2008)通过研究认为其金质可能来源于富集地幔,由基性脉岩的侵入作用带入地壳成矿。

红旗沟—深水潭金矿床是在东昆仑成矿带上发现的大型岩金矿床,位于青海省都兰县诺木洪乡五龙沟地区,地处东昆仑中段北坡,区内主要为断裂构造,呈北西—南东向。金矿体主要赋存在Ⅺ号含矿破碎蚀变带中,由 120 条金矿体组成,矿体具分段集中的特点,主要集中分布于水闸东沟、黄龙沟、黑石沟三个矿段。成矿期属印支晚期-燕山早期,矿床工业类型为构造蚀变岩型,矿床成因类型属中低温岩浆热液型。区内金矿体主要赋存于构造蚀变带内及上下盘接触带附近,受构造穿切的岩体和地层形成有金矿体,充分说明了断裂构造是成矿和控矿的最主要因素,它不仅为深部成矿热液的运移提供了通道,也是直接的储矿场所。

研究区在成矿区带上归属于东昆仑成矿省的欧龙布鲁克—乌兰钨(金、银、铜、稀有、稀土、稀散)成矿带,此带是青海省内铅、锌、金、银多金属及稀有、稀土矿床的成矿有利地区,具有形成关键金属矿床的潜力。该地区独特的地理位置及特殊的构造环境致使区内岩浆活动强烈、构造运动频繁,为各类矿床的形成提供了有利的成矿地质条件。岩石的形成和矿产的成矿均要依赖于各个条件的成熟与满足,其中地质因素为其中极其重要的条件,只有具备成岩成矿所需的地质条件,才有形成矿床的可能,所以在圈定找矿预测区时要充分考虑地质因素约束条件。

9.2 认识

柴北缘成矿带位于青藏高原东北部,带内构造运动强烈,岩浆活动频繁,成矿条件优越,成矿事实较多,其中的铍矿床为近些年来在该地区新发现的稀有金属矿床。本研究在收集、分析、总结前人对柴北缘地区地质矿产方面所做工作的基础上,通过野外调查、室内分析等方式掌握了研究区区域地质背景、矿区地质特征、矿床地球化学特征等信息,运用地质、矿床、地球化学、地球物理相结合的方法,以野外工作与室内分析为研究手段,对区域背景、矿区地质、矿床特征、主微量元素组成等进行了深入研究,探讨了成矿物质来源、成岩环境及成矿时代,系统分析了柴北缘铍矿床的成矿地质条件,并对该地区铍矿床的找矿方向进行了预测,在一定程度上弥补了柴北缘铍矿床成矿条件及找矿方向研究上的缺失,丰富了基础资料,可为今后相关的研究提供一定的帮助。综上所述,得出了如下结论与认识。

一是柴北缘地区的铍矿床以伟晶岩型为主,在研究区内伟晶岩发育,岩脉断续产出,阿木尼克、沙柳泉、柯柯、生格、察汗诺、茶卡北山等地区的伟晶岩脉呈现出带状展布、密集成群产出的特点。伟晶岩脉主要侵入古元古界的达肯大坂岩群和奥陶系的石英闪长岩体中,断裂及其次级裂隙构造发育地段为伟晶岩脉密集分布区,伟晶岩脉中 Be、Nb、Li、Ta 等元素富集。铍矿体大多产在伟晶岩脉中,已圈定有铍矿体的伟晶岩脉包括白云母花岗伟晶岩脉、含绿柱石花岗伟晶岩脉、含绿柱石锂辉石伟晶岩脉、花岗伟晶岩脉,矿体及周边围岩中发育硅化、白云母化、钠长石化和矽卡岩化等。矿石的成分主要包括钾长石、斜长石、石英、白云母和金属矿物,结构以花岗伟晶结构和文象结构为主,构造包括块状构造、条带状构造、千枚状构造、片状构造和眼球状构造,其中以块状构造为主。

二是围岩样品的稀土元素配分曲线为右倾型曲线,轻重稀土分异较明显;矿石样品的稀土元素配分曲线具有稀土元素四分组效应的特点,整体上轻重稀土分异不明显，δEu 和 δCe 的值均小于 1.00，表现出 Eu 和 Ce 负异常。在微量元素方面，围岩样品中富集 Cs、Rb、Ba、Nb、Ta、Ce，相对亏损 Y、Ho、Lu、Eu，矿石样品中富集 Rb、Ta、Nb、Cs，相对较亏损 Sr、Eu、Ho、Y。古元古界达肯大坂岩群为研究区内铍矿的主要赋矿地层，岩浆沿构造破碎带、地层裂隙等通道侵入屏蔽性较好的达肯大坂岩群中，其中的稀有金属元素在空隙中迁移、聚集，最终富集成矿。研究区内的北西向、近东西向断裂为主要的控矿构造，北西向、北东向、近东西向断裂及其次级裂隙常作为容矿构造，伟晶岩等受北西向和近东西断裂的控制，其的产出、就位均在断裂带内或受断裂的控制，铍矿在北西向、北东向、近东西向断裂及旁侧的地层或岩体中成矿。印支期的岩浆活动充当成矿热源促进了成矿作用的进行，并且使壳幔物质混合，为后期的成岩成矿提供了丰富的物源。

三是柴北缘铍矿床的成岩成矿在相对氧化的环境中，物质来源既与下地壳有关又与地幔有关，成岩成矿的时代为早中生代，即三叠纪时期。根据岩石地球化学特征及区域构造演化分析认为，伟晶岩形成的构造环境可能为陆内碰撞环境。达肯大坂岩群、伟晶岩脉为找寻铍矿的直接标志，钠长石化、白云母化为找矿的矿化标志，十字石、电气石、绿柱石、锂辉石为找矿的矿物标志，绿帘石化、绿泥石化为找矿的蚀变标志，构造的交汇部位、次级断裂和韧性剪切带含矿伟晶岩（脉）发育，成矿可能性大，为找矿的构造标志。柴北缘地区铍矿成矿条件优越，在分析研究现有铍矿床特征的基础之上综合各种成矿与找矿信息，共圈定找矿预测区 3 处。

四是研究区金矿床成矿条件良好。瓦勒尕金矿位于东昆仑东段，大地构造位置处于东昆仑前峰弧南侧复合拼贴带东段的北部，昆仑前峰弧及昆仑前峰弧南缘古生代消减杂岩带两个Ⅲ级构造单元的结合部位。区内地层受断裂和岩体影响出露残缺不全，多以岩片、断块形式出现，为一典型的有层无序的构造混杂岩带，具典型的造山带地层构造特征。瓦勒尕地区成矿的基底金水口岩群为一套活动环境下的中-基性火山-沉积岩系，形成于地壳克拉通化的初始期，是壳-幔相互作用的产物，成矿元素 Au、Pb、Ba 等含量均大于地壳平均值，尤其是 Au 元素在该套地层的各类岩石中含量均高于地壳平均值 $2\sim3$ 倍，含量变化为 $5.02\times10^{-9}\sim10.00\times10^{-9}$，平均达 6.99×10^{-9}，为区内 Au 元素的高背景地层，从而为 Au 成矿奠定了物质基础。瓦勒尕金矿床产于昆仑山北坡构造-岩浆岩带中，矿床的产出严格受区域性 NW 向断裂带控制；矿体定位于断裂带旁侧的 NNW—NNE 向脆性断裂内，矿体的形态、产状及分布均受断裂控制，矿石类型主要为构造蚀变岩型,围岩蚀变以黄铁矿化、绢云母化为基本特征。综上所述,该矿床主体应属构造蚀变岩型金矿床。

五是阿斯哈金矿体均产于东昆仑东段华力西期灰白色中-粗粒花岗闪长岩体中,另外,分布有少量的煌斑岩(云煌岩)脉,二者均与成矿作用密切相关,是重要的找矿标志;地表强氧化带发育,蚀变带地表呈黄褐色,负地形,且具强褐铁矿化、硅化和绢云母化是直接找矿标志。果洛龙洼金矿区含金石英脉产于奥陶-志留纪纳赤台群的绿泥绢云千糜岩,区内绿泥绢云千糜岩中的石英脉可作为找矿标志之一;构造蚀变带中的碎裂蚀变岩含有一定品位金,尤其是硅化、绢云母化、绿泥石化发育地段,金矿化均较好。另外,后期的褐铁矿和孔雀石沿裂隙贯入是该区重要找矿标志;黄铁矿、黄铜矿等硫化矿物是金的重要载体矿物,也是重要的找金标志;矿化均产于韧性剪切作用形成的绿泥绢云千糜岩中,故构造蚀变破碎带和剪切带也都是重要的找矿标志。红旗沟—深水潭金矿区北西—南东向断裂是重要的找矿标志;晚三叠系的中-酸性侵入岩是该地区金矿找矿的岩性标志;蚀变主要有毒砂矿化、黄铁矿化、硅化、绢云母化、碳酸盐化等,前两者与金矿化密切相关;与金矿化密切共生的金属硫化物在氧化带中形成褐铁矿化、黄钾铁钒化,呈醒目的褐黄色带,也是找矿的标志。

六是典型锂矿床在空间上的分布具有区域性特征,大多数锂矿床形成于中晚期伟晶岩脉或热液蚀变体中,盐湖型锂矿床的形成也需要满足封闭的相关地质条件。通过对比分析,将典型锂矿床概括为花岗伟晶岩型锂矿床和(沉积)盐湖型锂矿床两大类。我国锂矿资源主要集中在西藏、青海、新疆、四川、湖北、湖南和江西等地区,成矿时代主要集中在中生代、新生代和第四纪,成矿大地构造背景以造山运动之后的稳定环境为特点。花岗伟晶岩锂矿床含矿地层类型复杂多样,但容矿岩石比较单一,(沉积)盐湖型锂矿床锂元素的来源可能与火山喷发、构造缝合带和河流补给有紧密联系。我国锂矿资源相对丰富,花岗岩型锂矿床品位大多数都比较低,分布较广且开采难度相对较大,而由盐湖型矿床提取锂元素则成本较低、技术工艺相对简单且产品质量较好,已产生了良好的社会经济效益。因此,开展锂资源勘探与开发等系统性的研究工作,对于锂资源的综合利用具有非常重要的战略意义。

参考文献

Abdalla H M, Helba H A, Mohamed F H, 1998. Chemistry of columbite-tantalite minerals in rare metal granitoids, Eastern Desert, Egypt[J]. Mineralogical Magazine, 62(6): 821-836.

Alderton D H M, Pearce J A, Potts P J, 1980. Rare earth element mobility during granite alteration: Evidence from southwest England[J]. Earth and Planetary Science Letters, 49(1): 149-165.

Allou B A, Lu H Z, Guha J, et al, 2008. Columbite-tantalite distribution and placer formation in humid tropical areas: An example from the Issia columbite-tantalite district, central western Ivory coast[J]. Geotectonica Etmetallogenia, 32(2): 195-211.

Andersen T, Neumann E R, 2001. Fluid Inclusions in Mantle Xenoliths[J]. Lithos, 55(1/2/3/4): 301-320.

Ayers J C, Watson E B, 1993. Apatite/fluid partitioning of rare-earth elements and strontium: Experimental results at 1.0 Gpa and 1000℃ and application to models of fluid-rock interaction[J]. Chemical Geology, 110(1/2/3): 299-314.

Bajwah Z U, Seccombe P K, Offler R, 1987. Trace element distribution, Co: Ni ratios and genesis of the Big Cadia iron-copper deposit, New South Wales, Australia[J]. Mineralium Deposita, 22(4): 292-300.

Batchelor R A, Bowden P, 1985. Petrogenetic interpretation of granitoid rock series using multicationic parameters[J]. Chemical Geology, 48(1): 43-55.

Bavinton O A, Keays R R, 1978. Precious metal values from interflow sedimentary-rocks from Komatiite sequence at Kambalda, Western Australia[J]. Geochimica et Cosmochimica Acta, 42(8): 1151-1163.

Bau M, Dulski P, 1995. Comparative study of yttrium and rare-earth element behaviours in fluorine-rich hydrothermal fluids [J]. Contributions to Mineralogy and Petrology, 119: 213-223.

Bulnaev K B, 2006. Fluorine-beryllium deposits of the Vitim Highland, western Transbaikal region: Mineral types, localization conditions, magmatism and age[J]. Geology of Ore Deposits, 48(4): 277-289.

Belkasmi M, Cuney M, Pollard P J, et al, 2000. Chemistry of the Ta-Nb-Sn-W oxide minerals from the Yichun rare metal granite(SE China): Genetic implications and comparison with Moroccan and French Hercynian examples[J]. Mineralogical Magazine, 64(3): 507-523.

Belousova E, Griffin W, O'Reilly S Y, et al, 2002. Igneous zircon: Trace element composition as an indicator of source rock type[J]. Contribution to Mineralogy and Petrology, 143(5): 602-622.

Benning L G, Seward T M, 1996. Hydrosulphide complexing of Au(I) in hydrothermal solutions from 150~400℃ and 500~1500 bar[J]. Geochimica et Cosmochimica Acta, 60(11): 1849-1871.

Beus A A, 1986. Eochemistry of beryllium and genetic types of beryllium deposits[M]. California: W H Freeman San Francisco.

Bierlein F P, Pisarevsky S A, 2008. Plume-Related Oceanic Plateaus as a Potential Source of Gold Mineralization[J]. Economic Geology, 103(2): 425-430.

Bierlein F P, Groves D I, Goldfarb R J, et al, 2006. Lithospheric controls on the formation of provinces hosting giant orogenic gold deposits[J]. Mineralium Deposita, 40 (8): 874-886.

Bierlein F P, Maher S, 2001. Orogenic Disseminated gold in phanerozoic fol belts: Examples from Victoria, Australia and elsewhere[J]. Ore Geology Reviews, 18(1-2): 113-148.

Blackmon M L, Geisler J E, Pitcher E J, 1983. A general circulation model study of january climate anomaly patterns associated with interannual variation of equatorial Pacific Sea surface temperatures[J]. Journal of the Atmospheric Sciences, 40(6): 1410-1425.

Boyle R W, Jonasson I R, 1973. The geochemistry of arsenic and its use as an indicator element in geochemical prospecting[J]. Journal of Geochemical Exploration, 2(3): 251-296.

Bralia A, Sabatini G, Troja F, 1979. A revaluation of the Co / Ni ratio in pyrite as geochemical tool in ore genesis problems[J]. Mineralium Deposita, 14(3): 353-374.

Bulnaev,2006. Fluorine-beryllium deposits of the Vitim Highland, western Transbaikal region: Mineral types, localization conditions, magmatism, and age[J]. Geology of Ore Deposits, 48(4): 277-289.

Carley T L, Miller C F, Wooden J L, et al, 2014. Iceland is not a magmatic analog for the Hadean: Evidence from the zircon record[J]. Earth and Planetary Science Letters, 405: 85-97.

Cawood P A, Hawkesworth C J, Dhuime B, 2012. Detrital zircon record and tectonic setting [J]. Geology, 40(10): 875-878.

Cerny P, London D, Novak M, 2012. Granitic pegmatites as reflections of their sources[J].

Elements, 8(4): 289-294.

Chang Z S, Large R R, Maslennikov V, 2008. Sulfur isotopes in sediment-hosted orogenic gold deposits: evidence for an early timing and a seawater sulfur source[J]. Geology, 36(12): 971-974.

Chai P, Sun J G, Hou Z Q, et al, 2016. Geological fluid inclusion, H-O-S-Pb isotope, and Ar-Ar geochronology constraints on the genesis of the Nancha gold deposit, southern Jilin Province, Northeast China[J]. Ore Geology Reviews, 72(1): 1053-1071.

Chamberlain K R, Frost C D, Frost B R, 2003. Early Archean to Mesoproterozoic evolution of the Wyoming Province: Archean origins to modern lithospheric architecture[J]. Canadian Journal of Earth Sciences, 40(10): 1357-1374.

Chaussidon M, Lorand J P, 1990. Sulphur isotope composition of orogenic spinel lherzolite massifs from Ariege (North-Eastern Pyrenees, France): An ion microprobe study[J]. Geochimica et Cosmochimica Acta, 54(10): 2835-2846.

Chen B, Zhai M, 2003. Geochemistry of late Mesozoic lamprophyre dykes from the Taihang Mountains, north China, and implications for the sub-continental lithospheric mantle[J]. Geological Magazine, 140(1): 87-93.

Chen D L, Liu L, Sun Y, 2009. Geochemistry and zircon U-Pb dating and its implications of the Yukahe HP/UHP terrane, the North Qaidam, NW China[J]. Journal of Asian Earth Sciences, 35(3): 259-272.

Chen H, Wang M, Yang J M, 2015. Geochemical characteristic of ore controlling foctros of Xinjiang Baiyanghe uranium-beryllium deposit[J]. Journal of East Chian Institute of Technology (Natural Science Edition), 38(4): 364-368.

Chen N S, Gong S L, Sun M, 2009. Precambrian evolution of the Quanji Block, northeastern margin of Tibet Insights from zircon U-Pb and Lu-Hf isotope compositions[J]. Journal of Asian Earth Sciences, 35(3/4): 367-376.

Chen P J, 2000. Paleoenvironmental changes during the Cretaceous in Eastern China[J]. Developments in Palaeontology and Stratigraphy, 17: 81-90.

Chen X, Xu R K, Schertl H P, et al, 2018. Eclogite-facies metamorphism in impure marble from North Qaidam orogenic belt: Geodynamic implications for early Paleozoic continental-arc collision[J]. Lithos, 310/311: 201-224.

Chen X, Xu R K, Zheng Y Y, et al, 2018. Petrology and geochemistry of high niobium eclogite in the North Qaidam orogeny, Western China: Implications for an eclogite facies metamorphosed island arc slice[J]. Journal of Asian Earth Sciences, 164: 380-397.

Cheney E S, Roering C, Winter H D L R, 1990. The Archean-Proterozoic boundary in the

Kaapvaal Province of Southern Africa[J]. Precambrian Research, 46(4): 329-340.

Chiaradia M, Fontbote L, Paladines A, 2004. Metal sources in mineral deposits and crustal rocks of Ecuador(1N-4S): A lead isotope synthesis[J]. Economic Geology, 99(6): 1085-1106.

Marignac C, Cuney M, Cathelineau M, et al, 2020. The panasqueira rare metal granite suites and their involvement in the genesis of the world-class panasqueira W-Sn-Cu vein deposit: A petrographic, mineralogical, and geochemical study[J]. Minerals, 10(6): 562-609.

Claoue'-Long J C, King R W, Kerrich R, 1990. Archaean hydrothermal zircon in the Abitibi greenstone belt: Constraints on the timing of gold mineralisation[J]. Earth and Planetary Science Letters, 98(1): 109-128.

Claoue'-Long, J C, King R W, Kerrich R, 1992. Reply to comment by F. Corfu and D.W. Davis on "Archaean hydrothermal zircon in the Abitibi greenstone belt: Constraints on the timing of gold mineralisation"[J]. Earth and Planetary Science Letters, 109(3-4): 601-609.

Cook N J, Chryssoulis S L, 1990. Concentrations of invisible gold in the common sulfides[J]. Canadian Mineralogist, v.28: 1-16.

Craw D, MacKenzie D J, Pitcairn I K, et al, 2007. Geochemical signatures of mesothermal Au-mineralized late-metamorphic deformation zones, Otago schist, New Zealand [J]. Geochemistry-Exploration, Environment, Analysis, 7: 225-232.

Crocket J H, 1991. Distribution of gold in the Earth's crust, in Foster R P, eds., Gold metallogeny and exploration[M]. London, New York: N. Y, Chapman and Hall: 1-36.

Damdinova L B, Smirnov S Z, Damdinov B B, 2015. Formation conditions of high-grade beryllium ore at the Snezhnoe deposit, Eastern Sayan[J]. Geology of Ore Deposits, 57(6): 454-464.

De Boorder H, 2012. Spatial and temporal distribution of the orogenic gold deposits in the late palaeozoic variscides and Southern Tianshan: How Orogenic are They? [J]. Ore Geology Reviews, 46: 1-31.

Deng J, Wang C M, Bagas L, 2015. Cretaceous-cenozoic tectonic history of the Jiaojia fault and gold mineralization in the Jiaodong peninsula, China: Constraints from Zircon U-Pb, Illite K-Ar, and Apatite Fission Track Thermochronometry [J]. Mineralium Deposita, 50 (8): 987-1006.

Deng J, Wang Q F, 2016. Gold mineralization in China: Metallogenic provinces, deposit types and tectonic framework[J]. Gondwana Research, 36: 219-274.

Deng J, Wang Q F, Li G J, 2015. Structural Control and Genesis of the Oligocene Zhenyuan Orogenic Gold Deposit, SW China[J]. Ore Geology Reviews, 65: 42-54.

Detmers J, Brüchert V, Habicht K S, et al, 2001. Diversity of sulfur isotope fractionations by sulfate-reducing prokaryotes[J]. Applied and Environmental Microbiology, 67(2): 888-894.

Dill H G, 2010. The"chessboard"classification scheme of mineral deposits: Mineralogy and geology from aluminum to zirconium[J]. Earth-Science Reviews, 100(1/2/3/4): 1-420.

Distler V V, Yudovskaya M A, Mitrofanov G L, et al, 2004. Geology, composition and genesis of the Sukhoi Log noble metals deposit, Russia[J]. Ore Geology Reviews, 24(1/2): 7-44.

Dickinson W R, Gehrels G E, 2009. Use of U-Pb ages of detrital zircons to infer maximum depositional ages of strata: a test against a Colorado Plateau Mesozoic database[J]. Earth and Planetary Science Letters, 288(1/2): 115-125.

Doe B R, Zartman R E, 1979. Plumbotectonics, the phanerozoic. In: Barnes HL (ed.). Geochemistry of hydrothermal ore deposits[M]. Edition, New York: Wiley: 22-70.

Dong C Q, Yi J R, 2005. Prospect of Beryllium Copper Alloy's Market and Applicatoin[J]. Chinese Journal of rare metals, 29(3): 350-356.

Driesner T, 1997. The effect of pressure on deuterium-hydrogen fractionation in high-temperature water[J]. Science, 277(5327): 791-794.

Dubinska E, Bylina P, Kozlowski A, 2004. U-Pb dating of serpentinization: Hydrothermal zircon from a metasomatic rodingite shell (Sudetic ophiolite, SW Poland) [J]. Chemical Geology, 203(3-4): 183-203.

Du S J, Wen H J, Qin C J, et al, 2014. Occurrence of beryllium in the Maka tungsten polymetallic deposit in Malipo county, Province and its significance[J]. Acta Mineralogica Sinica, 34(4): 446-450.

Duan Z P, Jiang S Y, Su H M, et al, 2021. Geochronological and geochemical investigations of the granites from the giant Shihuiyao Rb (Nb-Ta-Be-Li) deposit, Inner Mongolia: Implications for magma source, magmatic evolution, and rare metal mineralization[J]. Lithos: 400-401.

Elmer F L ,2006, White R W, Powell R, 2006. Devolatilization of metabasic rocks during greenschist – amphibolite facies metamorphism[J]. Journal of Metamorphic Geology, 24(6): 497-513.

Evans D A D, Mitchell R N, 2011. Assembly and breakup of the core of paleoproterozoic-mesoproterozoic supercontinent nuna[J]. Geology, 39(5): 443-446.

Evans K A, Powell R, Holland T J B, 2010. Internally consistent data for sulphur-bearing phases and application to the construction of pseudosections for mafic greenschist facies rocks in $Na_2O-CaO-K_2O-FeO-MgO-Al_2O_3-SiO_2-CO_2-O-S-H_2O$[J]. Journal of Metamorphic Geology, 28(6): 667-687.

Ferry, J M, 1981. Petrology of graphitic sulfide-rich schists from south-central Maine: An example of desulfidation during prograde regional metamorphism[J]. American Mineralogist, 66, 908-930.

Floyd D R, Lowe J N, 1979. Beryllium Science and Technology[M]. Boston, MA: Springer US.

Gebre-Mariam M, Hagemann S G, Groves D I, 1995. A classification scheme for epigenetic archaean lode-gold deposits[J]. Mineralium Deposita, 30(5): 408-410.

Geisler T, Rashwan A A, Rahn M K W, 2003. Low-temperature hydrothermal alteration of natural metamict zircons from the Eastern Desert, Egypt[J]. Minera Logical Magazine, 67(3): 485-508.

Goldfarb R J, Groves D I, Gardoll S, 2001. Orogenic gold and geologic time: a global synthesis[J]. Ore geology Reviews, 18(1): 1-75.

Goldfarb R J, Groves D I, 2015. Orogenic gold: common or evolving fluid and metal sources through time[J]. Lithos, 233: 2-26.

Goldfarb R J, Hart C, Davis G, Groves D, 2007. East Asian gold: Deciphering the anomaly of Phanerozoic gold in Precambrian cratons[J]. Economic Geology, 102(3): 341-345.

Goldfarb R J, Santosh M, 2014. The dilemma of the Jiaodong gold deposits: Are they unique? [J]. Geoscience Frontiers, 5(2): 139-153.

Goldfarb R J, Taylor R D, Collins G S, 2014. Phanerozoic continental growth and gold metallogeny of Asia[J]. Gondwana Research, 25(1): 48-102.

Gregory D D, Large R R, Halpin J A, et al, 2015. Trace element content of background sedimentary pyrite in black shales[J]. Economic Geology, v.110: 1389-1410.

Grew E S, 2002. Mineralogy, petrology and geochemistry of beryllium: an introduction and list of beryllium minerals in E. S. Grew, ed., Beryllium-mineralogy, petrology, and geochemistry: Reviews in Mineralogy and Geochemistry[M]. Oxford: Blackwell: 1-49.

Groves D I, Barley M E, Barnicoat A C, et al, 1992. Subgreenschist to granulite-hosted Archaean lode-gold deposits of the Yilgarn Craton: a depositional continuum from deep-sourced hydrothermal fluids in crustal-scale plumbing systems[J]. The University of Western Australia Publication, 22: 325-337.

Groves D I, Goldfarb R J, Gebre-Mariam M, et al, 1998. Orogenic gold deposits: A proposed classification in the context of their crustal distribution and relationship to other gold deposit types[J]. Ore geology Reviews, 13(1): 7-27.

Groves D I, 1993. The crustal continuum model for late-Archaean lode-gold deposits of the Yilgarn Block, Western Australia[J]. Mineralium Deposita, 28(6): 366-374.

Groves D I, Goldfarb R J, Gebre-Mariam M, et al, 1998. Orogenic gold deposits: A proposed classification in the context of their crustal distribution and relationship to other gold deposit types[J]. Ore Geology Reviews, 13: 7-27.

Groves D I, Santosh M, 2015. Province-scale commonalities of some world class gold deposits: implications for mineral exploration[J]. Geoscience Frontiers, 6(3): 389-399.

Groves D I, Santosh M, 2016. The giant jiaodong gold province: the key to a unified model for orogenic gold deposits? [J]. Geoscience Frontiers, 7(3): 409-417.

Groves D I, Santosh M, Deng J, 2020. A holistic model for the origin of orogenic gold deposits and its implications for exploration[J]. Mineralium Deposita, 55(2): 275-292.

Griffin W L, Begg G C, O'Reilly S Y, 2013. Continental root control on the genesis of magmatic ore deposits[J]. Nature Geoscience, 6(11): 905-910.

Gruber P, Medina P, 2010. Global lithium availability: A constraintfor electronic vehicles? [J]. Journal of Industrial Ecology, 15(5): 760-775.

Gu X X, Zhang Y M, Li B H, et al, 2012. Hydrocarbon-and ore-bearing basinal fluids: A possible link between gold mineralization and hydrocarbon accumulation in the Youjiang basin, South China[J]. Mineralium Deposita, 47(6): 663-682.

Haas J R, Shock E L, Sassani D C, 1995. Rare earth elements in hydrothermal systems: Estimates of standard partial molal thermodynamic properties of aqueous complexes of the rare earth elements at high pressures and temperatures[J]. Geochimica et Cosmochimica Acta, 59 (21): 4329-4350.

Hatheway A E, 1995. Design and analysis of l-m beryllium space telescope[J]. Proceedings of SPIE-The International Society for Optical Engineering, 2542: 244-257.

Hawkesworth C, Schersténi A, 2007. Mantle plumes and geochemistry [J]. Chemical Geology, 241: 319-331.

Haxel, G B, 2002. Geochemical evaluation of the NURE data for the southwest United States: Geological Society of America[J]. Abstracts With Programs, 34(6): 340.

Hedenquist J W, Lowenstern J B, 1994. The role of magmas in the formation of hydrothermal ore deposits[J]. Nature, 370(6490): 519-527.

Hedenquist J W, Arribas A, Gonzalez-Urien E, 2000. Exploration for epithermal gold deposits[J]. Reviews in Economic Geology, 13: 245-277.

Heinrich C A, Driesner T, Stefánsson A., et al, 2004. Magmatic vapor contraction and the transport of gold from the porphyry environment to epithermal ore deposits [J]. Geology, 32(9): 761-764.

Henley R W, Norris R J, Paterson C J, 1976. Multistage ore genesis in the New Zealand geosyncline: A history of post-metamorphic lode emplacement[J]. Mineralium Deposita, 11 (2): 180-196.

Hillard P D, 1969. Geology and beryllium mineralization near Apache Warm Springs, Socorro County, New Mexico: Socorro, New Mexico Bureau of Mines and Mineral Resources Circular[J]. Geological Society of America Special Papers, 103: 16.

Hodkiewicz P F, Groves D I, Davidson G J, et al, 2008. Influence of structural setting on sulphur isotopes in Archean orogenic gold deposits, eastern goldfields province, Yilgarn, Western Australia[J]. Mineralium Deposita, 44(2): 129-150.

Hoefs J, 1975. Geochemistry of stable isotopes[J]. Angewandte Chemie International Edition in English, 14(2): 75-79.

Hofmann A W, 1988. Chemical differentiation of the earth: the relationship between mantle, continental crust, and oceanic crust[J]. Earth and Planetary Science Letters, 90(3): 297-314.

Hoffman P F, 1989. Speculations on laurentia's first gigayear (2.0 to 1.0 ga)[J]. Geology, 14(3): 117-125.

Hofstra A H, Snee L W, Rye R O, et al, 1999. Age constraints on Jerritt Canyon and other Carlin-type gold deposits in the western United States-relationship to mid-Tertiary extension and magmatism[J]. Economic Geology, 94(6): 769-802.

Horita J, Driesner T, Cole D R, 1999. Pressure effect on hydrogen isotope fractionation between brucite and water at elevated temperatures[J]. Science, 286(5444): 1545-1547.

Hoskin P W O, 2005. Trace-element composition of hydrothermal zircon and the alteration of Hadean zircon from the Jack Hills, Australia[J]. Geochimica et Cosmochimica Acta, 69(3): 637-648.

Hoskin P W O, Ireland T R, 2000. Rare earth element chemistry of zircon and its use as a provenance indicator[J]. Geology, 28(7): 627-630.

Hoskin P W O, Schaltegger U, 2003. The composition of zircon and igneous and metamorphic petrogenesis[J]. Reviews in Mineralogy and Geochemistry, 53(1): 27-62.

Hou Z Q, Zhang H R, Pan X F, et al, 2011. Porphyry Cu (Mo-Au) deposits related to melting of thickened mafic lower crust: examples from the eastern Tethyan metallogenic domain[J]. Ore Geology Reviews, 39: 21-45.

Hronsky J M A, Groves D I, Loucks R R, et al, 2012. A unified model for gold mineralisation in accretionary orogens and implications for regional-scale exploration targeting methods[J]. Mineralium Deposita, 47(4): 339-358.

Hu G H, Zhou Y Y, Zhao T P, 2012. Depositional age and provenance of the Wu Foshan Group in the southern margin of the North China Craton: Evidence from detrital zircon U-Pb ages and Hf isotopic composition[J]. Acta Petrologica Sinca, 28(11): 3692-3704.

Hu S Y, Evans K, Craw D, et al, 2015. Raman characterization of carbonaceous material in the macraes orogenic gold deposit and metasedimentary host rocks, New Zealand[J]. Ore Geology Reviews, 70: 80-95.

Hu S Y, Evans K, Craw D, et al, 2017. Resolving the role of carbonaceous material in gold precipitation in metasediment-hosted orogenic gold deposits[J]. Geology, 45: 167-170.

Hu S Y, Evans K, Fisher L, et al, 2016. Associations between sulfides, carbonaceous material, gold, and other trace elements in polyframboids: Implications for the source of orogenic gold deposits, Otago schist, New Zealand[J]. Geochimica et Cosmochimica Acta, 180: 197-213.

Hu Z C, Zhang W, Liu Y S, et al, 2015. "Wave" signal smoothing and mercury removing device for laser ablation quadrupole and multiple collector ICPMS analysis: application to lead isotope analysis[J]. Analytical Chemistry, 87: 1152-1157.

Wang J X, Sun P C, Liu Z J, et al, 2020. Depositional environmental controls on the genesis and characteristics of oil shale: Case study of the Middle Jurassic Shimengou Formation, northern Qaidam Basin, north-west China[J]. Geological Journal, 55(6): 4585-4603.

Kamona A F, Lévêque J, Friedrich G, et al, 1999. Lead isotopes of the carbonate-hosted Kabwe, Tsumeb, and Kipushi Pb-Zn-Cu sulphide deposits in relation to Pan African orogenesis in the Damaran-Lufilian fold belt of Central Africa[J]. Mineralium Deposita, 34(3): 273-283.

Keays R R, 1987. Principles of mobilization (dissolution) of metals in mafic and ultramafic rocks — The role of immiscible magmatic sulphides in the generation of hydrothermal gold and volcanogenic massive sulphide deposits[J]. Ore Geology Reviews, 2: 47-63.

Keith M, Häckel F, Haase K M, et al, 2016. Trace element systematics of pyrite from submarine hydrothermal vents[J]. Ore Geology Reviews, 72(11): 728-745.

Kelty T K, Yin A, Dash B, 2008. Detrital-zircon geochronology of paleozoic sedimentary rocks in the Hangay-Hentey Basin, northcentral Mongolia: Implications for the tectonic evolution of the Mogol-Okhotsk Ocean in Central Asia[J]. Tectonophysics, 451: 290-311.

Kempe U, Götze J, Dandar S, et al, 1999. Magmatic and metasomatic processes during formation of the Nb-Zr-REE deposits Khaldzan Buregte and Tsakhir (Mongolian Altai): Indications from a combined CL-SEM Study[J]. Mineralogical Magazine, 63(2): 165-165.

Keppler H, 1996. Constraints from partitioning experiments on the composition of subduction zone fluids[J]. Nature, 380: 2378-2401.

Kerrich R, Goldfarb D, Groves S, et al, 2000. The characteristics, origins, and geodynamic settings of supergiant gold metallogenic provinces[J]. Science in China (Series D), Earth

Sciences, 43: 1-68.

Kerrich R K, King R, 1994. 100 Ma timing paradox of Archean gold, Abitibi greenstone-belt (Canada): New evidence from U-Pb and Pb-Pb evaporation ages of hydrothermal zircons[J]. Geology, 22(12): 1131-1134.

Kerrich R, 1993. Hydrothermal zircon and baddeleyite in Val-d'Or Archean mesothermal gold deposits: Characteristics, compositions, and fluid-inclusion properties, with implications for timing of primary gold mineralization [J]. Canadian Journal of Earth Sciences, 30: 2334-2351.

Kerrich R, Wyman D, 1990. Geodynamic setting of mesothermal gold deposits: An association with accretionary tectonic regimes[J]. Geology, 18(9): 882-825.

Ketris M P, Yudovich Y E, 2009. Estimations of clarkes for carbonaceous biolithes: World averages for trace element contents in black shales and coals[J]. International Journal of Coal Geology, 78: 135-148.

Khomutov A, Barabash V, Chakin V, et al, 2002. Beryllium for fusion application-recent results[J]. Journal of Nuclear Materials, 307: 630-637.

Large R R, Bull S W, Maslennikov V V, 2011. A carbonaceous sedimentary source-rock model for Carlin-type and orogenic gold deposits[J]. Economic Geology, 106(3): 331-358.

Large R R, Danyushevsky L, Hollit C, et al, 2009. Gold and trace element zonation in pyrite using a laser imaging technique: Implications for the timing of gold in orogenic and Carlin-style sediment-hosted deposits[J]. Economic Geology, 104(5): 635-668.

Large R R, Halpin J A, Danyushevsky L V, et al, 2014. Trace element content of sedimentary pyrite as a new proxy for deep-time ocean-atmosphere evolution[J]. Earth and Planetary Science Letters, 389(1): 209-220.

Large R R, Maslennikov V V, Robert F, et al, 2007. Multistage sedimentary and metamorphic origin of pyrite and gold in the giant Sukhoi Log deposit, Lena Gold Province, Russia[J]. Economic Geology, 102, 1232-1267.

Lawrence D M, Treloar P J, Rankin A H, et al, 2013. A fluid inclusion and stable isotope study at the Loulo Mining district, Mali, West Africa: Implications for multifluid sources in the generation of orogenic gold deposits[J]. Economic Geology, 108(2): 229-257.

Li J, Huang X L, Fu Q, et al, 2021. Tungsten mineralization during the evolution of a magmatic-hydrothermal system: Mineralogical evidence from the Xihuashan rare-metal granite in South China[J]. American Mineralogist, 106(3): 443-460.

Jian-Wei L, Vasconcelos P, Mei-Fu Z, et al, 2006. Geochronology of the Pengjiakuang and Rushan Gold Deposits, Eastern Jiaodong Gold Province, Northeastern China: Implications for regional mineralization and geodynamic setting[J]. Economic Geology, 101: 1023-1038.

Li L, Santosh M, Li S R, 2015. The 'Jiaodong type' gold deposits: characteristics, origin and prospecting[J]. Ore Geology Reviews, 65: 589-611.

Li N, Deng J, Yang L Q, et al, 2014. Paragenesis and geochemistry of ore minerals in the epizonal gold deposits of the Yangshan gold belt, West Qinling, China [J]. Mineralium Deposita, 49(4): 427-449.

Li Yuegao, Li Wenyuan, Jia Qunzi, et al, 2018. The dynamic sulfide saturation process and a possible slab break-off model for the giant Xiarihamu magmatic nickel ore deposit in the east Kunlun orogenic belt, northern Qinghai-Tibet plateau, China[J]. Economic Geology and the Bulletin of the Society of Economic Geologists, 6(113): 1383-1417.

Lin Y, Pollard P J, Hu S X, et al, 1995. Geologic and geochemical characteristics of the Yichun Ta-Nb-Li deposit, Jiangxi Province, South China[J]. Economic Geology & the Bulletin of the Society of Economic Geologists, 90(3): 577-585.

Linnen R L, Cuney M, 2005. Granite-related rare-element deposits and experimental constraints on Ta-Nb-W-Sn-Zr-Hf mineralization. In: Linnen R L, Samson I M, eds. Rare-Element Geochemistry and Mineral Deposits[J]. Geol Ass Can Gac Short Course Notes, 17: 46-47.

Linnen R L, Van Lichtervelde M, Cerny P, 2012. Granitic pegematites as sources of strategic metals[J]. Elements, 8(4): 275-280.

Lisitsin V A, Pitcairn I K, 2016. Orogenic gold mineral systems of the Western Lachlan Orogen (Victoria) and the Hodgkinson Province (Queensland): Crustal metal sources and cryptic zones of regional fluid flow[J]. Ore Geology Reviews, 76(1): 280-295.

Liu Y S, Gao S, Hu Z C, et al, 2009. Continental and oceanic crust recycling-induced melt-peridotite interactions in the Trans-North China Orogen: U-Pb dating, Hf isotopes and trace elements in zircons from mantle xenoliths[J]. Journal of Petrology, 51(1/2), 537-571.

London D, 1986. Magmatic-hydrothermal transition in the Tanco rare-element pegmatite: evidence from fluid inclusions and phase-equilibrium experiments[J]. American Mineralogist, 71(3-4): 376-395.

London D, Morgan G B, 2012. The pegmatite puzzle[J]. Elements, 8(4): 263-268.

London D, 2018. Ore-forming processes within granitic pegmatites [J]. Ore Geology Reviews, 101: 349-383.

Luque F J, Ortega L, Barrenechea J F, et al, 2009. Deposition of highly crystalline graphite from moderate-temperature fluids[J]. Geology, v.37: 275-278.

Macfarlane A W, Marcet P, LeHuray AP, et al, 1990. Lead isotope provinces of the central

Andes inferred from ores and crustal rocks[J]. Economic Geology, 85(8): 1857-1880.

Mahdy N M., Ntaflos T, Pease V, et al, 2020. Combined zircon U-Pb dating and chemical Th-U-total Pb chronology of monazite and thorite, Abu Diab A-type granite, Central Eastern Desert of Egypt: Constraints on the timing and magmatic-hydrothermal evolution of rare metal granitic magmatism in the Arabian Nubian Shield[J]. Geochemistry, 80(4): 125669.

Campbell McCuaig T, Kerrich R, 1998. P — T — t — deformation-fluid characteristics of lode gold deposits: evidence from alteration systematics[J]. Ore Geology Reviews, 12(6): 381-453.

Mckeag S A, Craw D, Norris R J, 1989. Origin and deposition of a graphitic schist-hosted metamorphogenic Au-W deposit, Macraes, East Otago, New Zealand [J]. Mineralium Deposita, 24(2): 124-131.

Meert J G, 2012. What's in a name? the columbia (paleopangaea/nuna) supercontinent[J]. Gondwana Research, 21(4): 987-993.

Michallik R M, Wagner T, Fusswinkel T, 2021. Late-stage fluid exsolution and fluid phase separation processes in granitic pegmatites: Insights from fluid inclusion studies of the Luumäki gem beryl pegmatite(SE Finland)[J]. Lithos: 380-381.

Middlemost E A K, 1994. Naming materials in the Magma/igneous rock system[J]. Earth-Science Reviews, 37(3/4): 215-224.

Mikucki E J, 1998. Hydrothermal transport and depositional processes in Archean lode-gold systems: A review[J]. Ore Geology Reviews, 13(1/2/3/4/5): 307-321.

Mishra B, Olson D L, 1968. Electrolytic extraction of beryllium, mineral processing and extractive metallurgy review[J]. An International Journal of Mining and Metallurgical Bulletin, 64: 68-71.

Mungall J E, 2002. Roasting the mantle: Slab melting and the genesis of major Au and Au-rich Cu deposits[J]. Geology, 30(10): 915-918.

Naden J, Shepherd T J, 1989. Role of methane and carbon dioxide in gold deposition[J]. Nature, 342: 793-795.

Neall F B, Phillips G N, 1987. Fluid-wall rock interaction in an Archean hydrothermal gold deposit: a thermodynamic model for the Hunt Mine, Kambalda[J]. Economic Geology, 82(7): 1679-1694.

Nesbitt R W, Pascual E, Fanning C M, 1999. U-Pb dating of stockwork zircons from the eastern Iberian Pyrite Belt[J]. Journal of the Geological Society, 156(1): 7-10.

Nie Z, Bu L, Heng M, et al, 2010. Phase chemistry study of the zabuye salt lake brine: Isothermal evaporation at 15℃ and 25℃[J]. Acta Geologica Sinica, 84(6): 1533-1538.

Ohmoto, H, 1972. Systematics of sulfur and carbon isotopes in hydrothermal ore deposits [J]. Economic Geology, 67(5): 551-578.

Ohmoto H, Rye R O, 1979. Isotopes of sulfur and carbon[A]. In: Barnes, H. L, ed. Geochemistry of hydrothermal ore deposits[M]. New York: Wiley, 509-567.

Oreskes N, Einaudi M T, 1990. Origin of rare earth element-enriched hematite breccias at the Olympic Dam Cu-U-Au-Ag deposit, Roxby Downs, South Australia [J]. Economic Geology, 85: 1-28.

Partington G A, McNaughton N J, 1995, Williams I S, 1995. A review of the geology, mineralization, and geochronology of the greenbushes pegmatite, western Australia [J]. Economic Geology, 90(3): 616-635.

Pearce J A, Harris N B W, Tindle A G, 1984. Trace element discrimination diagrams for the tectonic interpretation of granitic rocks[J]. Journal of Petrology, 25: 956-983.

Phillips G N, Evans K A, 2004. Role of CO_2 in the formation of gold deposits[J]. Nature, 429(6994): 860-863.

Phillips G N, Groves D I, Brown I J, 1987. Source requirements for the Golden Mile, Kalgoorlie: Significance to the metamorphic replacement model for Archean gold deposits[J]. Canadian Journal of Earth Sciences, 24: 1643-1651.

Phillips G N, Groves D I, Neall F B, et al, 1986. Anomalous sulfur isotope compositions in the Golden Mile, Kalgoorlie[J]. Economic Geology, v.81: 2008-2015.

Phillips G N, Powell R, 2009. Formation of gold deposits: Review and evaluation of the continuum model[J]. Earth-Science Reviews, 94: 1-21.

Phillips G N, Powell R, 2010. Formation of gold deposits: A metamorphic devolatilization model[J]. Journal of Metamorphic Geology, 28(6): 689-718.

Phillips G N, Powell R, 1993. Link between Gold Provinces[J]. Economic Geology, 88(5): 1084-1098.

Pitcairn I K, Teagle D A H, Craw D, et al, 2006. Sources of metals and fluids in orogenic gold deposits: Insights from the otago and alpine schists, New Zealand[J]. Economic Geology, 101: 1525-1546.

Powell R, Will T M, Phillips G N, 1991. Metamorphism in Archaean greenstone belts: Calculated fluid compositions and implications for gold mineralization [J]. Journal of Metamorphic Geology, 9: 141-150.

Pokrovski G S, Kara S, Roux J, 2002. Stability and solubility of arsenopyrite, FeAsS, in crustal fluids[J]. Geochimica et Cosmochimica Acta, 66(13): 2361-2378.

Raimbault L, Cuney M, Azencott C, et al, 1995. Geochemical evidence for a multistage magmatic genesis of Ta-Sn-Li mineralization in the granite at Beauvoir, French Massif Central [J]. Economic Geology, 90(3): 548-576.

Rauchenstein-Martinek K, Wagner T W, Wälle M, 2014. Gold concentrations in metamorphic fluids: A LA-ICPMS study of fluid inclusions from the Alpine orogenic belt[J]. Chemical Geology, 385(1): 70-83.

Raymond O L, 1996. Pyrite composition and ore genesis in the Prince Lyell copper deposit, Mt Lyell mineral field, western Tasmania, Australia[J]. Ore Geology Reviews, 10(3/4/5/6): 231-250.

Reich M, Kesler S E, Utsunomiya S, 2005. Solubility of gold in Arsenian Pyrite[J]. Geochimica et Cosmochimica Acta, 69(11): 2781-2796.

Richards J P, Kerrich R, 2007. Adakite-like rocks: Their diverse origins and questionable role in metallogenesis[J]. Economic Geology, 102: 537-576.

Ridley J R, Diamond L W, 2010. Fluid chemistry of orogenic lode gold deposits and implications for genetic models[J]. Economic Geology, 13: 141-162.

Rimmer S M, 2004. Geochemical paleoredox indicators in Devonian-Mississippian black shales, Central Appalachian Basin, (USA)[J]. Chemical Geology, 206(3/4): 372-391.

Rober, F, Kelly W C, 1987. Ore-forming fluids in Archean gold-bearing quartz veins at the Sigma Mine, Abitibi greenstone belt, Quebec, Canada[J]. Economic Geology, 82 (6): 1464-1482.

Rollinson H R, 1993. Using Geochemical Data: Evalution, Presentation, Interpretation[M]. London: Longman Scientific Technical Press.

Rubatto D, Hermann J, 2003. Zircon formation during fluid circulation in eclogites (Monviso, Western Alps): Implications for Zr and Hf budget in subduction zones [J]. Geochimica et Cosmochimica Acta, 67: 2173-2187.

Rubatto D, 2002. Zircon trace element geochemistry: Partitioning with garnet and the link between U-Pb ages and metamorphism[J]. Chemical Geology, 184(1): 123-138.

Rudnick R L, Gao S, 2003. Composition of the continental crust. In: Rudnick R L, Holland H D, Turekian K K (Eds.)[J]. The Crust Treatise on Geochemistry, 3: 1-64.

Salazar K, McNutt M K, 2011. Mineral commodity summaries[R]. US Geological Survey, Reston, Virginia.

Schoenlaub R A, 1955. Process of Extracting Beryllium Oxide[P]. US 2721116.

Selway J B, Breaks F W, Tindle A G, 2005. A review of rare-element(Li-Cs-Ta) pegmatite exploration techniques for the Superior Province, Canada, and large worldwide tantalum deposits[J]. Exploration and Mining Geology, 14: 1-30.

Seno T, Kirby S H, 2014. Formation of Plate Boundaries: The role of mantle volatilization [J]. Earth Science Reviews, 129: 85-99.

Shen P, Shen Y C, Li X H, et al, 2012. Northwestern Junggar Basin, Xiemisitai Mountains, China: A geochemical and geochronological approach[J]. Lithos, 16(140): 103-118.

Sheppard S M F, 1977. The Cornubian batholith, SW England: D/H and $^{18}O/^{16}O$ studies of kaolinite and other alteration minerals[J]. Journal of the Geological Society of London, 133(6): 573-591.

Sibson R H, Robert F, Poulsen K H, 1988. High-angle reverse faults, fluid-pressure cycling, and mesothermal gold-quartz deposits[J]. Geology, 16(6): 551-555.

Sibson R H, Scott J, 1998. Stress/fault controls on the containment and release of overpressured fluids: Examples from gold-quartz vein systems in Juneau, Alaska; Victoria, Australia and Otago, New Zealand[J]. Ore Geology Reviews, 13(1/2/3/4/5): 293-306.

Singh S, 2007. Textural features and chemical evolution in tantalum oxides: Magmatic versus hydrothermal origins for Ta mineralization in the tanco lower pegmatite, Manitoba, Canada[J]. Economic Geology, 102(2): 257-276.

Song S G, Niu Y L, Su L, et al, 2014. Continental orogenesis from ocean subduction, continent collision/subduction, to orogen collapse, and orogen recycling: The example of the North Qaidam UHPM belt, NW China[J]. Earth Science Reviews, 129: 59-84.

Song S, G, Su L, Li X, H, et al, 2010. Tracing the 850-Ma continental flood basalts from a piece of subducted continental crust in the North Qaidam UHPM belt, NW China [J]. Precambrian Research, 183(4): 805-816.

Stacey J S, Kramers J.D, 1975. Approximation of terrestrial lead isotope evolution by a two-stage model[J]. Earth and Planetary Science Letters, 26(2): 207-221.

Steadman J A, Large R R, Meffre S, et al, 2015. Synsedimentary to early diagenetic gold in black shale-hosted pyrite nodules at the Golden Mile deposit, Kalgoorlie, Western Australia[J]. Economic Geology, 110(5): 1157-1191.

Stefánsson A, Seward T M, 2004. Gold(I) complexing in aqueous sulphide solutions to 500℃ at 500 bar[J]. Geochimica et Cosmochimica Acta, 68(20): 4121-4143.

Sun S S, Mcdonough W F, 1989. Chemical and isotopic systematics of oceanic basalts: Implication for mantle composition and processes. In: Sauders, AD, Norry, MJ (Eds), Magmatism in the ocean Basins[J]. Geological Society, London, Special Publications, 42(1): 313-345.

Taylor S R, Mclennan S M, 1985. The Continental Crust: Its composition and evolution[M]. Oxford: Blackwell: 57-114.

Taylor B E, Slack J F, 1984. Tourmalines from Appalachian-Caledonian massive sulfide deposits: textural, chemical and isotopic relationship[J]. Econ Geol, 79: 1703-1726.

Thomas H V, Large R R, Bull SW, et al, 2011. Pyrite and pyrrhotite textures and composition in sediments, laminated quartz veins, and reefs at Bendigo gold mine, Australia: Insights for ore genesis[J]. Economic Geology, 106: 1-31.

Thomas R, Davidson P, Beurlen H, 2011. Tantalite-(Mn) from the Borborema Pegmatite Province, northeastern Brazil: Conditions of formation and meltand-fluid-inclusion constraints on experimental studies[J]. Mineralium Deposita, 46: 749-759.

Thomas R, Davidson P, Schmidt C, 2011. Extreme alkali bicarbonate-and carbonate-rich fluid inclusions in granite pegmatite from the Precambrian Ronne granite, Bornholm Island, Denmark[J]. Contributions to Mineralogy and Petrology, 161(2): 315-329.

Tian Y F, Sun J, Ye H S, et al, 2017. Genesis of the Dianfang breccia-hosted gold deposit, western Henan Province, China: Constraints from geology, geochronology and geochemistry [J]. Ore Geology Reviews, 91(2017): 963-980.

Tischendorf G, Paelchen W, 1985. Zur Klassfication von Granitoiden/Classification of granitoids[J]. Zeit schrift fuer Geologische Wissenschaften, 13(5): 615-627.

Tomkins A G, 2010. Windows of metamorphic sulfur liberation in the crust: Implications for gold deposit genesis[J]. Geochimica et Cosmochimica Acta, 74(11): 3246-3259.

Uemoto T, Ridley J, Mikucki E, et al, 2002. Fluid chemical evolution as a factor in controlling the distribution of gold at the Archean golden crown lode gold deposit, Murchison province, western Australia[J]. Economic Geology, 97(6): 1227-1248.

Vlasov K. A, 1968. Genetic types of rare element deposits[M]. Jerusalem: Israel Program for Scientific Translations.

Walsh K A, Vidal E E, Goldberg A, et al, 2010. Beryllium and Beryllium Alloys[M]. ASM International Handbook Committee.

Wang M J, Song S G, Niu Y L, et al, 2014. Post-collisional magmatism: Consequences of UHPM terrane exhumation and orogen collapse, North Qaidam UHPM belt, NW China[J]. Lithos, 210: 181-198.

Wang Q F, Deng J, Huang D H, 2011. Deformation model for the Tongling ore cluster region, east-central China[J]. International Geology Review, 53(5/6): 562-579.

Wang Y J, Fan W M, Zhang H F, et al, 2006. Early Cretaceous gabbroic rocks from the Taihang Mountains: Implications for a paleosubduction-related lithospheric mantle beneath the central North China Craton[J]. Lithos, 86(3/4): 281-302.

Webber A P, Roberts S, Taylor R N, et al, 2013. Golden plumes: substantial gold enrichment of oceanic crust during ridge-plume interaction[J]. Geology, 41: 87-90.

Weatherley D K, Henley R W, 2013. Flash vaporization during earthquakes evidenced by gold deposits[J]. Nature Geoscience, 6(4): 294-298.

Wilkinson J J, 2001. Fluid inclusions in hydrothermal ore deposits[J]. Lithos, 55(1): 229-272.

Williams-Jones A E, Bowell R J,2009, Migdisov A A, 2009. Gold in solution[J]. Elements, 5(5): 281-287.

Wood S A, Williams-Jones A E, 1994. The aqueous geochemistry of the rare-earth elements and yttrium: IV. Monazite solubility and REE mobility in exhalative massive sulfide-depositing environments[J]. Chemical Geology, 115(1/2): 47-60.

Wu C L, Gao Y H, Li Z L, et al, 2014. Zircon SHRIMP U-Pb dating of granites from Dulan and the chronological framework of the North Qaidam UHP belt, NW China[J]. Science China Earth Sciences, 57: 2945-2965.

Wu C L, Wooden J L, Robinson P T, et al, 2009. Geochemistry and zircon shrimp U-Pb dating of granitoids from the west segment of the north qaidam[J]. Science in China, 52(11): 1771-1790.

Wu C L, Wooden J L, Yang J S, Robinson P, et al, 2006. Granitic magmatism in the north qaidam early paleozoic ultrahigh-pressure metamorphic belt, northwest china[J]. International Geology Review, 48(3), 223-240.

Wu Y F, Li J W, Evans K, et al, 2018. Ore-forming processes of the daqiao epizonal orogenic gold deposit, west Qinling orogen, China: Constraints from textures, trace elements, and sulfur isotopes of pyrite and marcasite, and Raman spectroscopy of carbonaceous material [J]. Economic Geology, 113(5): 1093-1132.

Wyman D A, 2002. Assembly of Archean cratonic mantle lithosphere and crust: plume-arc interaction in the Abitibi-Wawa subduction-accretion complex[J]. Precambrian Research, 115, 37-62.

Xiao Q H, Lu X X, Wang F, et al, 2004. Age of Yingfeng rapakivi granite pluton on the north flank of Qaidam and its geological significance[J]. Science in China: Series D, 47(4): 357-365.

Jian X, Guan P, Zhang W, et al, 2018. Late Cretaceous to early Eocene deformation in the northern Tibetan Plateau: Detrital apatite fission track evidence from northern Qaidam Basin [J]. Gondwana Research, 60(02): 94-104.

Xu Z Q, Fu X F, WANG R C, et al, 2020. Generation of lithium-bearing pegmatite deposits within the Songpan-Ganze orogenic belt, East Tibet[J]. Lithos, 354/355: 105281.

Xu Zhiqin, Ma Xuxuan, 2015. The chinese phanerozoic gneiss domes: subduction type, collision[J]. Acta Petrologica Sinica, 31(12): 3509-3523.

Yang F, Wang G W, Cao H W, et al, 2017. Timing of formation of the Hongdonggou Pb-Zn polymetallic ore deposit, Henan Province, China: Evidence from Rb-Sr isotopic dating of sphalerites[J]. Geoscience Frontiers, 8: 605-616.

Yarmolyuk V V, Lykhin D A, Shuriga T N, et,al, 2011. Age composition of rocks, and geological setting of the Snezhnoe beryllium deposit: Substantiation of the Late Paleozoic East Sayan rare-metal zone, Russia[J]. Geology of Ore Deposits, 53(5): 390-400.

Lin Y, Cook N J, Ciobanu C L, et al, 2011. Trace and minor elements in sphalerite from base metal deposits in South China: A LA-ICPMS study[J]. Ore Geology Reviews, 39(4): 188-217.

Yin A, Dang Y Q, Wang L C, et al, 2008. Cenozoic tectonic evolution of Qaidam Basin and its surrounding regions (Part 1): The southern Qilian Shan-Nan Shan thrust belt and northern Qaidam Basin[J]. Geological Society of America Bulletin, 120(7/8): 813-846.

Zartman R E, Doe B R, 1981. Plumbotectonic — the model[J]. Tectonophysics, 75: 135-162.

Zezin D Y, Migdisov A A, Williams-Jones A E, 2007. The solubility of gold in hydrogen sulfide gas: An experimental study [J]. Geochimica et Cosmochimica Acta, 71 (12): 3070-3081.

Zhang J X, Mattinson C G, Meng F, 2008. Polyphase tectonothermal history recorded in granulitized gneisses from the north Qaidam HP/UHP metamorphic terrane, Western China: Evidence from zircon U-Pb geochronology[J]. Geological Society of America Bulletin, 120(5-6): 732-749.

Zhang J X, Mattinson C G, Meng F C, et al, 2009. U-Pb geochronology of paragneisses and metabasite in the Xitieshan area, north Qaidam Mountains, Western China: Constraints on the exhumation of HP/UHP metamorphic rocks[J]. Journal of Asian Earth Sciences, 35: 245-258.

Zhang J X, Yang J S, Mattinson C G, 2005. Two contrasting eclogite cooling histories, North Qaidam HP/UHP terrane, Western China: Petrological and isotopic constraints[J]. Lithos, 84(1): 51-76.

Zhang J X, Yang J S, Meng F C, et al, 2006. U-Pb isotopic studies of eclogites and their host gneisses in the Xitieshan area of the North Qaidam Mountains, Western China: New evidence for an Early Paleozoic HP-UHP metamorphic belt [J]. Journal of Asian Earth Sciences, 28: 143-150.

Zhao Z X, Wei J H, Fu L B, et al, 2017. The Early Paleozoic Xitieshan Syn-collisional

Granite in the North Qaidam Ultrahigh-pressure Metamorphic Belt NW China: Petrogenesis and Implications for Continental Crust Growth[J]. Lithos, 278: 140-152.

Zheng Y F, Gao T S, Wu Y B, 2007. Fluid flow during exhumation of deeply subducted continental crust: Zircon U-Pb age and O-isotope studies of a quartz vein within ultrahigh-pressure eclogite[J]. Journal of Metamorphic Geology, 25: 267-283.

Zhong R C, Brugger J, Tomkins A G, 2015. Fate of Gold and Base Metals during Metamorphic Devolatilization of a Pelite[J]. Geochimica et Cosmochimica Acta, 171: 338-352.

Zoheir B A, El-Shazly A K, Helba H, et al, 2008. Origin and evolution of the um egat and dungash orogenic gold deposits, Egyptian eastern desert: Evidence from fluid inclusions in quartz[J]. Economic Geology, 103(2): 405-424.

Zong K Q, Klemd R, Yuan Y, et al, 2017. The assembly of Rodinia: The correlation of early Neoproterozoic (ca. 900 Ma) high-grade metamorphism and continental arc formation in the southern Beishan Orogen, southern Central Asian Orogenic Belt (CAOB) [J]. Precambrian Research, 290: 32-48.

В А Буряк,张维根,1988.含碳岩层中的金矿化[J].地质地球化学,16(9): 90-97.

白鸽,袁忠信,丁晓石,等,1980.吉林巴尔哲稀有金属碱性花岗岩的成岩成矿作用讨论[R].中国地质科学院矿床地质研究所文集.

毕诗健,李建威,赵新福,2008.热液锆石 U-Pb 定年与石英脉型金矿成矿时代: 评述与展望[J].地质科技情报,27(1): 69-76.

毕献武,胡瑞忠,彭建堂,2004.黄铁矿微量元素地球化学特征及其对成矿流体性质的指示[J].矿物岩石地球化学通报,23(1): 1-4.

蔡鹏捷,许荣科,郑有业,等,2018.基于成矿流体包裹体的勘探以柴北缘鱼卡造山型金矿为例[J].地质找矿论丛,33(4): 651-660.

蔡肖,宋扬,王登红,等,2013.国外重要铌钽矿床分布规律及成矿地质特征[J].矿物学报,33(S2): 193-194.

曹华文,裴秋明,张寿庭,等,2016.豫西栾川中鱼库锌(铅)矿床闪锌矿 Rb-Sr 年龄及其地质意义[J].成都理工大学学报(自然科学版),43(5): 528-538.

曹文虎,吴蝉,2004.卤水资源及其综合利用技术[M].北京: 地质出版社: 1-189,249-279.

曹玉亭,2013.南阿尔金和柴北缘胜利口地区高压—超高压变质作用演化及其熔流体活动[D].西安: 西北大学.

车建辉,2015.柴北缘沙柳泉—生格一带地质构造分析[D].西安: 长安大学.

陈柏林,2019.东昆仑五龙沟金矿田地质特征与成矿地质体厘定[J].地质学报,93(1): 179-196.

陈宝泉,2008.福建南平西坑铌钽矿区玉帝庵矿段含矿伟晶岩特征[J].福建地质,27(3):

281-288.

陈德潜,尹道玲,1994.钇易解石族的端员:钛钇易解石的发现[J].地质论评,40(1):82-86.

陈怀杰,2013.复杂稀土稀有金属矿综合利用研究[D].广州:华南理工大学.

陈金,2011.青海省乌兰县生格地区中-酸性侵入岩岩石地球化学特征及其构造意义[D].西安:长安大学.

陈能松,王新宇,张宏飞,等,2007.柴-欧地块花岗岩地球化学和 Nd-Sr-Pb 同位素组成:基底性质和构造属性启示[J].地球科学,32(1):7-21.

陈能松,夏小平,李晓彦,等,2007.柴北缘花岗片麻岩的岩浆作用计时和前寒武纪地壳增长的错石 U-Pb 年龄和 Hf 同位素证据[J].岩石学报,23(2):501-512.

陈平,柴东浩,1997.山西地块石炭纪铝土矿沉积地球化学研究[M].太原:山西科学技术出版社,18-76.

陈西京,1976.深处岩浆分异与某地花岗伟晶岩的形成[J].地球化学,5(3):213-229.

陈衍景,2013.大陆碰撞成矿理论的创建及应用[J].岩石学报,29(1):1-17.

陈衍景,2006.造山型矿床、成矿模式及找矿潜力[J].中国地质,33(6):1181-1196.

陈衍景,富士谷,1992.豫西金矿成矿规律[M].北京:地震出版社.

陈衍景,倪培,范宏瑞,等,2007.不同类型热液金矿系统的流体包裹体特征[J].岩石学报,23(9):2085-2108.

陈衍景,翟明国,蒋少涌,2009.华北大陆边缘造山过程与成矿研究的重要进展和问题[J].岩石学报,25(11):2695-2726.

陈佑纬,毕献武,胡瑞忠,等,2009.贵东复式岩体印支期产铀和非产铀花岗岩地球化学特征对比研究[J].矿物岩石,29(3):106-114.

陈岳龙,李大鹏,周建,等,2008.中国西秦岭碎屑锆石 U-Pb 年龄及其构造意义[J].地学前缘,15(4):88-107.

成泉辉,1999.从硅铍钇矿中提取工业氧化铍及混合稀土[J].稀有金属与硬质合金,27(4):49-53.

程婷婷,2015.柴北缘乌兰地区三叠纪侵入岩锆石 U-Pb 定年及其形成环境探讨[D].合肥:合肥工业大学.

程征,伍喜庆,杨平伟,2013.我国铌钽资源的特征及选矿技术[J].金属矿山:97-100.

崔艳合,张德全,李大新,2000.青海滩间山金矿床地质地球化学及成因机制[J].矿床地质,19(3):211-221.

戴荔国,2019.青海省滩间山—锡铁山地区金铅锌成矿系统[D].武汉:中国地质大学(武汉).

戴霜,任育智,程彧,等,2002.公婆泉铜矿岛弧型含矿斑岩地质地球化学特征[J].兰州大学学报(自然科学版),38(5):100-107.

邓晋福,肖庆辉,苏尚国,等,2007.火成岩组合与构造环境:讨论[J].高校地质学报,13(3):

392-402.

邓军,杨立强,孙忠实,等,2000.构造体制转换与流体多层循环成矿动力学[J].地球科学,25(4)：397-403.

地质矿产部906水文地质工程地质大队,1986.区域水文地质普查报告[R].青海省海西州水利局.

丁春梅,2007.滩间山金矿的成因分析[J].青海科技,14(5)：32-36.

丁欣,李建康,丁建刚,等,2016.新疆阿斯喀尔特Be-Nb-Mo矿床Re-Os同位素年龄及地质意义[J].桂林理工大学学报,36(1)：60-65.

董永观,邢怀学,高卫华,等,2010.阿尔泰成矿带构造演化与成矿作用[J].矿床地质,29(S1),1-2.

杜生鹏,张海鸥,祁贞明,2013.青海省大柴旦镇青龙山金矿普查报告[R].青海省第一地质调查院,1-226.

杜文洋,2016.柴北缘双口山地区银铅金矿构造控矿特征及成矿预测研究[D].北京：中国地质大学(北京).

段通,2014.青海省乌兰县生格地区新元古界变质侵入体特征研究[D].西安：长安大学.

范宏瑞,胡芳芳,杨进辉,等,2005.胶东中生代构造体制转折过程中流体演化和金的大规模成矿[J].岩石学报,21(5)：1317-1328.

范宏瑞,谢奕汉,王英兰,1998.豫西上宫构造蚀变岩型金矿成矿过程中的流体-岩石反应[J].岩石学报,14：529-541.

范宏瑞,谢奕汉,翟明国,等,2003.豫陕小秦岭脉状金矿床三期流体运移成矿作用[J].岩石学报,19(2)：260-266.

范贤斌,2017.青海省大柴旦镇鱼卡金矿成因探讨[D].北京：中国地质大学(北京).

费光春,袁天晶,唐文春,等,2014.川西可尔因伟晶岩型稀有金属矿床含矿伟晶岩分类浅析[J].矿床地质,33(S1)：187-188.

傅成铭,权志高,周伟,2011.青海查查香卡矿床铀、稀土元素矿化特征及成矿潜力分析[J].铀矿地质,27(2)：103-107.

付建刚,2015.柴北缘锡铁山滩涧山群的构造属性及其时代归属[D].北京：中国科学院研究生院(广州地球化学研究所).

符剑刚,蒋进光,李爱民,等,2009.从含铍矿石中提取铍的研究现状[J].稀有金属与硬质合金,37(1)：40-44.

付建刚,梁新权,王策,等,2016.柴北缘锡铁山韧性剪切带的基本特征及其形成时代[J].大地构造与成矿学,40(1)：14-28.

高玉德,邹霓,董天颂,2004.钽铌矿资源概况及选矿技术现状研究和进展[J].广东有色金属学报,11：87-92.

高增海,曹春潮,2004.柴达木盆地构造演化及形成机理探讨[C]//CPS/SEG2004国际地球物理会议论文集:840-842.

耿海涛,周雄,倪志耀,等,2020.川西道孚县惹—卡地区土壤地球化学异常特征及锂矿找矿前景[J].矿产勘查,11(1):176-182.

龚传伟,张勃,王博杰,等,2021.迁西县汉儿庄铌钽稀有金属矿床地质特征[J].资源信息与工程,36(1):1-4.

国家辉,1998.滩间山金矿田岩浆岩特征及其与金矿化关系[J].贵金属地质,7(2):96-103.

郭林楠,黄春梅,张良,2019.胶东罗山金矿床成矿流体来源:蚀变岩型和石英脉型矿石载金黄铁矿稀土与微量元素特征约束[J].现代地质,33(1):121-136.

郭耀宇,2016.西秦岭金矿带南亚带印支期造山型金成矿系统[D].北京:中国地质大学(北京):1-18.

韩以贵,2007.豫西地区构造、岩浆作用与金成矿的关系:同位素年代学的新证据[D].北京:中国地质大学(北京).

郝国杰,2005.青海都兰地区前泥盆纪变质岩系物质组成及地质演化[D].长春:吉林大学.

郝国杰,陆松年,王惠初,2004.柴达木盆地北缘前泥盆纪构造格架及欧龙布鲁克古陆块的地质演化[J].地学前缘,11(3):115-122.

郝国杰,陆松年,辛后田,等,2004.青海都兰地区前泥盆纪古陆块的物质组成和重大地质事件[J].吉林大学学报(地球科学版),(4):495-501,516.

赫英,2002.地幔深部过程与金富集成矿研究取得重要进展[J].矿床地质,21(2):136.

赫英,毛景文,王瑞廷,等,2001.幔源岩浆去气形成富二氧化碳含金流体可能性与现实性[J].地学前缘,8(4):265-270.

何季麟,张宗国,2006.中国钽铌工业的现状与发展[J].中国金属通报,(48):2-8.

和钟铧,刘招君,郭巍,等,2002.柴达木北缘中生代盆地的成因类型及构造沉积演化[J].吉林大学学报(地球科学版),32(4):333-339.

和钟铧,王启智,王强,2020.大兴安岭索伦地区哲斯组碎屑岩地球化学特征和锆石U-Pb年龄对沉积物源属性约束[J].吉林大学学报(地球科学版),50(2):405-424.

洪业汤,张鸿斌,朱咏煊,等,1994.中国大气降水的硫同位素组成特征[J].自然科学进展,4(6):741-745.

侯蕊娟,杨帅,2017.青海绿梁山—双口山地区金多金属矿床成矿规律及找矿标志[J].有色金属(矿山部分),69(2):33-37.

胡芳芳,范宏瑞,杨进辉,等,2004.胶东乳山含金石英脉型金矿的成矿年龄:热液锆石SHRIMP法U-Pb测定[J].科学通报,49(12):1191-1197.

胡军亮,谭洪旗,周雄,等,2020.川西九龙打枪沟锂铍矿床赋矿伟晶岩矿物学和矿物化学特征[J].地质通报,39(12):2013-2028.

胡能高,王晓霞,孙延贵,等,2007.柴北缘元古宙鹰峰环斑花岗岩及其共生岩石的地球化学特征、成因及地质意义[J].地质论评,53(4):460-472.

胡瑞忠,毕献武,G.Turner,1999.哀牢山金矿带金成矿流体 He 和 Ar 同位素地球化学[J].中国科学(D辑:地球科学),29(4):321-330.

胡受权,郭文平,曹运江,等,2001.柴达木盆地北缘构造格局及在中、新生代的演化[J].新疆石油地质,(1):13-16.

胡受奚,1997.华北地台金成矿地质:以南、东和东北缘为例,探讨金成矿规律[M].北京:科学出出版社.

胡受奚,赵乙英,孙景贵,等,2002.华北地台重要金矿成矿过程中的流体作用及其来源研究[J].南京大学学报(自然科学版),38(3):381-391.

胡为正,黄孝文,谢振东,2006.赣南西港—冷井地区锂辉石矿床地质特征及找矿前景[J].东华理工学院学报,29(S1):187-194.

黄传冠,贺彬,夏明,等,2021.赣南地区伟晶岩型锂矿资源禀赋特征与找矿新进展[J].中国矿业,30(3):212-216.

纪志永,焦朋朋,袁俊生,等,2013.锂资源的开发利用现状与发展分析[J].轻金属,5:2-5.

栗进,徐备,田英杰,2018.内蒙古克什克腾旗哲斯组沉积学和年代学研究及其古地理意义[J].岩石学报,34(10):3034-3050.

贾群子,杜玉良,赵子基,等,2013.柴达木盆地北缘滩间山金矿区斜长花岗斑岩锆石 LA-MC-ICPMS 测年及其岩石地球化学特征[J].地质科技情报,32(1):87-93.

贾志磊,2016.甘肃南祁连—北山铌钽铷等稀有金属成矿地质特征与成矿规律的研究[D].兰州:兰州大学.

姜春发,2002.中央造山带几个重要地质问题及其研究进展(代序)[J].地质通报,21(S2):453-355.

金德时,凤永刚,雷如雄,等,2021.陕西丹凤富铷伟晶岩中褐钇铌矿矿物学及地球化学特征[J].地质学报,95(2):493-505.

金中国,周家喜,黄智龙,2015.黔北务—正—道地区典型铝土矿床伴生有益元素锂、镓和钪分布规律[J].中国地质,42(6):1910-1918.

金庆花,2015.火山岩型铍矿床地质地球化学特征对比研究与找矿方向[D].北京:中国地质大学(北京).

靳晓野,2017.黔西南泥堡、水银洞和丫他金矿的成矿作用特征与矿床成因研究[D].武汉:中国地质大学(武汉),1-146.

金之钧,张明利,汤良杰,等,2004.柴达木中新生代盆地演化及其控油气作用[J].石油与天然气地质,6:603-608.

康高峰,2009.柴达木盆地北缘成矿带遥感信息提取及有利成矿区预测研究[D].西安:西北

大学.

赖绍聪,邓晋福,杨建军,等,1993.柴达木北缘大型韧性剪切带构造特征[J].河北地质学院学报,16(6):578-586.

黎彤,1976.化学元素的地球丰度[J].地球化学,5(3):167-174.

李保华,曹志敏,李佑国,等,2002.雪宝顶钨-锡-铍矿床成矿流体中 CO_2 的研究[J].矿床地质,21(S1):397-400.

李峰,吴志亮,李保珠,等,2006.柴达木盆地北缘滩间山群新厘定[J].西北地质,3:83-90.

李华健,王庆飞,杨林,等,2017.青藏高原碰撞造山背景造山型金矿床:构造背景、地质及地球化学特征[J].岩石学报,33(7).2189-2199.

李怀坤,陆松年,王惠初,等,2003.青海柴北缘新元古代超大陆裂解的地质记录:全吉群[J].地质调查与研究,26(1),27-37.

李季霖,陈正乐,周涛发,等,2021.东天山觉罗塔格构造带钙碱性侵入岩角闪石矿物学特征及其对区域找矿的启示[J].大地构造与成矿学,45(3):534-552.

李建康,刘喜方,王登红,2014.中国锂矿成矿规律概要[J].地质学报,88(12):2269-2283.

李建康,邹天人,王登红,等,2017.中国铍矿成矿规律[J].矿床地质,36(4):951-978.

李丽婵,黄思莹,李金勇,等,2020.五台地区铁瓦殿岩体中铌钽矿物的成因矿物学研究[J].河北地质大学学报,43(5):51-54.

李娜,高爱红,王小宁,2019.全球铍资源供需形势及建议[J].中国矿业,28(4):69-73.

李沛刚,王登红,赵芝,2014.贵州大竹园铝土矿矿床地质、地球化学与成矿规律[M].北京:科学出版社.

李庆宽,2020.多指标约束下的那棱格勒河流域及其尾闾盐湖锂的物源与迁移富集规律研究[D].西宁:中国科学院大学(中国科学院青海盐湖研究所).

李善平,任华,王春涛,等,2020.柴北缘地区印支期构造背景、岩浆活动及稀有金属成矿作用[J].盐湖研究,28(4):1-9.

李善平,薛万文,任华,等,2018.青海省"三稀"矿产资源现状及成矿规律[J].青海科技,25(6):10-15.

李善平,湛守智,金婷婷,等,2016.青海沙柳泉铌钽矿床伟晶岩稀土元素地球化学特征及物源分析[J].稀土,37(1):39-47.

李生喜,2010.柴达木盆地北缘盆山耦合机制:来自裂变径迹的证据[D].兰州:兰州大学.

李世金,2011.祁连造山带地球动力学演化与内生金属矿产成矿作用研究[D].长春:吉林大学.

李淑文,2008.钽铌资源与生产现状[J].中国有色冶金,37(1):38-41.

李双连,赖健清,肖文舟,2020.南岳岩体稀有金属含矿性分析[J].南方金属,(4):24-28.

李顺庭,祝新友,王京彬,2011.我国稀有金属矿床研究现状初探[J].矿物学报,31(S1):

256-256.

李晓彦,陈能松,夏小平,2007.莫河花岗岩的锆石 U-Pb 和 Lu-Hf 同位素研究:柴北欧龙布鲁克微陆块始古元古代岩浆作用年龄和地壳演化约束[J].岩石学报,23(2):513-522.

李艳军,魏俊浩,张文胜,等,2021.幕阜山复式岩基西北缘新发现微斜长石伟晶岩型铌钽矿化[J].地质科技通报,40(2):208-210.

李中,2015.铍矿石的浸出及回收工艺试验研究[D].衡阳:南华大学.

廖梵汐,龚松林,董彦君,等,2012.柴达木盆地北缘全吉地块东端变基性岩体 LA-ICP-MS 锆石 U-Pb 年龄:中元古代陆块裂解的证据[J].地质通报,31(8):1279-1286.

廖宇斌,2020.柴北缘苦水泉金矿地质特征及矿床成因[D].长春:吉林大学.

梁冬云,何国伟,2004.蚀变花岗岩型钽铌矿石的工艺矿物学研究[J].有色金属(选矿部分),1:1-4.

梁冬云,邹霓,李波,2010. MLA 自动检测技术在低品位钼矿石工艺矿物学研究中的应用[J].中国钼业,34(1):32-34.

梁飞,2018.我国铍资源特征、供需预测与发展探讨[D].北京:中国地质科学院.

梁飞,赵汀,王登红,等,2018.中国铍资源供需预测与发展战略[J].中国矿业,27(11):6-10.

梁涛,卢仁,杨楠,等,2020.河南省西峡县高庄金矿 Rb-Sr 等时线年龄和 H、O、S、Pb 同位素特征:北秦岭板内造山成矿作用的识别[J].中国地质,47(2):406-425.

梁也,2019.柴达木盆地北缘中新生代油砂成藏机理与资源潜力评价[D].长春:吉林大学.

林德松,1985.华南一蚀变火山岩型绿柱石矿床的成因探讨[J].矿床地质,4(3):21-32.

林德松,1996.华南富钽花岗岩矿床[M].北京:地质出版社.

林博磊,尹丽文,崔荣国,等,2018.全球铍资源分布及供需格局[J].国土资源情报,(1):13-17.

林文山,范照雄,贺领兄,2006.青海省大柴旦青龙沟金矿床地质特征、找矿标志和找矿方向[J].矿产与地质,20(2):122-127.

刘邦,2009.云南哀牢山金矿带长安金矿床地球化学特征及其成矿机制[D].广州:中山大学.

刘成林,余小灿,袁学银,等,2021.世界盐湖卤水型锂矿特征、分布规律与成矿动力模型[J].地质学报,95(7):2009-2029.

刘成林,余小灿,赵艳军,等,2016.华南陆块液体钾、锂资源的区域成矿背景与成矿作用初探[J].矿床地质,35(6):1119-1143.

刘洪,李光明,黄瀚霄,等,2018.藏北商旭造山型金矿床成矿物质来源探讨:C、S、Pb 同位素证据[J].地质论评,64(5):1285-1301.

刘家齐,汪雄武,曾贻善,等,2002.西华山花岗岩及钨锡铍矿田成矿流体演化[J].华南地质与矿产,18(3):91-96.

刘建明,赵善仁,沈洁,等,1998.成砂流体活动的同位素定年方法评述[J].地球物理学进展,

13(3)：46-55.

刘良,陈丹玲,王超,等,2009.阿尔金、柴北缘与北秦岭高压-超高压岩石年代学研究进展及其构造地质意义[J].西北大学学报(自然科学版),39(3)：472-479.

刘林,宋哲,宋宪生,等,2008.柴达木盆地北缘中新生代地质构造演化与砂岩型铀成矿关系[J].东华理工大学学报(自然科学版),31(4)：306-312.

刘永乐,2018.青海省柴北缘达达肯乌拉山银多金属矿床地质特征及找矿方向[D].长春：吉林大学.

刘淑春,章雨旭,郝梓国,等,1999.白云鄂博赋矿白云岩成因研究历史、问题及新进展[J].地质论评,45(5)：477-486.

刘帅,2019.2018年锂资源供需及未来趋势[J].中国地质,46(6)：1580-1582.

刘喜方,郑绵平,齐文,等,2007.西藏扎布耶盐湖超大型 B、Li 矿床成矿物质来源研究[J].地质学报,81(12)：1709-1714.

刘延和,薛才毛,王震,2013.青海省大柴旦镇金龙沟金矿普查报告[R].青海省第一地质勘查院,1-126.

刘英俊,张景荣,陈骏,1983.柿竹园钨钼铋锡(铍)矿床的矿物学和成矿元素的赋存形式[J].矿物学报,3(4)：255-264,325.

刘增铁,任家琪,杨永征,等,2005.青海金矿[M].北京：地质出版社.

鲁立辉,2019.青海省绿梁山—双口山地区遥感信息提取及找矿方向研究[D].武汉：中国地质大学(武汉).

陆松年,2002.青藏高原北部前寒武纪地质初探[M].北京：地质出版社.

卢树东,高文亮,汪石林,等,2005.江西张十八铅锌矿铅同位素组成特征及其成因意义[J].矿物岩石,25(2)：64-69.

陆松年,王惠初,李怀坤,等,2002.柴达木盆地北缘"达肯大坂群"的再厘定[J].地质通报,21(1)：19-23.

陆松年,杨春亮,李怀坤,2002.华北古大陆与哥伦比亚超大陆[J].地学前缘,9(4)：225-233.

路增龙,张建新,毛小红,2017.柴北缘欧龙布鲁克地块东段古元古代基性麻粒岩：岩石学、锆石 U-Pb 年代学和 Lu-Hf 同位素证据[J].岩石学报,33(12)：3815-3828.

罗镇宽,苗来成,关康,2000.华北地台北缘金矿床成矿时代讨论[J].黄金地质,2：70-76.

吕宝凤,张越青,杨书逸,2011.柴达木盆地构造体系特征及其成盆动力学意义[J].地质论评,57(2)：167-174.

吕晓强,2012.柴北缘生格地区花岗伟晶岩型铌钽矿成因及成矿潜力评价[D].西安：长安大学.

马帅,陈世悦,孙娇鹏,等,2018.柴达木盆地北缘新元古代—前中生代几个重要不整合面地质特征及其构造意义[J].大地构造与成矿学,42(6)：974-987.

马喆,韩凤清,易磊,等,2020.柴达木盆地昆特依盐湖沉积特征及其盐类资源评价[J].盐湖研究,28(1):86-95.

马哲,李建武,2018.中国锂资源供应体系研究:现状、问题与建议[J].中国矿业,27:1-7.

毛景文,杨宗喜,谢桂青,等,2019.关键矿产:国际动向与思考[J].矿床地质,38(4):689-698.

毛景文,袁顺达,谢桂青,等,2019.21世纪以来中国关键金属矿产找矿勘查与研究新进展[J].矿床地质,38(5):935-969.

毛光周,华仁民,高剑峰,等,2006.江西金山金矿床含金黄铁矿的稀土元素和微量元素特征[J].矿床地质,25(4):412-426.

闵壮,吴德海,潘家永,等,2021.粤东北南雄群碎屑锆石矿物学、稀土元素地球化学特征及物源分析[J].稀土,42(2):30-40.

孟和,2017.青海省大柴旦双口山南银铅金矿床成因研究[D].北京:中国地质大学(北京).

聂凤军,王丰翔,赵宇安,等,2013.内蒙古赵井沟大型铌钽矿床地质特征及成因[J].矿床地质,32(4):730-743.

乜贞,卜令忠,郑绵平,2010.中国盐湖锂资源的产业化现状:以西台吉乃尔盐湖和扎布耶盐湖为例[J].地球学报,31(1):95-99.

诺曼·皮彻,2013.青海省大柴旦镇细晶沟金矿普查报告[R].青海大柴旦矿业有限公司,1-139.

潘桂棠,丁俊,姚东生,等,2004.青藏高原及邻区地质图[M].成都:成都地图出版社.

潘彤,李善平,任华,等,2020.柴达木盆地北缘锂多金属矿成矿条件及找潜力[J].矿产勘查,11(6):1101-1116.

潘裕生,周伟明,许荣华,等,1996.昆仑山早古生代地质特征与演化[J].中国科学(D辑:地球科学),26(4):302-307.

彭永华,刘彪文,2008.宜春钽铌矿综合利用矿产资源的实践[N].矿业快报,(08):87-89.

钱兵,高永宝,李侃,等,2015.新疆东昆仑于沟子地区与铁-稀有多金属成矿有关的碱性花岗岩地球化学、年代学及Hf同位素研究[J].岩石学报,31(9):2508-2520.

钱程,陈会军,陆露,等,2018.黑龙江省龙江地区新太古代花岗岩的发现[J].地球学报,39(1):27-36.

强娟,2008.青藏高原东北缘宗务隆构造带花岗岩及其构造意义[D].西安:西北大学.

乔东海,赵元艺,汪傲,等,2017."一带一路"地区能源金属矿床分布规律及开发工艺[J].地质通报,36(1):.66-79.

乔耿彪,张汉德,伍跃中,等,2015.西昆仑大红柳滩岩体地质和地球化学特征及对岩石成因的制约[J].地质学报,89(7):1180-1194.

乔建峰,2018.青海省交通社铌、钽矿矿床地质地球化学特征及成因探讨[D].长春:吉林

大学.

乔世海,2020.柴达木盆地北缘典型地区页岩气形成条件及控制因素研究[D].北京:中国地质大学(北京).

青海省地质调查院,2018.柴东北缘阿姆内格地区三稀金属矿产调查报告[R].青海省地质调查院.

青海省地质矿产局,2000.青海省大柴旦镇柴达木盆地锡铁山—铅石山一带1:5万普查找矿报告[R].青海省地矿局.

青海省地质矿产局,1991.青海省区域地质志[M].北京:地质出版社.

青海省地质矿产局,1990.青海省区域矿产总结[R].青海省地矿局.

孙崇仁,1997,青海省地质矿产.青海省岩石地层[M].武汉:中国地质大学出版社.

青海省地质矿产局,1998.青海省1:5万区域地质调查说明书(饮马峡站幅J46E017024,饮马峡站南幅J46E018024)[R].青海省地质矿产局.

青海省地质矿产局,1988.区域水文地质普查报告[R].青海省地质矿产局.

青海省地质矿产局,1994.区域地质调查报告[R].青海省地质矿产局,1-117.

青海省地质矿产局,1989.中华人民共和国1:20万区域地质调查报告(赛什腾山幅J—46—16)[R].青海省地质局.

青海省海西州水利局,2000.青海省海西州水资源开发利用现状分析及配置规划[R].青海省海西州水利局.

邱士东,董增产,辜平阳,2015.柴达木盆地北缘西端埃达克质花岗岩的发现及地质意义[J].地质学报,89(7):1231-1243.

邱正杰,范宏瑞,丛培章,2015.造山型金矿床成矿过程研究进展[J].矿床地质,34(1):21-38.

丘志力,梁冬云,王艳芬,等,2014.巴尔哲碱性花岗岩锆石稀土微量元素、U-Pb年龄及其成岩成矿指示[J].岩石学报,30(6):1757-1768.

屈乃琴,1998.钽铌及其合金与应用[J].稀有金属与硬质合金,133(2):48-54.

冉子龙,李艳军,2021.伟晶岩型稀有金属矿床成矿作用研究进展[J].地质科技通报,40(2):13-23.

任云飞,2017.柴北缘构造带从中元古代到早古生代构造演化[D].西安:西北大学.

芮海锋,2017.金绿宝石型铍矿中铍的提取工艺研究[D].湘潭:湘潭大学.

商琳,戴俊生,杨学君,等,2014.柴北缘东段构造应力场数值模拟及构造演化模式探讨[J].高校地质学报,20(2):260-267.

邵军,李永飞,周永恒,2015.中国东北额尔古纳地块新太古代岩浆事件:钻孔片麻状二长花岗岩锆石LA-ICP-MS测年证据[J].吉林大学学报(地球科学版),45(2):364-373.

邵鹏程,陈世悦,孙娇鹏,等,2018.柴达木盆地北缘西段嗷唠山辉长闪长岩锆石SHRIMP U-

Pb 定年及岩石地球化学特征[J].地质学报,92(9):1888-1903.

盛继福,李岩,范书义,1999.大兴安岭中段铜多金属矿床矿物微量元素研究[J].矿床地质,18(2):153-160.

史仁灯,杨经绥,吴才来,2003.柴北缘早古生代岛弧火山岩中埃达克质英安岩的发现及其地质意义[J].岩石矿物学杂志,22(3):229-236.

史仁灯,杨经绥,吴才来,2004.柴达木北缘超高压变质带中的岛弧火山岩[J].地质学报,78(1):52-64.

宋学信,张景凯,1986.中国各种成因黄铁矿的微量元素特征[J].中国地质科学院矿床地质研究所所刊,2:166-175.

苏亮红,1999.铁朝阳青海省冷湖镇野骆驼泉金矿普查报告[R].青海省第二地质队:1-71.

孙国强,郑建京,苏龙,2010.柴达木盆地西北区中—新生代构造演化过程研究[J].天然气地球科学,21(2):212-217.

孙华山,赵立军,吴冠斌,2012.锡铁山块状硫化物铅锌矿床成矿构造环境及矿区南部找矿潜力:来自滩间山群火山岩岩石化学、地球化学证据[J].岩石学报,28(2):652-664.

孙宏伟,王杰,任军平,等,2021.南部非洲花岗岩型与伟晶岩型钽矿床地质特征[J].地质论评,67(1):265-278.

孙立新,任邦方,赵凤清,2013.内蒙古额尔古地块古元古代末期的岩浆记录:来自花岗片麻岩的锆石 U-Pb 年龄证据[J].地质通报,32(S1):341-352.

孙晓明,石贵勇,熊德信,2007.云南哀牢山金矿带大坪金矿铂族元素(PGE)和 Re-Os 同位素地球化学及其矿床成因意义[J].地质学报,81(3):394-404.

孙晓明,韦慧晓,翟伟,等,2010.藏南邦布大型造山型金矿成矿流体地球化学和成矿机制[J].岩石学报,26(6),1672-1684.

孙艳,王瑞江,李建康,等,2015.锡林浩特石灰窑铷多金属矿床白云母$^{40}Ar-^{39}Ar$年代及找矿前景分析[J].地质论评,61(2):463-468.

苏彤,郭敏,刘忠,等,2019.全球锂资源综合评述[J].盐湖研究,27,104-111.

唐波,2019.川西可尔因地区锂辉石矿床成矿地质特征及成矿规律[D].成都:成都理工大学,1-46.

汤良杰,张一伟,金之钧,等,2004.塔里木盆地、柴达木盆地的开合旋回[J].地质通报,23(3):254-260.

田辉,李怀坤,周红英,等,2017.扬子板块北缘花山群沉积时代及其对 Rodinia 超大陆裂解的制约[J].地质学报,91(11):2387-2408.

王秉璋,韩杰,谢祥镭,等,.2020 青藏高原东北缘茶卡北山印支期(含绿柱石)锂辉石伟晶岩脉群的发现及 Li-Be 成矿意义[J].大地构造与成矿学,44(1):69-79.

王德孚,1958.稀有元素矿物学的发展概况[J].地质科学,(3):1-2.

王德滋,周金城,1999.我国花岗岩研究的回顾与展望[J].岩石学报,15(2):161-169.

王登红,2019.关键矿产的研究意义、矿种厘定、资源属性、找矿进展、存在问题及主攻方向[J].地质学报,93(6):1189-1209.

王登红,李建康,付小方,2005.四川甲基卡伟晶岩型稀有金属矿床的成矿时代及其意义[J].地球化学,34(6):3-9.

王登红,李沛刚,屈文俊,2013.贵州大竹园铝土矿中钨和锂的发现与综合评价[J].中国科学:地球科学,43(1):44-51.

王登红,刘丽君,代鸿章,等,2017.试论国内外大型超大型锂辉石矿床的特殊性与找矿方向[J].地球科学,42(12):2243-2257.

王登红,王瑞江,孙艳,等,2016.我国三稀(稀有稀土稀散)矿产资源调查研究成果综述[J].地球学报,37(5):569-580.

王芳,2020.锂矿资源研究[D].北京:中国地质大学(北京):1-36.

王汾连,赵太平,陈伟,2012.铌钽矿研究进展和攀西地区铌钽矿成因初探[J].矿床地质,31(2):293-308.

王岗,2014.青海省柴北缘霍德生沟岩浆岩带的特征研究[D].西安:长安大学.

王核,李沛,马华东,等,2017.新疆和田县白龙山超大型伟晶岩型锂铷多金属矿床的发现及其意义[J].大地构造与成矿学,41(6):1053-1062.

王惠初,2006.柴达木盆地北缘早古生代碰撞造山及岩浆作用[D].北京:中国地质大学(北京).

王惠初,陆松年,袁桂邦,等,2003.柴达木盆地北缘滩间山群的构造属性及形成时代[J].地质通报,22(7):487-493.

王洪强,2014.青海省天峻南山蛇绿岩套特征研究[D].西安:长安大学.

王洪强,邵铁全,唐汉华,等,2016.柴北缘布赫特山一带达肯大坂岩群变质岩变形特征、地球化学特征及地质意义[J].地质通报,35(9):1488-1496.

汪明泉,2020.柴达木盆地一里坪盐湖富锂卤水成因研究[D].北京:中国地质大学北京,1-58.

王盘喜,包民伟,2015.我国钽铌等稀有金属矿概况及找矿启示[J].金属矿山,(6):92-97.

王勤燕,陈能松,李晓彦,2008.全吉地块基底达肯大坂岩群和热事件的 LA-ICPMS 锆石 U-Pb 定年[J].科学通报,53(14):1693-1701.

王庆飞,邓军,赵鹤森,2019.造山型金矿研究进展:兼论中国造山型金成矿作用[J].地球科学,44(6):2155-2186.

王清良,李中,李乾,等,2016.低品位铍矿浸出工艺探索试验[J].矿冶工程,36(2):88-91.

王秋舒,2016.全球锂矿资源勘查开发及供需形势分析[J].中国矿业,25(3):11-24.

王秋舒,元春华,许虹,2015.全球锂矿资源分布与潜力分析[J].中国矿业,24(2):11-13.

王汝成,车旭东,邬斌,等,2020.中国铌钽锆铪资源[J].科学通报,65(33):3763-3777.

王永开,2013.青海省柴北缘绿梁山一带金红石成矿条件及找矿研究[D].北京:中国地质大学(北京).

王世称,2010.综合信息矿产预测理论与方法体系新进展[J].地质通报,29(10):1399-1403.

王伟,刘图强,袁蔺平,等,2019.川西九龙黄牛坪铍矿床地质特征及找矿潜力[J].中国地质调查,6(6):72-78.

王吴梦雨,饶灿,董传万,等,2019.浙江临安石室寺NYF型伟晶岩中稀有稀土金属的矿物学行为与成矿过程[J].高校地质学报,25(6):914-931.

汪晓伟,徐学义,马中平,等,2015.博格达造山带东段芨芨台子地区晚石炭世双峰式火山岩地球化学特征及其地质意义[J].中国地质,42(3):553-569.

王信国,曹代勇,占文锋,等,2006.柴达木盆地北缘中、新生代盆地性质及构造演化[J].现代地质,(4):592-596.

王旭阳,王宏阳,王方里,2015.青海滩间山金矿成矿构造机制研究[J].地质学刊,39(2):225-230.

王义天,毛景文,杨富全,等,2004.新疆西南天山大山口金矿床成矿作用的构造控制[J].矿物岩石地球化学通报,23(增刊):74.

王一先,赵振华,1997.巴尔哲超大型稀土铌铍锆矿床地球化学和成因[J].地球化学,26(1):24-35.

王毅智,拜永山,陆海莲,2001.青海天峻南山蛇绿岩的地质特征及其形成环境[J].青海地质,1:29-35.

王震,李培庚,韩玉,2021.青海都兰县五龙沟地区红旗沟—深水潭金矿地质特征及矿床成因[J].能源与环保,43(6):121-125.

魏春生,郑永飞,赵子福,等,2001.中酸性硅酸盐熔体-水体系氢同位素分馏的压力效应[J].地球化学,30(2):107-115.

魏刚锋,于凤池,1999.青海滩间山金矿床构造演化及成因探讨[J].西安工程学院学报,4:62-66.

魏小鹏,王核,胡军,等,2017.西昆仑大红柳滩二云母花岗岩地球化学和地质年代学研究及其地质意义[J].地球化学,46(1):66-80.

魏占浩,杜生鹏,王键,等,2015.青海青龙沟金矿成矿流体演化特征及矿床成因研究[J].世界地质,34(4):951-960.

温汉捷,罗重光,杜胜江,等,2020.碳酸盐黏土型锂资源的发现及意义[J].科学通报,65(1):53-59.

吴才来,陈安泽,高前明,2010.东北伊春地区桃山古元古代花岗岩的发现[J].地质学报,84

（9）：1324-1332.

吴才来,郜源红,李兆丽,等,2014.都兰花岗岩锆石 SHRIMP 定年及柴北缘超高压带花岗岩年代学格架[J].中国科学：地球科学,44(10)：2142-2159.

吴才来,郜源红,吴锁平,等,2008.柴北缘西段花岗岩锆石 SHRIMPU-Pb 定年及其岩石地球化学特征[J].中国科学(D 辑：地球科学),38(8)：930-949.

吴才来,郜源红,吴锁平,等,2015.柴达木盆地北缘大柴旦地区古生代花岗岩锆石 SHRIMP 定年[J].岩石学报,23(8)：1861-1875.

吴才来,雷敏,吴迪,等,2016.柴北缘乌兰地区花岗岩锆石 SHRIMP 定年及其成因[J].地球学报,37(4)：493-516.

吴才来,杨经绥,J.L.Wooden,等,2004.柴达木北缘都兰野马滩花岗岩锆石 SHRIMP 定年[J].科学通报,49(16)：1667-1672.

吴大伟,李葆华,杜晓飞,等,2015.四川雪宝顶钨锡铍矿床流体包裹体研究及其意义[J].矿床地质,34(4)：745-756.

吴迪,2020.安徽铜陵姚家岭锌金多金属矿床地质和地球化学特征及成矿模式[D].合肥：合肥工业大学.

吴福元,李献华,郑永飞,2007. Lu-Hf 同位素体系及其岩石学应用[J].岩石学报,23(2)：185-220.

吴冠斌,孙华山,冯志兴,2010.锡铁山铅锌矿床成矿构造背景[J].地球化学,39(3)：229-239.

吴汉宁,刘池阳,张小会,等,1997.用古地磁资料探讨柴达木地块构造演化[J].中国科学(D 辑：地球科学),27(1)：9-14.

吴开兴,胡瑞忠,毕献武,等,2003.矿石铅同位素示踪成矿物质来源综述[J].地质地球化学,2002(3),73-79.

吴锁平,2008.柴北缘古生代花岗岩类成因及其造山响应[D].北京：中国地质科学院.

巫晓兵,范良明,1996.阿斯喀尔特铍矿床成因再认识[J].成都理工学院学报,23(3)：113-118.

吴元保,郑永飞,2004.锆石成因矿物学研究及其对 U-Pb 年龄解释的制约[J].科学通报,49：1589-1604.

吴源道,1986.铍：性质、生产和应用[M].北京：冶金工业出版社.

肖朝阳,刘洁清,2003.连云山上石含锂铍钽铌矿床地质特征及找矿前景[J].湖南地质,22(1)：34-37.

肖克炎,1999.大比例尺综合信息成矿预测的研究问题及途径[J].黄金地质科技,4：34-39.

肖艳东,黄建华,王哲,等,2011.新疆和布克赛尔县白杨河铀、铍矿床空间分布特征[J].西部探矿工程,23(9)：123-126.

谢巧勤,徐晓春,岳书仓,2000.河南桐柏老湾金矿床和花岗岩的年龄及其意义[J].高校地质学报,6(4):546-553.

辛后田,王惠初,周世军,2006.柴北缘的大地构造演化及其地质事件群[J].地质调查与研究,29(4):311-320.

邢波,向君峰,叶会寿,等,2016.豫西骆驼山硫多金属矿床纹层状矿石硫化物 Rb-Sr 定年及 S 同位素组成对矿床成因的制约[J].地质通报,35(6):998-1014.

熊欣,李建康,王登红,等,2019.川西甲基卡花岗伟晶岩型锂矿床中熔体、流体包裹体固相物质研究[J].岩石矿物学杂志,38(2):241-253.

徐凤银,彭德华,侯恩科,2003.柴达木盆地油气聚集规律及勘探前景[J].石油学报,24(4):1-6.

徐广东,2012.青海省大柴旦双口山铅锌矿床成因研究[D].武汉:中国地质大学.

徐九华,王建雄,向鹏,等,2015.极富 CO_2 流体的造山型金矿:苏丹哈马迪金矿[J].岩石学报,31(4):1040-1048.

徐瑾,吕志云,2008.青海省大柴旦镇红柳沟金矿外围普查报告[R].青海省第一地质矿产勘查大队:91-53.

徐庆东,2020.铍铝合金的激光重熔与增材制造研究[D].北京:中国工程物理研究院.

许荣科,陈鑫,蔡鹏捷,等,2019.青海柴北缘大柴旦——都兰1:5万J46E013020等六幅金红石矿专项矿产地质调查报告[R].中国地质大学(武汉):32-230.

徐山,2013.辽东地区金矿产资源评价[D].长春:吉林大学.

徐新光,智洪若,付法凯,等,2010.豫西某锂铌钽矿床成矿地质特征及找矿标志[J].西部探矿工程,22(4):156-158.

徐新文,2009.青海省铌钽矿类型、特征及找矿方向[J].西部探矿工程,21(3):144-147.

徐学义,何世平,王洪亮,等,2008.中国西北部地质概论:秦岭、祁连、天山地区[M].北京:科学出版社.

许志琴,王汝成,赵中宝,等,2018.试论中国大陆"硬岩型"大型锂矿带的构造背景[J].地质学报,92(6):1091-1106.

许志琴,王汝成,朱文斌,等,2020.川西花岗-伟晶岩型锂矿科学钻探:科学问题和科学意义[J].地质学报,94(8):2177-2189.

许志琴,杨经绥,李海兵,2006.青藏高原与大陆动力学:地体拼合、碰撞造山及高原隆升的深部驱动力[J].中国地质,33(2):221-238.

许志琴,杨经绥,吴才来,等,2003.柴达木北缘超高压变质带形成与折返的时限及机制[J].地质学报,77(2):163-176.

雪晶,胡山鹰,2011.我国锂工业现状及前景分析[J].化工进展,30(4):783-787.

闫亭廷,2011.柴北缘沙柳泉地区侵入岩地球化学特征及构造环境研究[D].西安:长安大学.

燕洲泉,王怀涛,李元茂,等,2018.西昆仑大红柳滩伟晶岩型锂铍矿产资源潜力评价[J].甘肃地质,27(S1):42-48.

杨晨英,叶会寿,向君峰,等,2016.豫西骆驼山多金属硫铁矿床硫化物 Rbsr 等时线年龄及其地质意义[J].矿床地质,35(3):573-590.

杨光明,汪苏,彭志忠,等,1985.骑田岭矿:新发现的一种超结构复杂氧化物[J].矿物学报,5(3):193-198.

杨晶晶,秦身钧,张健雅,等,2012.锂提取方法研究进展与展望[J].化工矿物与加工,41(6):44-46.

杨经绥,史仁灯,吴才来,等,2004.柴达木盆地北缘新元古代蛇绿岩的厘定:罗迪尼亚大陆裂解的证据?[J].地质通报,23(9):892-898.

杨经绥,许志琴,李海兵,等,1998.我国西部柴北缘地区发现榴辉岩[J].科学通报,43(14):1544-1549.

杨永泰,张宝民,席萍,等,2001.柴达木盆地北缘侏罗系展布规律新认识[J].地层学杂志,25(2):154-159.

姚戈,2015.党河南山一带金矿地质特征及矿床类型对比研究[D].兰州:兰州大学.

衣龙升,范宏瑞,翟明国,等,2016.新疆白杨河铍铀矿床萤石 Sm-Nd 和沥青铀矿 U-Pb 年代学及其地质意义[J].岩石学报,32(7):2099-2110.

叶霖,潘自平,程曾涛,2007.贵州铝土矿中伴生元素综合利用前景[J].矿物学报,27(6):388-391.

尹福光,王冬兵,孙志明,等,2012.哥伦比亚超大陆在扬子陆块西缘的探秘[J].沉积与特提斯地质,32(3):31-40.

殷鸿福,张克信,1997.东昆仑造山带的一些特点[J].地球科学,22(4):3-6.

殷聃,2017.四川省九龙县打枪沟锂铍矿床地质特征及找矿潜力研究[D].成都:成都理工大学.

袁桂邦,王惠初,李惠民,等,2002.柴北缘绿梁山地区辉长岩的锆石 U-Pb 年龄及意义[J].前寒武纪研究进展,25(1):37-40.

袁忠信,1958.中国铍矿床的成因类型及工业类型[J].地质科学,3:14-19.

袁忠信,白鸽,2001.中国内生稀有稀土矿床的时空分布[J].矿床地质,20(4):347-354.

于凤池,魏刚锋,孙继东,1994.黑色岩系同构造金矿床成矿模式:以滩间山金矿床为例[M].西安:西北大学出版社.

于凤池,魏刚锋,孙继东,1997.青海滩间山金矿床地质特征[J].青海地区,1:21-27.

俞军真,郑有业,许荣科,等,2020.东昆仑东段将军墓含矿岩体锆石 U-Pb 年代学、地球化学特征及其地质意义[J].地球科学,45(4):1151-1167.

余俊清,洪荣昌,高春亮,等,2018.柴达木盆地盐湖锂矿床成矿过程及分布规律[J].盐湖研究,26(1)：7-14.

岳可芬,2006.中国东部地幔岩中的金、钼、钨、锡含量及其与成矿关系比较研究[D].西安：西北大学.

岳相元,张贻,周雄,等,2019.川西可尔因矿集区稀有金属矿床成矿规律与找矿方向[J].矿床地质,38(4)：867-876.

曾旭,林潼,王薇,2019.柴达木盆地上侏罗统碎屑锆石 LA-ICP-MS 定年及指示意义[J].天然气地球科学,30(5)：662-672.

曾洵,2019.柴达木盆地北缘托素湖—牦牛山断裂活动特征[D].北京：中国地震局地质研究所.

展大鹏,余俊清,高春亮,等,2010.柴达木盆地四盐湖卤水锂资源形成的水文地球化学条件[J].湖泊科学,22(5)：783-792.

张本仁,高山,张宏飞,2002.秦岭造山带地球化学[M].北京：科学出版社.

张超,戚学祥,王善博,等,2020.云南金平铜厂 Cu-Mo 矿床矽卡岩地球化学特征及成因[J].地质与勘探,56(5)：928-941.

张德全,党兴彦,佘宏全,等,2005.柴北缘—东昆仑地区造山型金矿床的 Ar-Ar 测年及其地质意义[J].矿床地质,24(2)：87-98.

张德全,丰成友,李大新,2001.柴北缘—东昆仑地区的造山型金矿床[J].矿床地质,20(2)：137-146.

张德全,张慧,丰成友,2007.青海滩间山金矿的复合金成矿作用：来自流体包裹体方面的证据[J].矿床地质,26(5)：519-526.

张博文,孙丰月,薛昊日,等,2010.青海青龙沟金矿床地质特征及流体包裹体研究[J].黄金,31(2)：14-18.

张建新,杨经绥,2000.柴北缘榴辉岩的峰期和退变质年龄：来自 U-Pb 及 Ar-Ar 同位素测定的证据[J].地球化学,29(3)：217-222.

张建新,万渝生,许志琴,等,2001.柴达木北缘德令哈地区基性麻粒岩的发现及其形成时代[J].岩石学报,17(3)：453-458.

张进江,郑亚东,刘树文,2003.小秦岭金矿田中生代构造演化与矿床形成[J].地质科学,38(1)：74-84.

张静,邓军,李士辉,等,2010.哀牢山南段长安金矿床岩浆岩的岩石学特征及其与成矿关系探讨[J].岩石学报,26(06)：1740-1750.

张静,杨艳,胡海珠,等,2009.河南银洞沟造山型银矿床碳硫铅同位素地球化学[J].岩石学报,25(11)：2833-2842.

张景平,王海岗,2013.略阳县安林沟地区正长岩型铌钽矿特征及远景分析[J].西安科技大学学报,33(6)：698-704.

张玲,林德松,2004.我国稀有金属资源现状分析[J].地质与勘探,(1):26-30.

张明利,金之钧,汤良杰,等,1999.柴达木盆地中新生代构造应力场特征[C]//第四届全国青年地质工作者学术讨论会论文集.北京:83-87.

张明利,金之钧,万天丰,等,2005.柴达木盆地应力场特征与油气运聚关系[J].石油与天然气地质,26(5):674-679.

张培善,陶克捷,2004.我国稀土铌钽矿物学研究回顾与展望[J].高校地质报,6(2):126-131.

张培善,陶克捷,杨主明,等,2001.白云鄂博稀土、铌钽矿物及其成因探讨[J].中国稀土学报,(02):97-102.

张永明,2017.青海南山构造带印支期构造岩浆作用与区域构造演化[D].西安:长安大学.

张西娟,2007.柴北缘地区中新生代构造变形与构造应力场模拟[D].北京:中国地质科学院.

张小胖,张军,罗贤冬,等,2021.皖南姚村岩体稀有金属元素地球化学特征及找矿前景探讨[J].能源技术与管理,46(3):19-21.

张霄,2016.新疆铍矿资源找矿类型浅议[J].新疆有色金属,39(4):19-22.

张鑫,张辉,2013.新疆白杨河大型铍铀矿床成矿流体特征及矿床成因初探[J].地球化学,42(2):143-152.

张兴康,叶会寿,颜正信,等,2018.豫西吉家洼金矿床成矿时代和成矿物质来源:来自闪锌矿Rb-Sr同位素年龄和Pb同位素的证据[J].地质学报,92(5):1003-1018.

张志刚,2012.柴北缘泥盆系牦牛山组地层特征及构造环境分析[D].西安:长安大学.

张延军,2017.青海省滩间山地区内生金属矿产成矿作用研究[D].长春:吉林大学.

张小文,向华,钟增球,等,2009.海南尖峰岭岩体热液锆石U-Pb定年及微量元素研究:对热液作用及抱伦金矿成矿时代的限定[J].地球科学,34(6):921-930.

张雪亭,杨生德,杨站君,等,2007.青海省区域地质概论1:100万[M].北京:地质出版社.

赵风清,郭进京,李怀坤,2003.青海锡铁山地区滩间山群的地质特征及同位素年代学[J].地质通报,22(1):28-31.

赵晓燕,杨竹森,张雄,等,2019.邦布造山型金矿床黄铁矿原位微量元素特征及其成矿意义[J].地球科学,44(6):2052-2062.

赵元艺,2000.西藏扎布耶盐湖碳酸锂提取盐田工艺及其相关技术研究[D].北京:中国地质科学院:1-9.

赵振华,包志伟,乔玉楼,2010.一种特殊的"M"与"W"复合型稀土元素四分组效应:以水泉沟碱性正长岩为例[J].科学通报,55(15):1474-1488.

赵芝,陈郑辉,王成辉,等,2012.闽东大湾钼铍矿的辉钼矿Re-Os同位素年龄:兼论福建省钼矿时空分布及构造背景[J].大地构造与成矿学,36(3):399-405.

赵志新,2018.柴北缘锡铁山地区古生代构造岩浆演化与铅锌成矿控制[D].武汉:中国地质

大学.

赵志雄,2011.阿尔金东段—柴北缘古生代花岗岩年代学及其构造意义的研究[D].兰州：兰州大学.

郑绵平,向军,1989.青藏高原盐湖[M].北京：北京科学技术出版社.

郑绵平,刘喜方,2007.中国的锂资源[J].新材料产业,8：13-16.

郑绵平,张震,张永生,等,2012.我国钾盐找矿规律新认识和进展[J].地球学报,33(3)：280-294.

郑永飞,陈江峰,2000.稳定同位素地球化学[M].北京：科学出版社.

中国地质调查局,2003.二十世纪末中国各省区域地质调查进展[M].北京：地质出版社.

中国有色金属工业协会专家委员会组织编写,2015.中国铍业[M].北京：冶金工业出版社.

钟景明,许德美,李春光,等,2014.金属铍的应用进展[J].中国材料进展,33(S1)：568-575.

钟军,陈擎,范洪海,等,2018.柴北缘查查香卡铀-钍-铌-稀土矿床地质特征及矿床成因：一种与钠长岩相关的新矿化类型[J].地学前缘,25(5)：222-236.

钟日晨,JoëlBrugger,陈衍景,等,2013.变质脱水过程中 Au、Cu、Pb、Zn 的萃取及其对造山型成矿作用的启示[J].矿物学报,33(S2),394-394.

周宾,郑有业,聂晓亮,2019.柴北缘滩间山群玄武岩锆石定年及其地质意义[J].东华理工大学学报(自然科学版),42(3)：227-233.

周峰,孙晓明,翟伟,等,2011.藏南折木朗造山型金矿成矿流体地球化学和成矿机制[J].岩石学报,27(9)：2775-2785.

周起凤,秦克章,唐冬梅,等,2013.阿尔泰可可托海 3 号脉伟晶岩型稀有金属矿床云母和长石的矿物学研究及意义[J].岩石学报,29(9)：3004-3022.

邹天人,李庆昌,2006.中国新疆稀有及稀土金属矿床[M].北京：地质出版社.

邹天人,张相宸,贾富义,等,1986.论阿尔泰 3 号伟晶岩脉的成因[J].矿床地质,(4)：34-48.

周振华,车合伟,马星华,等,2016.初论稀有金属矿床研究的一些重要进展[J].地质与勘探,52(4)：614-626.

周宗桂,姚书振,2015.青海滩间山—锡铁山铜金多金属成矿带找矿类型及靶区优选[M].北京：地质出版社.

朱金初,吴长年,刘昌实,等,2000.新疆阿尔泰可可托海 3 号伟晶岩脉岩浆—热液演化和成因[J].高校地质学报,6(1)：40-52.

朱俊宾,和政军,2017.内蒙古林西地区上二叠统—中三叠统沉积序列的碎屑锆石记录及对古亚洲洋(东段)闭合时间的制约[J].地质学报,91(1)：232-248.

朱小辉,陈丹玲,王超,等,2015.柴达木盆地北缘新元古代—早古生代大洋的形成、发展和消亡[J].地质学报,89(2)：234-251.

朱允铸,1994.柴达木盆地新构造运动及盐湖发展演化[M].北京：地质出版社.

朱照先,赵新福,林祖苇,等,2020.胶东金翅岭金矿床黄铁矿原位微量元素和硫同位素特征及对矿床成因的指示[J].地球科学,45(3)：945-959.

祝新友,王莉娟,朱谷昌,等,2010.锡铁山 SEDEX 铅锌矿床成矿物质来源研究:铅同位素地球化学证据[J].中国地质,37(6)：1682-1689.

庄玉军,辜平阳,李培庆,等,2019.柴北缘构造带欧龙布鲁克地块西北缘辉长岩脉地球化学、年代学及 Hf 同位素特征[J].地质通报,38(11)：1801-1812.